火山に魅せられた男たち

デイブ、ハリー、そして、Kに捧げる

Volcano Cowboys
The Rocky Evolution of a Dangerous Science

火山に魅せられた男たち
噴火予知に命がけで挑む科学者の物語

ディック・トンプソン
Dick Thompson

山越幸江 訳
Yukie Yamakoshi

地人書館

VOLCANO COWBOYS
The Rocky Evolution of a Dangerous Science
by Dick Thompson

Originally published by St. Martin's Press, New York.

Japanese translation rights arranged with Dick Thompson
c/o International Creative Management, Inc., New York
through Tuttle-Mori Agency, Inc., Tokyo.

火山に魅せられた男たち　目次

第三部　一九九一年　ピナツボ山噴火

本文中の〔　〕内は、訳者による注釈および補いで原文にはない。
本文中で ＊ を付している術語は、巻末「用語解説」（四一一ページ）に簡単な解説がある。
巻末（四三〇ページ）に「文献」としてまとめられている引用文献、原著者による注釈は、本文中の該当箇所にそれぞれの番号が付されている。

カバー写真……………白尾元理
カバーデザイン……森枝雄司

はじめに

火山とは、原始から生存する巨大な生き物に似ている。息づく地質学的恐竜とでも言おうか。彼らは、大地が何百万年もの歳月をかけて自分自身を形作り、そして再利用する方法を明らかにしてくれる。また、壮麗な山脈、雪を頂く峰々、渓谷、熱帯地方の島々、きらめく湖水といった美しい自然をつくり出す造形作家でもある。火山の手になる土地は、きわめて風光明媚で地味豊かである。そのために、人々はつい誘われて、その危険な背の上に乗せられてしまう。おまけに都市の郊外が拡大していることもあって、火山の手の届く領域に入り込む人々の流れは毎日絶えることがない。

絵葉書になるほど麗しい土地が、時には想像を絶するほど荒々しい表情を見せることがある。火山が森林を引きちぎって岩盤を露出させ、樹木を木の葉のようにまき散らし、湖を拭い去る。山頂を何キロメートルも上空に吹き飛ばし、全世界に向けて衝撃波を発し、大津波を起こして無数の人命を奪い、地球の気象を変化させてしまうのだ。

大きな本屋に行けばどこにでも火山学に関する本を並べた一角があるが、本書はそうした類のものではない。火山の科学が実際にはどんなふうに進められていくかを物語る本である。セントヘレンズ山噴火から壊滅的なピナツボ山噴火に至るまでの最も厳しくかつ実り多い期間に、火山学者が、爆発的噴火の正確な予知を目指してその方法を磨き上げていった話である。執筆に際しては種々の科学文献を引用させていただいたが、ありがたいことに、多くの著者がその専門知識や経験、資料、そして、時にはフィールドノートまで提供してくださった。

火山噴火が切迫している危険な時期に科学者は何をするのか。このような状況で、彼らにのしかかるプレッシャーは大きい。アカデミックな世界やその威信、そして科学の力に関する神話はたちまち色あせ、現実の対策が公衆の面前にさらされる。高度な技術は根掘り葉掘り詮索され、専門用語は一般向けに解説される。経済性と安全性の問題にも対処しなければならない。昇進の見込みはますます薄くなる。科学者でない人々は、伐採労働者から空軍少将に至るまで、このような理性の指導者を疑うか過信するかのどちらかである。これはまさに、火山学者にとって、彼らが超加圧状態と呼ぶ噴火寸前の火山にも似た状態である。

他の科学者と同様に、火山学者にも実験室はある。それは火山そのものだ。オーストラリアの偉大な地質学者G・A・M・テイラーは、火山学をシンデレラサイエンスと呼んだが、それは、「大災害の灰の上を歩いて進歩する」科学だからだそうだ。したがって、活動を再開した火山は、火山学者にとって最高の実験室になると言えるだろう。

こうした巨大な実験室にもそれなりの問題がある。まず、火山は都合のよいときに噴火するものではない。火山学の歴史を振り返ると、爆発的噴火の最初の一発を目撃した科学者はほとんどいない。うわさを聞いて船に飛び乗り、噴火の数週間後に、通常は見知らぬ土地に到着して、被害状況を記録するだけである。噴火の迫った火山を調査する技術が進歩した現在でも、台本どおりに噴火するという保証はない。内部圧力が上昇した火山に何週間も何ヶ月も付き添った揚げ句に、〝身ごもった〟火山の胎内が理由もなくしぼんで、一度も噴出を見ないこともある。

研究の対象があまりにも気まぐれであるために、火山学は、果てしない不毛の期間に時々突発的な収穫を経験しながらぎこちなく進歩してきた。このように進歩がゆっくりとしているために、この分野が文献に依存する割合は大きいようである。

「文献によると」は科学でよく耳にする言葉である。科学文献は先学の汗の結晶であり、彼らの中には自分はおろか、家族までも危険にさらした者さえいる。火山学は、他の多くの分野とは異なり、かなりの部分を過去の歴史に根ざしている。分子生物学者の語れる歴史はせいぜい一〇～二〇年前までだろうが、火山学者の物語は古代ローマやギリシャにまで遡り、聴衆を楽しませてくれるのだ。

火山学に古代人が果たした役割は大きい。溶岩の源泉を最初に説明したのはプラトンである。アリストテレスは、火山の山頂の窪みに、「カップ」を意味する「クレーター」という名前をつけた。古代ギリシャの哲学者、エンペドクレスはこの分野の最初の犠牲者だったかもしれない。言い伝えによると、彼は、エトナ山の神秘を解明しようとクレーターの斜面に座っていたが、それができない自分に失望して火口に身を投げたと言われている。

もう少し実のある貢献をしてくれた先人は、ローマ皇帝ネロの師、セネカである。彼は、噴火におけるガスの役割を初めて説明した。また、火山の内容物は固有の貯蔵所から供給されると述べた最初の人物でもある。地下の火によって励起したガスが「噴火の源泉」を加圧し、ついには噴出させると理論づけた。この驚くべき洞察が確証されたのは約二〇〇〇年後のことである。ローマ艦隊の司令官、大プリニウスは、有名な三七巻の百科全書に世界の火山、つまり当時知られていた一〇山をリストにして載せたが、その一つに命を奪われることになった。

彼の甥である小プリニウスは、紀元七九年のベスビオ山噴火の状況と叔父の死を克明に記述した。彼の二つの書簡は、火山学の記録のまさに第一ページに相当する。前兆の地震、立ち昇る巨大な噴煙柱、火山灰の雲に伴う強烈な稲妻、イオウ臭いガス、建物を埋め尽くし肺に充満する微細な軽石、怒濤のように押し寄せる熱い火山灰、海水の後退した海岸で飛び跳ねる魚、そして津波の発生などが詳しく記述されている。

小プリニウスの叔父は、火山から噴出したガスか火山灰の濃密な雲のために窒息死したのだろう。いずれにしても窯の中のように熱かったに違いない。叔父の死と自宅の倒壊という災難に見舞われた小プリニウスは、母親を連れて避難民の群に飛び込んだ。そして、途中、真昼間だというのに暗黒の闇に呑みこまれてしまった。

彼は次のように書いている。「振り返ると背後から、濃い闇が激流のように大地をうねりながら追いかけてきた。視界がきくうちに脇に避けなければ、後ろの群集に押し倒されて、暗闇で踏み潰されてしまうだろう。私たちが座り込むと同時に、暗闇が襲ってきた。その闇は、月のない曇天の夜の暗さではなく、締め切ってランプを消した室内の暗さだった。婦人たちの悲鳴、子供の泣き声、男たちの叫び声が聞こえる……」

プリニウスは、噴火の状況を初めて克明に記した体験者として、火山学の世界で賞賛されている。彼の記述に書き加える研究はあっても、書き換えるものはない。そして、壊滅的な大噴火で噴き上げられて上空に立ち昇る火山灰やガスの柱は、彼の業績を称えて、プリニー式噴煙柱と呼ばれるようになった。

火山学で重要な文献が次に現れたのは、それから一八〇〇年後のことである。一八八三年のクラカタウ山噴火を詳述したもので、この噴火は過去最大の轟音を発した。三万六〇〇〇人に及ぶ犠牲者のほとんどは、噴火によって発生した大津波で死亡している。この時、世界各地で火事に見間違えられるほどの赤い夕日が観測されたが、このような地球規模の影響は、初めて電報という近代的通信手段によって伝えられた。

一八〇〇年代末には、科学者の関心が噴火を構成する要素に向けられるようになった。たとえば、火山灰が激流のように流下する現象の火砕流*についてはギリシャのサントリニ島で一八七三年に初めて学問的に記述されている。また、カリブ海、マルティニーク島の一九〇二年のプレー山噴火以来、火砕流の近代的研究が行われるようになった。プレー山噴火では大火砕流が大地を疾走し、ものの五分もしないうちに美しい南国の町サンピエール市を駆け抜けて、二万九〇〇〇人の命を奪い去った。生き残った市民は二名にすぎない。ただ、科学者にとってありがたいのは、プレー山がその後もたびたび火砕流を起こして研究の機会を与えてくれたことである。

マルティニークの火砕流研究で有名な科学者に、トーマス・エジソンの元弟子で電気モーターの発明者であるフランク・ペレがいる。ペレの勇気と才能は伝説になっている。彼は、プレー山の近くで真鋳のベッドの支柱をコンクリートに埋め込み、これを歯で噛むことによって微かな震動さえも感じ取り、地震を測定した。

ペレは、火砕流を研究するためにプレー山の山腹で二年間調査を続けた。火砕流からわずか三〇メートル以内の小屋にいたこともあれば、小屋が火砕流に襲われ、彼自身もその飛び火に包まれたこともある。こんな経験をして生き残ったのはペレくらいのものだろう。彼はまた、火砕流がハリケーン並みの速度で移動するときの音について記述した最初の人物でもある。つまり、音がしないのだ。

プレー山の噴火以後、アメリカの火山学者は、たびたび噴火する火山があれば、ちょうどよいときに居合わせる機会は多くなると考えるようになった。そういう火山はハワイに一つ、いや実際は二つある。マウナロアとキラウエアであり、どちらもハワイ諸島で最大のハワイ島に存在する。ハワイ火山観測所は、米国地質調査所にとって、今でも火山学者の基礎的な訓練と実験の場になっている。一九八〇年のセントヘレンズ山噴火までには、アメリカの数世代の科学者がこの二つの火山で実績を積んでいた。ところが、ハワイの火山には一つだけ欠点があった。それは、セントヘレンズ山を始めとする成層火山のような爆発的噴火をしないことである。[2] クラカタウ山やプレー山に比べると、現在のハワイの火山では溶岩が静かに流出し、ゆっくりと斜面を流れ落ちるだけである。これは、一九八〇年の晩冬にセントヘレンズ山に駆けつけた地質調査所の科学者に、特別な問題を投げかけることになった。セントヘレンズは別の生き物だったのである。

火山学には、この分野の進歩を難しくしてきた特有の問題がある。火山という実験室で働くのは地雷原の作業に似ていて、この科学を行う研究者は自分の命を引き換えにすることもある。一九九三年に、コロンビアのガレラス山は、クレーター内で火山学者が調査している最中に噴火した。このために九名の死者がでて、そのうちの六名は科学者だった。

人々が噴火する火山から安全な距離をおく方向に逃走しているときに、火山学者は反対の方向に走っていく。彼らの好奇心を引き止めるのは、事実を熟知しているが故の恐怖心だけだ。しかし、これを口に出して言う者はいない。「リスクと利益を天秤にかけて現実的に判断する」と説明する火山学者もいる。だが、実際問題として、このような状況におけるリスクや利益の大きさは未知数である。どんな場合の噴火にも確実な線というものがない。これは個人的な判断の問題であり、この判断の基準は瞬時に変わることもある。多くの場合、科学者の好奇心が恐怖心にまさり、そのために悲劇が起こるのである。

本書は米国地質調査所の科学者の物語である。世界には、他にも多数の著名な火山学者がいる。ここで地質調査所の火山学者だけを選んで物語ったことで、他の火山学者の存在が小さくなってしまわないようにと願っている。長い年月がたてば、彼らの研究も火山学を築き上げる一つの積み石になっているだろう。

ここで地質調査所の科学者を選んだのは、彼らだけが、セントヘレンズ山から始まってピナツボ山の噴火に至るまで、何ヶ月も現場で集中的に働くことができたからであり、このような働きこそ火山噴火の研究に必要だからである。また、地質調査所には、ひとたび米国内の重大事に対応しはじめると、外部の人間の参入を歓迎しないという体質がある。これは、外部の科学者が彼らの重大な責務、つまり、不安定な火山を観測し、それについて学び、予知し、警告するという責務を果たす妨げになると考えるからである。もちろん、これが地質調査所以外の科学者に対する競争心からでないことは、他の者も十分に承知している。

このように閉鎖的な体制は、地質調査所にとって、他の面でもうまく機能している。信頼性の維持に役立つのである。組織内の科学者の意見はまちまちだが、それが外部に漏れることはめったにない。したがって、地質調査所の意見は概して一つであり、反対する者は部外者である。これは、基本的には非民主的な統治をする父権主義的な体制だが、多くの科学において一般的な方法でもある。

ここでは、一九八〇年のセントヘレンズ山噴火から一九九一年のピナツボ山噴火までの期間を取り上げた。歴史を振り返ると、火山学はこの期間に急速に進歩した。一九八〇年の噴火を皮切りに、アメリカの火山学者は火を噴く怪獣に恵まれて、それを観測し、測定し、調査する機会を持った。セントヘレンズ山は、一九八〇年の破局的噴火後も爆発的な噴火を六回繰り返し、さらに、溶岩ドームをつくる爆発的でない噴火を頻繁に繰り返した。この生き物は一九八六年まで眠ろうとしなかったのである。

このようなたび重なる噴火の恩恵だけでなく、一九八〇年代は、地質調査所の火山学部門にとってかつてないほど潤沢な資金に恵まれた時期でもあった。一九八〇年以前は生き抜くための予算獲得に奔走していたが、それ以後は、短期間とはいえ必要な資金を獲得できたのである（と言っても、決して希望どおりの額ではなかった）。また、五月一八日の噴火以降、海外に出向いて米国以外の爆発的噴火を研究するという気運が高まり、奨励されるようになった。これによって火山学に新時代が開かれたのである。

私は、この期間に関係した科学者のほとんど全員に接触して、時には数時間も話し込んだことさえある。さらに、このようなインタビューだけでなく、新聞の切り抜き、プロジェクトの計画書、電話の記録、メモ、出版された論文、下書き、そして、場合によっては、科学者自身のフィールドノートまで利用させていただいた。ロッキー・クランデルは未出版の二巻に及ぶ自叙伝を提供してくださった。リック・ホブリットのピナツボ山噴火に関するフィールドノートにまさるものはないだろう。それは、小プリニウスでさえ賞賛するような記録である。

以上の方々が貴重な時間をさいてくださったことに感謝する。また、一九四八年にパリクティン火山の永続的観測に初めて取り組んだレイ・ウィルコックスのような方々に会見できたことは、それ自体が本書の執筆に対する最高の報酬であると考えている。

第一部　一九八〇年　セントヘレンズ山噴火

第1章　一九七九年夏　ホブリットとフローティング・アイランド

　セントヘレンズ山の北面を登り、標高約一三五〇メートルに達すると、そこは樹木限界のすぐ下である。その先からは森林が絶えて雪原が頂上まで続いている。リック・ホブリットはずっしり重いバックパックを降ろし、扱いづらい鑿岩機《さくがんき》を地面に置いた。彼の立っているところは森林の先端で、その近くには、セントラルパークほどの広さの岩石が原野のように広がっている。米国地質調査所の科学者であるホブリットは、夏季フィールドワークの助手と共に、一九七九年の八月をほとんどここで過ごしていた。森林を抜け、薮を掻き分けて、フローティング・アイランド溶岩流と呼ばれるこの奇妙な岩屑《がんせつ》の平たい山にやってくるのである。二人は、岩石の細粉でミルク色に濁った冷たい急流の岸にテントを張った。この小川は山頂の氷河から流れてくる。肌寒い風が雪原から吹き降ろしはじめると、ホブリットは、焚き火をおこし、熱したフライパンに厚切りの肉をピシャリと入れてジュージューと焼きはじめた。

　スピリット湖の山荘に釣り人を運ぶ飛行機のパイロットなら、この山の長靴形をした平たい岩はすぐに見つけられるだろう。しかし、四〇年近く前に、ある植物学者がここをフローティング・アイランドと命名した理由を知るには、ホブリットのように現地に足を運ばなければならない。近付いてみると、それは巨大な溶岩流がごつごつした岩石に固化したもので、表面には黒い角張った大石がごろごろしている。この溶岩流には柔らかい土の島がところどころに存在し、そこには樹木が茂っている。それはまるで、上流の森林が細かく引きちぎられて緑色の島になり、黒い溶岩流に乗って流れてきたかのようである。

フローティング・アイランド溶岩流の年齢は、セントヘレンズ山の他の部分と同様に、地質学的には若かった。これら大石の下の巨大な岩石は、一八〇〇年頃に火口から噴出されたものである。ホブリットはたびたびそこまで登っていって、ドリルで中心部の岩石からサンプルを採取し、樹木の中心部を切り取ったりした。どちらのサンプルも、セントヘレンズ山のこの特徴的な地形をつくり出した噴火がいつ発生したのか、その年代を正確に突き止める手がかりになるだろう。

ホブリットは、フローティング・アイランド溶岩流の端に沿ってゴートロックスとその岩屑の扇状地まで登り、さらに多くのサンプルを掘り出そうと考えていた。ゴートロックスは専門的には溶岩ドームである。これは、マグマが上昇する火道を水の配管システムにたとえるなら、一つの水道栓のようなものだ。約一世紀をかけてマグマが旧管を上昇し、火口から流れ出すと、表面の溶岩は冷却して下から突き上げるマグマの圧力にまさる重さになる。この時点で、噴出したばかりの柔らかい溶岩はマッシュルーム形の小丘を形成し、地表で固化して岩石になり、マグマの導管を詰まらせる栓の役目をする。このような形成物を、専門的にはプラグドームと言う。セントヘレンズ山にはこれがゴートロックスのほかに五つあり、どれもマグマを噴出する火口の位置を知らせる標識になっている。山体内部では、各火口から中心の導管に向かって樹木の枝のように管が伸び、中心の導管はさらに八キロメートル以上も地中を下りて、溶けた岩石の貯蔵所に届いている。

　ここはホブリットのお気に入りの場所である。この山は見た目に美しいだけではない。ここ、フローティング・アイランドの側には、若くて血気盛んだったころのセントヘレンズの大胆な所業がそこここに残っている。この火山にとっての近年に、ラハール*と呼ばれる火山泥流が、ホブリットのキャンプに近い森林を何度も突進した。このような泥流は、セントヘレンズ山が一〇〇〇℃の溶岩を氷雪の層の上に噴出したときに発生した。この泥流は山の斜面を駆け下りながら表面の土や大石を巻き込み、森林を引っ掻き回して樹木を呑みこみ、まるで生のコンクリートのように重くどろどろした塊になって、転がり落ちていった。ホブリットのキャンプ付近の樹木にもラハールが駆け抜けた証拠がある。山側の樹皮に古い傷跡が残っているのだ。しかし、何よりもはっきりした証拠は、地上六メートルの高さで二本の大木の間に宙吊りになっているフォルクスワーゲン大の大石である。

　フローティング・アイランド溶岩流の最も下の端は、火口から約五キロメートル下ったあたりになるが、そこには、一八〇〇年代初期に発生した溶岩流がこのあたりで冷えて止まったという証拠が残されている。ベイマツやベイスギの巨木が、まるで落下中に山腹で止まった材木のように不自然な位置に押しやられているのだ。

　美しい景色とは裏腹に、そこでの作業は困難であった。フローティング・アイランド流の表面の岩石は、十分に固まるほどの歳月を経ていない。したがって足場が不安定で、注意して歩かないと、ずれやすい大石の間にブーツがくい込んでしまう。作業を難しくするもう一つの原因は、ホブリットが仕方なしに使っている安物の鑿岩機だ。これは、車で南西に一時間ほど行ったバンクーバー〔米ワシントン州、人口約一四万人〕の「ハリーの小型エンジン修理店」にあったものだ。これを使うためには、ドリル用のガスと水を現地に運んでいかなければならない。気温が上昇して作業が難航すると、ホブリットは岩石の原野を渡って、木陰のある涼しい島の一つに移り、一眠りするのが常だった。

セントヘレンズ山を鑑賞するには、地質学者でなくてもかまわない。尖った峰に雪を頂くこの険しい山は、ピンナップ写真に最適な野生生物の宝庫である。円錐形の頂上は雪と銀色の氷河の帯にくるまれ、山裾には深い森林が緑色のさざ波のように広がっている。セントヘレンズ山はその類まれな美しさのために、よく写真家の被写体となり、絵葉書やカレンダーに登場している。

中でもうっとりさせられる写真は、静かな湖面に山頂をくっきりと映し出したスピリット湖で、ボートに立つ釣り人が一人釣糸をたれている情景である。この湖は透明で冷たく、ニジマスやサケを豊富に宿している。湖を取り巻く森林は、日の光が地面に届かないほどに密生し、陽光は樹木のてっぺんで散乱して柔らかい光を投げかけている。シカやエルクの群が、時にはコヨーテやクマを伴って、ところどころから差し込むまだらな光の中をゆっくりと歩いていく。湿った柔らかい小道にはシダが生い茂り、吸い込む空気にマツの香りが漂う。

一八〇五年にルイス‐クラーク探検隊がセントヘレンズ山の見えるところまで来たとき、ウィリアム・クラークは革帯でくくった日誌に「自然に存在する最も崇高な眺め」と綴った。この山はビッグフット〔米国とカナダの太平洋岸に近い山中に出没すると言われる猿人〕の生まれ故郷と言われ、また、世界初の飛行機ハイジャック犯、D・B・クーパーの墓場になった場所とも言われている。ところが、登山家仲間での評判はあまりよくない。雪崩が発生しやすく、雪の下の地面はしまりが悪いために、足場が不安定なのだ。それでも彼らはこの山を愛している。標高約二九〇〇メートルの山頂は、平均的な登山家が一日で登れる手ごろなコースである。

上空から見ると、セントヘレンズ山は手つかずの自然ではない。この山の周辺は、北側を除くと、あちこちがウエアハウザーやバーリントン・ノーザーンといった伐採業者によって皆伐されてしまった。その結果、山肌には巨大なチェスのボードのようなパターンが出来上がり、この地域の複雑な土地所有の状況を物語っている。ただ、山頂からスピリット湖を越えてさらに北方に向かう広い帯状の区域だけは、原始の名残を留めている。この山で伐採に従事する労働者は、ほとんどが幼少時の夏をスピリット湖で過ごしているので、たとえウエアハウザー氏であっても彼らの思い出を壊す行為は許されないのだろう。

セントヘレンズ山が火山であるという話は、スピリット湖山荘のオーナーなど土地の人々によって宣伝された。山荘の食堂には、新しい客を呼び寄せるために、一八五七年の噴火の絵がこれ見よがしに飾られている。それは不思議な噴火の絵で、ゴートロックスのあたりから溶岩が噴水のようにほとばしり、山頂に届く距離の半分まで立ち昇っている。山荘のオーナーの家族であるマーク・スミスは、この山の恐ろしさを面白おかしく語っては宿泊客を楽しませていた。

「噴火の話を長々としていましたがね。ただの慰み話で、誰も本気にはしていませんでした。この山はすでに死んでいると思っていたのですから」とスミスは言う。

ホブリットは、ジュージューと湯気をたてて焼ける肉を見つめながら、彼の仕事であり喜びでもある、この火山の過去について考えていた。キャンプ周辺にはセントヘレンズ山の歴史の断片がばら撒かれている。それらをつなぎ合わせるのが地質調査所における彼の仕事である。

昔、セントヘレンズ山では、溶けた熱い岩石がたびたび噴出して頂上の雪原を解かし、厚さ一五メートルに及ぶ大泥流を発生させた。時には、火砕流という、火山灰と軽石の熱い爆風が吹き降ろされたこともある。火砕流に襲われて生き残れた生物といえば、穴にもぐって難を逃れたホリネズミくらいのものだろう。火山の北側の麓にあるスピリット湖それ自体が噴火の産物なのである。

スピリット湖は、約五〇〇年前の噴火によって誕生した。山麓の渓谷が噴出物で埋められ、流れが堰きとめられて増水し、それが約一〇〇〇年の歳月を経て湖に成長したのである。

セントヘレンズ山は、いろいろなタイプの噴火をたびたび繰り返すので、かなり以前から、専門家の間では、ヒマラヤ山脈やロッキー山脈のような巨大岩盤で構成される山とは見なされなくなった。そうではなく、噴火によってつくられた山である。岩屑のてっぺんにあるプラグドームからマグマが噴出して層をつくり、これが繰り返されることによって、幾層も重ね着をしたような内部構造を持つ山が形成された。このような火山を成層火山と言う。

ホブリットは、夏のフィールドワークシーズンをほとんどこの山で過ごし、古い噴火の堆積物を調査し、何百という地点からドリルでサンプルを採取した。そして、各プラグドームの位置を示すマップを作成し、特に注意を払ってサンプルの位置を記録した。フィールドシーズンが終わると、サンプルはデンバーの実験室に持ち帰り、それらに記録された火山噴火の詳細を秋冬に調べるのである。こうして、その場所に流れてきた時点の溶岩の温度を知り、その場所に転がってきた岩石がラハールによる冷たいものか、それとも火砕流による熱いものかを識別する。サンプルは、火山の歴史を物語る三次元のジグソーパズルを構成するピースである。ホブリットがこのようなピースを組み合わせる仕事を始めてから、すでに五年になる。今では、噴火の様子やその温度を現実のように想像できるようになった。ところが、それが彼に最大のフラストレーションをもたらすもとになった。ホブリットはセントヘレンズ山の噴火を自分の目で見たくて仕方がなかったのだ。しかし、火山の常として、この山も気まぐれであるために、彼が、水蒸気の噴出さえ見ることなく、全キャリアを調査だけで終始する可能性は大きかったのである。

とはいえ、一九七九年の夏の生活は、リック・ホブリットにとって、かつて恐れていたようなあの摩訶不思議な学問の世界に煩わされることのない、理想的なものだった。彼は、世界でも第一級の地質学研究所である米国地質調査所で働いていた。この夏のフィールドワークシーズンは平和であったが、それは彼の子供が生まれる前で、セントヘレンズ山が新聞の見出しや墓碑を賑わす以前のことである。彼は、全長六メートル半の雨漏りのする白いトレーラーハウスをスピリット湖畔の森に常駐させ、妻のマリアンと共に寝泊りしていた。テレビはもちろんのこと、最も近い電話機でさえ車で二〇分ほど走ったところにあるだけである。トレーラーの中には彼らの飼い猫がいて、日溜りでまるくなっている。この夏は雨が多く、雨の日は夫婦で森を歩いてキノコ狩りを楽しんだ。夜は隣人を訪問したが、そのほとんどは米国農務省の林野部で働く人たちだった。時には、三キロ以上も歩いてハーモニー・フォールズに夕食を食べに行くこともあった。

ホブリットがここに到達するまでの経歴は一風変わっている。一九七〇年代初期に化学の修士号を取ろうとしていた矢先に、突然化学から地質学に転向し、コロラド大学の指導教官を驚かせたのである。妻のマリアンには「そうしなければならない」とだけ告げた。薬品臭い実験室に閉じ込もって生涯を送るのは、あまりにも味気なかったのだ。

化学への不満が頂点に達すると、ホブリットは野外地質学者になろうかと考えるようになった。彼にこの考えを植えつけたのは、ボールダーの既婚学生寮で知り合ったダン・ミラーである。二人は、ミラーがキャディラックのおんぼろフード付きオープンカーでやってきたその日からすぐに仲良くなった。彼らはまったく違ったタイプだった。ホブリットは物静かで緻密な思考力を持ち、褐色の長髪をして、何気ない調子でユーモアを口にする青年である。若いけれど、見た目は気難しい皮肉屋といったタイプだ。彼よりも背の高いミラーは、褐色の長髪に地質学者風の顎ひげをたくわえたつき合いのよい若者だ。地質学の教授連が集まるパーティーで、爆竹筒に牛糞を詰めて馬鹿騒ぎをしようというのは、いかにも彼が思いつきそうな趣向である。

結局、ミラーはコルゲートで教えるために寮を去ったが、そのころにはホブリットの地質学に対する気持ちは固まっていた。彼をこの分野に引き入れた第一の要因は、学生と教授との協力関係であった。ミラーが話すように、野外調査では、世界的に著名な教授でもトイレットペーパーのロールを持って藪に入り込んでいく。その時から、彼らの間のアカデミックな気取りなど消え失せてしまうのだ。ホブリットが何よりも魅力を感じたのは、この科学が戸外での肉体労働と、知的な汗を流す仕事の両方で成り立っていることである。彼にとって、野外研究をする地質学者は、バックパックを背負ったシャーロック・ホームズのようなものだった。

しかし、学問の道を転向する場合は、勉強を理由に予備役将校訓練部隊の服役を延期することは認められなくなる。したがって少尉としてベトナムに送られることになるだろうが、それでもその危険を冒す価値はあると彼は考えた。戦争を生き抜くことができたら、大学に戻って地質学の上級学位に挑戦しよう。ところが、ホブリットが専攻を変えたちょうどそのころ、ベトナム戦争が下火になり、軍隊には少尉の数が必要以上に多くなった。そこで、この新参の地質学の大学院生は予備軍に置かれることになった。

ホブリットは地質学に必要な学問的条件を次々と満たし、いよいよ博士号に挑戦する論文に取りかかろうとしていた。その時、ダン・ミラーが再び現れて彼の人生を変えたのである。ミラーは米国地質調査所に採用され、火山ハザードマップ作成の分野を実質的に切り開いた二人の科学者と共同研究をしていた。三人は、太平洋岸のカスケード山脈にある、噴火の可能性の高い火山についてその歴史を解明しようとしていた。

彼らは古磁気学の専門家を探していた。たとえばホブリットのような、火山岩の内部に磁気という筆で書きつけられた物語を解読できる者を（火山岩の磁気は、溶けた岩石が冷却するときに封印される。堆積物中の全岩石の磁気が同じであれば、それらがそこに到着したときの温度は高い場合が多い。したがって、それは火砕流であったと考えられる。反対に、磁気が不揃いな堆積物は、一般に、そこに転がってきたときの温度は比較的低く、したがって、火山泥流の一部とも考えられる）。ホブリットはこのパートタイムの仕事に飛びついた。セントヘレンズ山に関する地質調査所の仕事を学位論文のテーマにし、ついには、それをフルタイムの仕事にしてしまった。こうして、火山ハザードマップ作成チームの四人目のメンバーになったのである。

雇われた当時のホブリットは自覚していなかったが、彼は重要な時代に火山学の世界に入ったのである。二〇世紀は、核物理学から細胞核の生物学に至るまで、多くの科学が物凄いスピードで進歩していたが、火山学は例外だった。

火山学の基礎は観測にある。今でも、火山学者が同業者に与える最大の賛辞は、「彼は（一般には「彼」である）偉大な観測者だ」という言葉である。観測だけでは不十分に思えるだろうが、観測の記録を屋台骨にしてきた分野は多い。たとえば天文学である。ところが、他のほとんどの研究分野では、観測は科学の第一歩にすぎない。普通は観測の後にそれを説明する努力があり、その説明は実験によって検証される。これに生き残った説明はさらに検証され洗練されて、ついには自然に関する真理を暴き出し、予測に役立つようになる。

悲しいかな、火山学者は実験を繰り返して理論を検証するという贅沢を許されない。火山は、実験室としては往々にして不便で近寄りがたく当てにならないものである。このような悪条件がこの科学の進歩を何世紀も妨げてきた。さらに悪いことに、噴火の仕方は火山によってまちまちである。セントヘレンズ山のような一つの火山でさえ、時が変われば違ったスタイルの噴火をするだろう。どろどろの溶岩を静かに噴き出すときもあれば、山頂を吹き飛ばすような大爆発をするときもある。したがって、火山が騒ぎはじめた段階では、火山学者にも、立ち向かう相手に関する知識はほとんどない場合が多い。

リック・ホブリットがこの分野に入った当時、火山学者は二つの方法でこの限界を打ち破ろうとしていた。一つは、噴火の前と噴火中の火山の動きを観測するために、他の分野の装置を利用するようになったことである。このような装置は、アメリカで最高の火山実験室、すなわち、地質調査所のハワイ火山観測所（ＨＶＯ）で集中的にテストされてきた。前にも述べたようにＨＶＯは、マウナロアとキラウエアの二つの活火山に恵まれている。どちらの火山もたびたび噴火して、装置をテストし理論を磨き上げる機会を常時提供してくれる。

二つ目はまったく違った方法である。その方法を開拓したのはホブリットの新しいボスで、デンバーに近い地質調査所を拠点に働くドワイト（愛称、ロッキー）・クランデルとドナル（語尾に「ド」がつかない）・マリノーである。彼らは、火山の過去をかつてないほど詳細に調査することによって、観測の領域を拡大した。

火山が噴火すると、それは、噴火のスタイルや大きさに関係なく、周囲の景観に記録される。爆発的噴火では、山頂が手榴弾のように炸裂して岩石や岩屑を広範囲に撒き散らすが、一方では、ペースト状の溶岩塊を押し出すだけの穏やかな噴火もある。爆発で始まった噴火が、溶岩ドームをつくって終息することもあれば、噴火は小さくても氷や雪のマントを解かして泥流を引き起こす場合もある。ただし、どんな噴火をしようと、その記録はその地方一帯に残される。

一九五〇年代半ばから、クランデルとマリノーは、太平洋岸北西部の成層火山の降下物を調べて、物語の断片を継ぎ合わせる仕事を始めた。二人が主に働く場所は、道路の建設工事で露出した地層や川に削り取られた渓谷の地層だった。このような場所には、噴火物の堆積した層が発見できる。この仕事で最も難しいのは、一つの噴火物の層を他の層から識別することである。

クランデルとマリノーは、地層の物語を解読するために、まず、他の分野から仕入れた既存の地質学的技術を利用し、それを使って個々の噴火の層を一枚ずつ引き剝がそうとした。それには、火山灰が、それぞれの噴火にほぼ特有の指紋のようなものであるという事実を利用した。火山とは、地球の深部で溶けた岩石を煮るかまどの煙突である。炉内の白熱した物質にかかる圧力は増大し、その浮力が上部の岩石よりも大きくなると、物質は上昇し、冷却し、その環境は次第に変化する。ガスは逃げ出し、温度は下がり、水分が混入し、そして分離し、結晶が形成されるというように。このように状態が変化していくために、溶けた岩石が火口から頭を出すころには、その中に鉱物の結晶が特定の組み合わせで含まれることになり、これがその噴火に特有の指紋になる。マリノーは、結晶という指紋を識別することによって一つの火山灰を他と区別する方法を、デンバーのパイオニア的火山学者、レイ・ウィルコックスから学んだ。そして、その技術を改良し、バックパックで運べる程度の手軽な装置を使って、フィールドワークの現場で火山灰の層を識別できるようにした。

二つ目の道具も他の分野で広く利用されている。それは、放射性炭素年代測定〔有機物中の炭素14の量を測定し、その半減期から年代を決定する方法〕である。クランデルとマリノーは、火山灰と古い土壌の層の中に焼けた木片を探し出し、この技術を利用して噴火の年代を突き止め、さらに、どの層がどの噴火で形成されたかも識別した。

マリノーは、噴火という花火の製造方法を読み取る研究に専心したが、クランデルは、ラハールという、火山ではあまり重要視されない部分の解読に取り組んだ。火山によっては、爆発的噴火時に雪や氷を急激に解かし、ラハールと言われる火山泥流を起こすときもある。

また、火山の岩石が地下で酸の影響を受けてぐつぐつ煮込まれると、山体のかなりの部分が腐食して崩れる場合もある。このような崩れる山でも泥流は発生する。クランデルは、レーニア山の地質地図を作成しているときに、このような状態を発見した。レーニア山は頭に雪を頂いて、シアトル市にのしかかるように聳える壮大な火山である。クランデルの調査によると、五七〇〇年ほど前に山の相当の部分が崩れ落ち、土砂崩れは、氷河の氷や流水を巻き込んで未曾有の大泥流に発展した。オシオーラ泥流として知られるこの火山泥流は、レーニア山からピュージェット湾を目指して一〇〇キロメートルも暴走した。

マリノーとクランデルが火山の詳細な歴史を紐解く研究を行ったので、カスケード山脈の火山は、それまでになかった視点から見られるようになった。聳え立つ姿を三次元的に捉えるだけでなく、第四の次元、つまり時間を通して眺めるのである。クランデルとマリノーは、現在ののどかな平原が実は深さ六〇メートルもある泥流の名残であるという場所をいくつか発見した。崩れた土砂で堰きとめられた川が湖になり、それが次の噴火で破壊されたという区域もある。山頂から噴き上げられた巨大な噴煙が、カナダ東部にまで及んだという一部始終も追跡した。

彼らの研究の最大の長所は、火山の過去の振舞いを調べることによって、将来その火山から被るかもしれない固有の災害を認識できることである。たとえば、火山付近の建造物の設計者は、彼らの研究を基にして安全な用地を選ぶこともできるだろう。

地質学者の間では、火山噴火に関しては、過去が未来の重要な鍵になると以前から考えられていたが、一般に、覗ける過去の深さに限界があった。ところが現在は、過去を何万年も前まで驚くほど詳細に遡れるようになった。噴火の歴史を隠し通してきた火山がその証拠を山腹にばら撒いて、今や解読を待つ身になったのである。

この新しい方法は有力であるが、欠点も二つほどあった。まず、場所によっては、噴火時の地層が上下の層とどれだけ深く関係しているのか分からないときもある。たとえば、泥流の層がその下の火砕流の層と同じ噴火の際にできたものなのか、それとも、何ヶ月か後または何十年か後にできたものなのかをはっきり識別することはできない。炭素年代測定という方法もあるが、問題は誤差の範囲である。もう一つは、過激な出来事、すなわち、爆発的噴火や大火砕流（爆発ほど過激ではないが致命的）が残す堆積物の層が薄いことである。このように薄い層は見過ごされるか、その後の噴火の層に覆われる以前に侵食されてしまうだろう。したがって、クランデルやマリノーが被害の範囲を小さく見積もったり、噴火の重要な出来事を見過ごしたりする可能性もあった。

新しい方法を開発する仕事は大変だが、資金源を絶やさないという仕事もこれまた技術を要する。地質調査所の火山研究に充てられる予算は、一九七〇年代を通して年約一〇〇万ドルであり、その大半はハワイ火山観測所で使用されてきた。[1] ロッキー・クランデルは、デンバーを根城とする火山ハザードマップ作成チームのリーダーとして、彼らの仕事が社会に役立つことを地質調査所に納得させなければならない。売り込みは容易ではなかった。噴火していない火山は恐ろしげに見えない。カスケード山脈のどの火山を見ても、個人の一生の間に噴火する可能性はあまりありそうにない。その上、地質調査所には、すでに何十年間も機能している名高い火山研究プログラムがハワイに存在する。しかも、ハワイ観測所のスタッフは、地質調査所の名だたる部門、野外地球化学岩石学部門の出身である。土木地質学部門に所属するわずか数名の層位学の専門家に、資金の要求の際に持参できる手土産などあるというのだろうか。

クランデルは、火山ハザードマップ作成が賢明な土地利用計画に役立つことを主張して、地質調査所からいくばくかの資金を獲得した。レーニア山で巨大火山泥流が二度と発生しないという保証はない。オシオーラ泥流の上に雨後のタケノコのように出現した五つの都市が、このような泥流に呑みこまれる不幸を食い止める手立てはない。たとえ泥流発生の前に貯水池の水を抜いたとしても、泥流を持ちこたえられるダムはないだろう。しかも多くの場合、泥流は突然発生する。何万という人々が危険にさらされているのである。クランデルは一九七一年に、火山周辺の谷床に恒久的な居住施設を建造すべきではないと忠告したが、[2] 取り上げられなかった。

クランデルは、機会あるごとに、火山ハザードマップ作成の支援を求める運動を続けてきた。一九七五年、クランデルとマリノーはカスケード山脈の火山を軽視してはならないと警告した。「一九二〇年の少し前から始まった現在の静穏な休眠期間が当たり前のように思われて、火山周辺の土地利用は拡大しつづけている。レクリエーション地、定住地、別荘地としての利用、交通網や通信網の発達、伐採製材業の発展、水力発電所や原子力発電所の敷設、等々。しかしながら、この静穏な期間は一時的なものにすぎない。次の噴火は、一〇年以内ではないにしても、恐らく二〇世紀末までには発生することがほぼ確実である[3]」

一九六〇年代末、ワシントン州のレーニア山とカリフォルニア州のラッセン山の調査を完了したマリノーは、次の研究対象になる火山を物色しはじめた。カリフォルニア州北部のシャスタ山をざっと調べてみたが、特に危ない火山でもない。このころ、クランデルは地質学の大学院生に、学位論文のテーマとして、学生の住居に最も近い火山、つまりセントヘレンズ山の噴火の記録を調べるようにと勧めた。学生は、論文の中で、その地域にかなり多くの火山活動が存在したと報告した。そこで、自分の目で確認するために現地に赴いたマリノーは、ほどなくして火山物質の層を次々と発見したのである。「本当に驚いた。実に多くの記録があった」と、彼は後で述べている。

クランデルは、セントヘレンズ山を調査する研究案を提出した。このプロジェクトを正当化する理由は、火山泥流の通過が見込まれる地域に水力発電ダムが三つ存在すること、これらのダムは、火山泥流が発生すればドミノ倒し式に押し倒されるということだった。「貯水池の下流の谷底には四万人以上の住民がいる」と、クランデルは一九六九年九月の提案書に記述した。住民は危険な状態にある。そして、このプロジェクトの予算は年三万六七〇〇ドルにすぎない。こうして、提案は認可された。

獲得した資金でクランデルが最初に購入したものは、長さ六メートル半のバカンス用トレーラーハウスである。このトレーラーは、セントヘレンズ山ハザードマップ作成チームの野外研究本部兼宿舎として利用された。

数年間の入念な調査の末に、クランデルとマリノーは、この山の最近の噴火は約三五〇〇年前であり、それまでの五〇〇〇年間は静かであったと報告した。セントヘレンズ山は、活動を再開するとじきに、大噴火によって巨体の四立方キロメートルの物質を粉砕した。噴火の大きさや化学的性質は、紀元七九年のベスビオ山噴火と同様である。その火山灰は、カナダ北東部のハドソン湾付近でも発見される。スピリット湖が誕生したのは、大噴火直後に泥流が発生して山麓の渓谷が埋め立てられ、天然のダムになったからである。このダムに堰きとめられた川が、現在のノースフォーク・タートル川である。

また、泥流や岩屑なだれが時々発生して他の渓谷を埋め立て、セントヘレンズ山周辺に湖水をつくったことも分かった。しかし、これらの天然のダムは長続きしなかった。満水して水が漏れ出すようになると決壊した。背後にかかる水圧によって岩屑の壁が一挙に崩れ、漏れ出していた水が川になった。湖の大量放水それ自体も泥流を引き起こす。このような先史時代の泥流は、広大な老成林や家屋大の大石を押し流し、何キロメートルも下流に何メートルにも及ぶ厚さの泥の層を残した。

クランデルとマリノー、それに若い弟子のダン・ミラーとリック・ホブリットは、一〇年間というもの山中を歩き回り、岩石を掘り、分析や年代測定、地図の作成を行って、セントヘレンズ山がこれまでに研究されたどの火山よりも特別であることを知った。一九七八年、彼らは論文を発表し、セントヘレンズ山はカスケード山脈で最も若くて過激な火山であると論じた。この火山の喉もとの物質は三万六〇〇〇年以上も前のものだが、セントヘレンズ山として目に見える部分の多くは、たった二五〇〇年の間に築かれてしまった。言い換えるなら、セントヘレンズ山は地質学的には急激な成長期にある若者である。この山は何度も噴火を繰り返し、噴火の後にたびたび溶岩を流出させて、山体を再生してきた。これとは対照的に、近くのアダムス山は有史時代に爆発的噴火をした例がない。クランデルとマリノーは一九七八年に報告書を作成し、セントヘレンズ山は「特別に危険な火山である」と警告した。この報告書は政府の調査報告書であるブルーブックとしても出版され、有名になった。「セントヘレンズ山は、過去四五〇〇年間、隣接する州のどの火山よりも活動的で爆発的であった」と彼らは書いている。

過去の噴火の年代が明らかになると、将来の噴火も見通せるようになった。セントヘレンズ山は約一〇〇年置きに噴火している。最後の大きな噴火は一八五七年に終息したのだから、一九七〇年代末はすでにその期限が過ぎていることになる。一九七八年のブルーブックは次のように結んでいる。「この火山の活動パターンから推察すると、現在のような休眠期が一〇〇〇年も続くことはない。それよりも次の一〇〇年以内に、いや、もしかしたら二〇世紀末までに噴火する可能性がある」

火山近辺の住民は、不安定になった火山のしるしにいち早く気づくだろう。このような初期の兆候は、マグマの貫入による大地の震動や山体の膨張が原因で発生する地震や雪崩などである。そして、将来の噴火は、「タイプや規模において、過去四五〇〇年間に繰り返し発生した噴火と[4]同じものになるだろう。

ブルーブックで論じる「潜在する危険の警告」において、地質学者チームは、セントヘレンズ山がその習性に従って将来噴火するとしたら、「そこに潜在する危険の大きさは、火山活動の開始時か、その直後に最大になるだろう」と予告した。

この「警告」は一九七八年一二月に出版された。ブルーブックを読んだワシントン州政府は、セントヘレンズ山がいつか必ず噴火すると思い込み、不安と焦燥に駆られて、予想される大事件に備えるために、一九七九年一月八日、ワシントン州オリンピアで会議を招集した。この会議では、地質調査所のスタッフたちが、現時点では差し迫った噴火を意味する水蒸気の増加は認められないが、備えるに越したことはないと述べ、政府の役人を安堵させた。

ワシントン州政府では、パニックが鎮静するとほとんど何もしなくなった。州政府の危機管理局は、少ない職員とわずかな予算でやっているいわば零細企業のような存在である。まったく噴火しないか、少なくとも現在の政府の執政期間中には噴火しないかもしれない火山のために、資金を費やす気にはなれないのだ。

セントヘレンズ山噴火の予告に対する一般人の反応は、地方新聞の次のような記事に表れている。「地質学者がマスコミを騒がせたければ、カスケード山脈の一つがまた噴火しそうだと予告すればいい」

地質調査所においてでさえ、このアメリカで最も危険な火山の噴火に備えようという動きはほとんどなかった。我こそは本物の火山専門家と自称する所員、すなわち、最新の装置を使ってハワイの生の噴火に取り組んでいる地質学者たちが、噴火を明言しすぎると批判した。「ロケットの打ち上げじゃあるまいし」とある者は言った。地質調査所には、もっと急を要する重要な問題が他にもある。彼らが直ちに喰らいつくべき生肉は、全国的な災害である。待機中の災害でしかないセントヘレンズ山に、今の地質調査所が費やせるような金や時間などあろうはずがない。当時、この火山プログラムを担当した地質調査所のロバート・ティリングは、後に次のように書いている。「皮肉なことだが、地質調査所自身が身内の作成した長期予測に対して組織的には反応しようとしなかった。予算の枠や、(当時の)優先順位の高い他のプログラムの問題もあって、地質調査所は(私も含めて)セントヘレンズ山の基本的観測を開始しようとしなかったのである[5]」

地質調査所内部では、セントヘレンズ山だけでなく、どの火山噴火に対しても資金が不足していることが判明してきた。実際、一九八〇年に出された所内回報には、「カスケード山脈のどの噴火に対しても、地質調査所はあまりにも無防備である」と報告されたほどである。

仮に、セントヘレンズ山の噴火に怯える者がいるとしたら、リック・ホブリットはその手の人間ではない。長年火山に取り組んできた地質学者の常として、彼も、セントヘレンズ山が演じそうな地質学的ショーをあれこれ考えてきた。彼の想像する噴火には、調査に基づく詳細な事実が多数盛り込まれている。この分野の若い科学者が誰でもそうであるように、ホブリットも火山を愛し、その威力と美しさ、そして、それらに秘められた地質学的な謎に強く惹かれていた。彼が噴火の記録を読み取ったのは、セントヘレンズ山だけではない。ラミントン山と言われる恐るべき火山も彼のお気に入りの一つである。ホブリットは、この捕らえどころのない火を噴く怪獣に会いたくて仕方がなかった。特に、彼の火山が噴火する瞬間を見たかったのである。デンバーの事務所のロッカーには、カメラ、アスベスト軍手、熱電対、その他、幸運に巡り合わせたときに必要な噴火ツールを入れた「嫁入り箱」が保管されていた。

こうしてホブリットは、噴火しない可能性もある火山の上で全キャリアを費やす仕事に、食い入るような興味をもって取り組んでいた。一年の大部分はデンバーの研究室で過ごし、セントヘレンズ山の過去の噴火に詳細な事実をつけ加える仕事に専心した。そして、夏になると、妻同伴でスピリット湖畔のトレーラーハウスに移り、フィールドワークにいそしみ、フラストレーションとばかでかい鑿岩機を引きずって、山を登り谷川を下って過ごしたのである。

一九七九年八月のように、フローティング・アイランド付近にテントを張って夕食の肉を焼くといった晩は、何度となく経験している。ホブリットとフィールドワークの助手は、太陽が完全に没する前に夕食を済ませると、足場の悪い黒い岩石の川によじ登って樹木の繁る島に渡り、酒盃を交わした。島の上で、彼は、ほとんど儀式になってしまったあることをする。山に向かってブリキの酒盃を挙げ、こう叫ぶのだ。「やい、なんで噴火しないんだ！」

間もなくそれは実現する。フローティング・アイランド溶岩流はこの世から姿を消してしまうだろう。

第2章　信じられない

静かな冬の森の大地が震動し、樹木が次々と小刻みに震えた。枝から振り落とされた雪は斜面を転がり、波打ちながらタートル川渓谷に押し寄せてスピリット湖を渡った。この大地の動きは、一九八〇年三月二〇日木曜日、午後三時四七分にセントヘレンズ山西側中腹の地震計を震動させた。スピリット湖に駐在する米国農務省林野部の雪崩監視官は、自分の体が揺れて全方向に弾むように感じた。この地震は、山の北側だけで感じられた静かなものだった。山頂付近では、大地の震動によって広範囲に及ぶ雪崩が発生し、今しがた二人の登山家が通り抜けたばかりの滑降斜面を暴走し、スノーモービルの一団をかすめて、車のないティンバーライン駐車場に突入した。一〇〇余年ぶりに初めて動き出したセントヘレンズ山が誰も傷つけなかったのは、幸運以外の何ものでもない。

雪崩監視官は、地震のニュースをワシントン州バンクーバー〔約四〇〇キロメートル北のバンクーバー（カナダ）とは別〕の林野部本部に無線で知らせた。バンクーバーは、オレゴン州ポートランドからコロンビア川を越えたところにある。つい数年前に噴火が予知されたこともあって、林野部の職員はデンバーの米国地質調査所に連絡した。電話を受けたドナルド・マリノーは、コロラド州ゴールデン付近の米国地震情報サービスに問い合わせた。そこの地震学者の報告によると、地震の規模はリヒタースケール〔アメリカの地震学者、C・F・リヒターが定義した地震の規模を示す尺度。日本の気象庁が発表する値とは少し異なる〕でマグニチュード四・二である[1]。マリノーが最も興味を示した情報は、震央がセントヘレンズ山の北二四キロメートルとされたことだ。彼はこの情報を林野部に伝え、心配ないとつけ加えた。太平洋岸北西部の地震は珍しいことではない。震央が火山からこれだけ離れているなら、これはマグマの通る配管網に関係する地震ではなさそうだ。

　地震は、ワシントン大学で観測している地震計にも引っかかった。一九七二年、次々と提出される噴火予測を考慮して、地質調査所はレーニア、ベーカー、セントヘレンズの山々に地震観測地点を設置した。その目的はただ一つ、目覚めつつある火山の最初の兆候と言われる火山性地震を監視することである。クランデルとマリノーはこのような地震の発生を予告していた。最終的に、この測定器をモニターする責任はワシントン大学の研究室に託された。研究室の責任者は、地震学教授のスティーブ・マローンと、彼の元学生で地質調査所から派遣されたクレイグ・ウィーバーである。彼らが担当するのは、セントヘレンズ山西側中腹の装置であった。

　この日、地震計を内蔵したボックスが震動した。ボックス内の振り子は停止していたが、ボックスと振り子との相対的距離の変化が小さな電気パルスを生成した。震動は電波信号に変換され、一連の中継器を経てシアトルに送られ、ワシントン大学地質学部の記録ドラムに針で波状の線を刻んでいった。地震記録計は、蔦《つた》に覆われたレンガ造りの建物の地下室に設置されている。実際、地震が波打ちながら北西部を横断すると、一列に並んだ地震記録計の針がぴくぴく動き出したのである。この記録を見たウィーバーはマローンの部屋にどたばたと駆け込み、「たった今、フッド山の下で大きな地震がありました」と報告した。フッド山はセントヘレンズ山の南側にある火山である。

二人は地下の実験室に急行した。針の描いた線を一目見ただけで、地震が、その地域ではこれまでになく大きいことが分かった。マローンは、マリノーと同様に震源を知りたいと思った。当時、震源を算出するのは容易な仕事ではなかった。確かに、セントヘレンズ山に取りつけた測定器はこれまで最大のジャンプをしたが、それはコロンビア川を隔てた向かい側の火山、フッド山から来た信号という可能性もある。フッド山にはまだ地震計が設置されていないのだ。

二人の地震学者が震源地についてあれこれ推察している間に、若い助手はデータの分析に取りかかった。いつものことだが、その地震も、異なる時間に異なる地震計に記録を残していった。これは、不規則な海岸線に波が到達するようなものだ。各地震計に揺れが到着した時刻と強さを調べて震源からの距離を算出し、その距離を半径とする円を各地点で描くと、それらの交わる一点が震源地ということになる。理論は簡単である。

ところが、実際に正確な位置を突き止めようとすると、いくつか問題が出てくる。つまり、地震計が少なくて全地域をカバーできない、データを徹底的に分析するには時間が足りない、そして、これが最も重要だが、地震波が伝わる大地について十分な知識がないという問題である。花崗岩など密度の高い媒体を波が伝播する速度は速い。しかし、セントヘレンズ山のように、地質学的に種々の物質が積み重なってできた山に関する分析は、一筋縄では行かない。地震学者は、科学と技の間に張られた細いロープの上を綱渡りしなければならないのだ。

パソコンのなかった時代にこの問題を解くには、まず各観測点の地震計に到達した時刻をコンピュータカードにパンチする。次に、そのカードの山を分類機にかけるのだが、この作業には時間がかかる。手作業で一時間ほどかかるだろう。大学のコンピュータセンターならもう少しスマートにできそうなものだが、この時もやはり一時間かかった。そのころには、地質学部の建物内で働いていた他の研究者も興味を示して作業に協力してくれるようになった。こうして、ワシントン大学の科学者と学生の共同作業によって、地震はセントヘレンズ山の真下で発生したという結果が得られたのである。

数時間後に、研究室の一人で地質調査所の元技術者、そして現在はワシントン大学で研究しているエリオット・エンドーが、データの中に別のことを発見した。地震は完全におさまったわけではない。普通の地震、つまり地殻変動による地震は、一般に二枚の巨大な地塊がお互いに擦れ合うときに発生する。岩石塊は紙やすりのように滑りが悪いために、両者間のひずみが途方もなく大きくなり、ついにはガクンと岩石塊がずれることになる。この突然の揺れが地震波を生成し、それは鐘の音のように最初は大きく響きわたるが、地震のエネルギーが低下するに従い、小さくなって消えていく。記録計の上にはクリスマスツリーに似た模様が描かれる。つまり、最初に大きい揺れが記録され、次第に小さくなって中心の位置に戻るのである。

ところが、エンドーの見た記録は違っていた。地震記録計の針はまず大きな弧を描いて揺れ、それから急速に先細りになっていったが、中心の位置に完全には安定せず、一連の微震というべきものを記録しつづけている。これがノイズではなく本当に地震だとしたら、山の上にいても感じられないほど小さいものである。エンドーは、ハワイ火山観測所にいたときに同様のパターンを見たと言った。それは火山活動に特徴的なパターンで、マグマが古い岩石を押し退けて上昇してくるしるしであると。

そうかもしれないが、火山性地震である可能性は非常に小さい、とマローンは言った。これは、太平洋岸北西部に一般的な本震‐余震連鎖と考えた方がよさそうだ。

ところが微震は持続し、火山性地震である可能性が強くなってきた。しかし、発表するにはさらに多くのデータが必要である。強い地震の余震という可能性もあるだろう。マローンはこの地域の観測を強化しようと考えた。彼らがセントヘレンズ山の上に設置している地震計はたった一台であり、他は、最も近い地震計でも四八キロメートル離れている。ちょうどその日、マローンの手元には地熱実験用の新しい地震計が四台届いていた。そこで、それらすべてをセントヘレンズ山近辺に設置することにした。

翌日（三月二一日、金曜日）の朝、マローンとエンドーはセントヘレンズ山を目指して車で二〇〇キロメートル南に走り、火山の北側に二台の地震計を設置した。ウィーバーともう一人の学生は、南側に残りの二台を据えつけた。そのうちの一台は三五キロメートル離れたところに置かれたが、他はどれも火山に近い場所に設置された。[2] マローンの考えでは、地震が再び強くなると、これは火山に特徴的な動きだが、火山に近い観測地点ほど強い信号を受けるはずである。しかしながら、距離とは天然の防護壁のようなものである。マローンは噴火の場所を想定し、谷から約一〇キロメートル離れたコールドウォーター・リッジの斜面に地震計を一台据えつけた。そこなら十分な距離と高さがあるので、どんな噴火にも壊されることはないだろう。

土曜日の朝シアトルに戻ったマローンは、地震が本震‐余震連鎖の場合のように衰微していないことを発見した。前の晩には突然の小さな揺れもあり、いよいよ単なる余震とは言いきれなくなった。データによると、地震は、大部分が体感できないほど微弱であるが、セントヘレンズ山の下でうじゃうじゃとうごめいていた。

マローンは林野部に電話をし、セントヘレンズ山で地震が続いていることを知らせた。雪崩を心配した森林警備隊は閉山を勧告した。

土曜も日曜もマローンの記録計はぴくぴくと動きつづけた。何かが山を揺り動かしている。火山活動ではなさそうだが。

「正直に言うと、まさか火山のせいとは思わなかった。そんなことは起こるはずがなかった。〝本当にそうなのだろうか〟とまず疑ってかかるのが、私たちのやり方なのだから」マローンは後にこう語っている。

目覚めはじめた火山に対する最初の反応は、往々にしてこのような不信である。火山の領域に住んでいる人々にとって、慣れ親しんだ山や丘、谷、湖、ボートの停泊地、そして、時にはトウモロコシ畑が実際は火山の領地にあり、噴火とともに一瞬にして変貌するなどということは、相当の努力なくして理解できるものではない。この信じられないという傾向は、科学者に関しても同じであった。

マローンは、結論を月曜の朝まで持ち越すことにし、同僚には、地震が月曜日まで続いたら騒ぎ出す必要があると告げた。月曜の早朝、彼は自転車でキャンパスに駆けつけ、午前七時に夜中の記録を見た。騒ぎ出すときは来た。「まったく、どうしていいか分からなかった」とマローンは言う。彼は受話器を取ってデンバーのクランデルを呼び出した。

「心配することないよ。その地震は二〇キロメートルくらい離れているそうじゃないか」木曜日の地震についてすでにマリノーから報告を受けていたクランデルは答えた。

「とんでもない、それは山の真下なんだ」とマローンは言った。

その活動は木曜日から次第に大きくなっている。土曜日にマグニチュード四・〇を記録し、今朝も四・〇を記録したようだ。これは大きな揺れであり、揺れは続いているのだから、大量のエネルギーが駆動力になっているのだろう。最新のデータの分析はまだ終わっていないから、それが完了したらまた電話する。マローンはこうクランデルに伝えた。

クランデルがよく知っているように、不安定な火山に関する文献はすべて一つの言葉で終わっている。それは、「予知の限界」である。ごろごろ言い出した山が、数時間のうちに突然噴火したこともあれば、数年間震動し、小さな噴出を繰り返した後に噴火したこともある。または、不安定な火山が煙をプップッと噴いただけで何も起きないことさえあった。これは、クランデルを始め多数の地質調査所の科学者にとって、忘れられない記憶になっている。

ちょうど五年ほど前、カスケード山脈のある火山が生きている証を見せはじめた。一九七五年三月一〇日、ベーカー山の頂上から黒い煙が立ち昇った。ベーカー山は、セントヘレンズ山の北約三〇〇キロメートル、カナダ国境から南へ約二五キロメートルの地点にある雪に覆われた火山である。山頂に飛んで駆けつけた地質学者は、そこに水蒸気の噴出口が新たに開けているのを発見した。これは、新しい熱源があるという証拠だ。しかも、恐らく地震のためだろうが、山頂の氷河が変形している。地質調査所がそれからの三週間火山活動を監視しつづけたところ、火山から放出される熱量は一〇倍に増大し、マグマに関係すると言われるガスの硫化水素も高い値で検出された。推測によると、たとえ小さな噴火でも、発生すれば大泥流を引き起こし、キャンプ地を呑みこみ、ダムを乗り越え、広範囲の下流域を押し流すことだろう。

地質調査所の分析に基づいて、州政府は厳しい命令を出した。林野部は、火山のキャンプ地と、ベーカー湖周辺の保養地を閉鎖すること。電力会社は、最大の泥流が来てもダムで持ちこたえられるようにその春の貯水量を抑えること。この命令の実行には当然結果が伴った。ダムの水位低下は、電力販売に概算して七七万五〇〇〇ドルの損失をもたらし、ベーカー山には客が訪れなくなった。レストラン、宿屋、野外スポーツ用品店の経営者からは、地質調査所の過剰反応だという抗議が殺到した。地域の経済が二五パーセントも低下してしまったのである。[3] 観光シーズンになると怒りと抗議の声はますます激化したが、科学者は一歩も退かなかった。こうして噴火のないまま月日は過ぎていったが、最初の事件から一年余りたった一九七六年四月六日、地質調査所は再評価を発表し、「現時点では、噴火の切迫を示す明瞭な証拠はない」[4]と結んだのである。

地質調査所はいつ果てるとも知れない厳しい批判を浴びせられた。批判は外部からだけではない。同調査所の古参の科学者、ボブ・クリスチャンセンのメモもその一つである。彼は、地質調査所の対応が総じて一貫性に欠けていたとして、カスケード山脈の火山噴火に対する備えは「貧弱すぎる」と指摘した。[5] これは、セントヘレンズ山が震動しはじめるひと月前の、一九八〇年二月のことである。

このベーカー山対策の一端を担っていたロッキー・クランデルは、セントヘレンズ山の活動に対して組織的対策を開始するにあたって、長く続いた辛い経験を思い出した。

マローンの電話の後で、クランデルはバージニア州レストンの地質調査所本部にいるボブ・ティリングを呼び出した。ティリングは地球化学地球物理部門の部長であり、このささやかな火山防災プログラムには責任のある立場にある。ところがティリングは昼食のために外出中だったので、公共事業所に連絡し、危険警告を公に出す準備をするように伝えた。また、シアトルの地質調査所チームには、セントヘレンズ山を上空から調査するよう依頼した。一一時一五分、事務所に戻ったティリングから電話がきた。クランデルはその日の朝から電話の記録をつけはじめたが、そこには几帳面な筆跡で次のように書かれている。「ティリングから電話があり、このプログラムでは誰が地質調査所の代表者になるのかと聞かれた」デンバーチームのリーダーだったクランデルは、それはドナル・マリノーで、多分明日にはバンクーバーに向かって発つだろうと答えた。

レストンの地質調査所本部では、ボブ・ティリングが受話器を置き、ホールを通って主任研究官のもとに行き、状況を説明してから一つの質問をした。ティリングは上級管理職に就いたばかりである。地質調査所には、普通、科学者が数年単位で管理職を交替するという長年のしきたりがある。科学者を管理できるのは科学者だけという考えに基づくのだが、これは一般に、地質調査所を運営する科学者は金が必要なときにだけ合衆国議会に姿を現すということになる。ティリングは、ハワイ火山観測所（ＨＶＯ）で管理の仕事をした後に、本部に昇進した。彼は、活火山の活動を測定する仕事がいかに難しく危険であるかをよく知っていた。キラウエア山噴火では接近しすぎて降り注ぐ溶岩の一片を背中に受けたこともあり、その時の傷はまだ残っている。

また、火山観測が金のかかる仕事であることも知っていた。セントヘレンズ山に関しては、一時的に人員を充当できるだろうが、それには輸送、宿泊施設、食料、そして最も重要なことだが、厳しい自然の中で動き回るためのヘリコプターが必要である。そんなわりで、主任研究官のダフス・ペックに手短に状況を話したティリングは、最後に、こんな時に使える偶発損失積立金引当基金はどれくらいあるだろうかと聞いた。「偶発損失積立金引当基金？　それって何だね？」とペックが聞き返す。そんな余分な金などあろうはずはなかった。

ティリングは、自分のオフィスに戻るとクランデルにもう一度電話をし、資金の心配はないと伝えた。必要なものはツケで買って特別口座に請求するようにと言い、口座番号を教えた。それは、オフィス用品の購入やわずかなボーナスのためにティリングに与えられた融通のきく小さな口座である。

彼は賭けをしたのだ。火山活動が早々に鎮静化すれば(一番ありそうなケース)、出費は少なくてすむ。大噴火をするなら(ほとんどあり得ないケース)、出費をとやかく言う者はいまい。最悪なのは、火山活動が何週間、いや何ヶ月ものろのろと進行し、財布の中身を使い果たした揚げ句に噴火しないケースである。こんな場合、彼は、ただのゼムクリップに一〇〇万ドルも要した理由を説明しなければならなくなる。

マローンがクランデルに電話をした翌日、ワシントン大学の地震計の針はしきりに飛び跳ねていた。地震の数も大きさも急増し、どの装置でも、それぞれの地震を判別して読み取るのが難しくなった。マローンはクランデルに「マグニチュード四・〇以上の地震が多発した」とだけ報告した。これほど大きなエネルギーを観測したことはなかったのだ。

火曜日の夜、ドナルド・マリノーはポートランドに飛び、翌朝は徒歩で、バンクーバーの農務省林野部本部に赴いた。林野部は、セントヘレンズ山とその周辺の数千ヘクタールに及ぶ区域を直轄している。ところが、直轄区域は複雑であり、約半分は林野部の管理下にあるのだが、残りの半分は伐採製材業者と州の所有であるために、山の所有地のパターンはチェスのボードのようになっている。

ギフォード・ピンチョット国有林の本部は二階建ての鉄筋コンクリートの建物で、灰色のコンクリート板に細長い窓が切り込まれている。天気のよい日は、後ろの窓から、七〇キロメートル北東に聳えるセントヘレンズ山の白い峰がくっきりと見える。しかし、今は三月であり、太平洋岸北西部はめったに好天に恵まれることはない。建物に入ったマリノーは、災害に対する林野部の態勢が十分に整っていることに気づいた。自然災害に対する地質調査所の備えは不足していたかもしれないが、林野部はそんなことはない。壊滅的な山火事の経験を何十年も積んできたのである。

マリノーは、三五名ほどの人々が詰めかけた一階の小さな会議室に案内されると、おずおずと朝の挨拶を交わした。林野部は災害時における通例のマニュアルに従って、現在の状況とその見通しを簡単に説明するために「関係者」全員を招集したのである。そこには、郡保安官、法執行官、州の危機管理局の代表者、地方新聞の記者、パシフィックパワー・アンド・ライト社のダム管理者、郡の政治家、工兵隊の代表者、ウエアハウザー社やバーリントン・ノーザーン社のような大材木会社の役員が集まっていた。ある者はテーブルにつき、ある者は壁に寄りかかって話を待っている。林野部の職員は地震や雪崩に関する新情報を手短に説明すると、マリノーを紹介した。

波打つ黒っぽい髪をして黒縁の眼鏡をかけたマリノーは、五五歳になったばかりの地質学者である。彼の所有する衣装といえば、ふだん着とキャンプ用の衣服くらいのものだろう。彼はまず出だしに、自分の研究では過去が未来を知る重要な鍵になるという話をして本題に入っていった。セントヘレンズ山は過去に噴火した火山で、再噴火の可能性がある。動きの遅いどろどろした分厚い溶岩を流出するタイプの火山だが、このような溶岩流は、一般に爆発的活動の後に発生する。セントヘレンズ山は、噴火の際には成層火山に特有のあらゆるいたずらをするかもしれない。膨大な量の岩石を粉々に打ち砕いて吹き飛ばし、爆風の風下に十数センチもの火山灰を降らせるだろう。たとえ噴火しなくても、暖かくなった火山が雪や氷を解かして泥流を引き起こし、森林を拭い去り、大石を転がし、河川を氾濫させるかもしれない。恐らく最大の危険は、火砕流である。ガスや灰や軽石の混じった熱風が時速一五〇キロ以上の速度で突進し、森林一帯の生物をことごとく死なせるだろう。これは過去に実際に起きた現象であり、将来も起こり得ることなのだ。

現時点で最大の懸念は洪水の発生である、とマリノーは言った。山の晩冬の雪は深い。小さな噴火が一つあっても、積雪はたちまち解けて泥水になり、急速に滑り落ちてくる。何の前触れもなく、一億二〇〇〇万立方メートルもの泥水が山の斜面を駆け下りるだろう。これはダムが決壊するようなものだ。こんなことが山の南側や東側で発生したら、一挙に放出された大量の水によって、ルイス川の三つの水力発電ダムは一つどころか全部決壊することもある。説明を聞いていた電力会社の役員が、その程度の洪水なら山に最も近いスウィフト・クリーク・ダムで持ちこたえられると言った[7]。

「セントヘレンズ山は本当に噴火するのですか」という質問に、マリノーは「噴火は予知できないのです」と答えた。この答えに会場は騒然とし、州有林管理所の筋骨たくましい男がもう一度聞き返した。「月に人間を送り込んだ国民が、火山の噴火を予知できないと言うのですか」その通りなのだ。

予測が不確実ではかえって出費がかさむだろう、とある者は言った。セントヘレンズ山の活動が険悪になれば、林野部は伐採業務を中止させ、山の周辺での釣りやキャンプを禁止し、スピリット湖畔の山荘所有者に対してもこの区域を閉鎖しなければならない。これに対してマリノーは、科学者は「知らない」と答えるよりも少しでも確実な予測を提供するつもりでいる、と答えた。もちろん、それは大きな賭けではあるが。彼は、可能性を交えながらいろいろな答え方をしたが、答えの本質はいつも同じだった。火山の振舞いを正確に予知する方法はないと。六時間も続いた説明会が終わると、マリノーは部屋を去りながら住民の怒りを考えた。たとえ何事も起きなくてもこれからは大変だ。何も起きなければ、一層苦しい立場に立たされるだろう。

会場に集まった人々のマリノーに対する反応は、二つのうちのどちらかだった。林野部のある古参の職員のように「本当に噴火するかもしれない」と考えながら会場を出たのは一握りでしかない。大部分の者は、自分も両親も、そして場合によっては祖父母までもが狩猟やハイキングを楽しみ、汗水流して働いてきたその山が実は危険であるとは、とても信じられなかった。ただの山ではないか！たとえ噴火したとしても、大惨事になるはずはない。

「これは当たり前の反応ですよ。見知らぬ人が玄関先に現れて、お宅の裏庭には活火山がありますと言ったら、どうしますか。簡単には認められないでしょう」説明会に出席した一人はこう述べている。[8]

噴火を信じた一握りの出席者でさえ、マリノーの説明するタイプの噴火を想像することはできなかった。

「マリノーは、テーブルに座っている誰よりもはっきりと、何かが起きると確信していたようです。我々は、恐れと不信の入り混じった気持ちでそこに座っていました。ハワイの火山を見たことのある私は、その手の噴火を考えていたのです。火と溶岩の流れる姿を想像していましたよ」一握りの中の一人で、郡の行政長官でもある酪農家のヴァン・ヤンギストはこう語っている。

説明会の後、森林監督官がドナル・マリノーに協力を求めてきた。林野部にはすでに災害対策マニュアルというものがあり、毎年訓練を実施している。後方支援のための物資も揃っている。しかも、セントヘレンズ山周辺には独自の通信網があって、非常時にそれを利用する経験も積んでいるし、職員は長期間のストレス状態で働くことに慣れている。また、上空からの調査も可能であり、緊急時には、森林監督官が他の国有林から援軍を呼び寄せることもできる。森林閉鎖という評判の悪い決定をして非難を受けることにも慣れている。[9]

重要なのは、林野部が、軍隊的な指揮系統と広範囲に及ぶ法的権限を持ち、難しい問題の処理を即決できる決断力のある機関であるということだ。これは地質調査所とは対照的な体質である。地質調査所は、一匹狼の科学者が自分の縄張りを張ろうとし、必要とあればそれを守るために情勢に逆らい、決定的な証拠に包まれてはじめて態度を軟化させるといったところだ。

林野部に欠けるものがあるとすれば、それは火山の専門家である。そのために、監督官はマリノーに協力を要請してきた。

明らかに利益のあるこの申し入れをマリノーは快諾した。これは自分の専門に合った仕事であり、おまけに、地質調査所の科学者が将来の火山災害に対処する際の基準にもなる。彼は専門的なアドバイスはするが、安全の確保や経済的な決定はしない。決定は、そのために雇われ、または選ばれた人たちの仕事である。マリノーはアドバイスを提供するだけである。これは、地質学者がすでに考え抜いてきたいくつかの問題の一つである。ベーカー山事件後の一九七九年四月、デンバーチームは論文を発表し、「我々は、どのレベルまで危険を容認できるかを決定しようとしているのではない。これは主に社会的経済的な問題であり、我々が貢献できるのは決定に必要なデータを提供するだけである」と述べている[10]。

地質調査所の専門知識を頼りに避難勧告を出す人々にとっては、地質調査所が助言者としての役割に徹するのは責任回避にすぎないとしか思えなかった。続く数週間の災害対策をモニターしてきたある社会科学者は、地質調査所は「決定を下すことを避けようとしている」と記している[11]。地質調査所からはっきりしたアドバイスを得るのは容易なことではない。マリノーは慎重な科学者で、話し方も慎重である。一つとして明確な発言はなく、すべてが見込みの範疇にある。レス・ネルソン保安官はフラストレーションを感じて言ったものだ。「地質学者にはっきりものを言わせるのは、排水槽の中のネズミを追い詰めるようなものだ」

助言者に信用がなければよいアドバイスはできない。三月二六日の小会議室で火山泥流、火砕流、噴煙について話したときのドナルド・マリノーは、まだあまり信頼されていなかった。

当時、火山が危険物になるという客観的証拠は地震の記録に検出されるだけだった。大部分の地震は感じられないほど小さく、たとえ体感されても浅いために、北側斜面以外ではほとんど知覚されていない。したがって、データだけでなく約一五〇キロメートル遠方のシアトルでデータを解読している科学者も信用しなければ、山が噴火するなどという話を信じることはできない。

なぜこの政府の科学者を信じなければならないのか。マリノーは小声でしか言わなかったが、彼は休火山を専門とする研究者で、最初の震動から噴火まで、火山活動の一部始終につき合ったわけではない。実を言うと、爆発的噴火を経験した者は、米国地質調査所全体を見回しても数名にすぎないのだ。地質調査所の仕事の大半はハワイにあり、そこの火山は、存命中の地質学者の記憶によると、溶岩をゆっくりと流出するタイプである。それは、あのヴァン・ヤンギスト保安官が想像するような噴火だ。ところが、セントヘレンズ山ときたら山の大きさをした爆弾である。ハワイとワシントンの火山には、自然でなければつくり出せないほど大きな相違がある。

マリノーが知っているのは、セントヘレンズ山の過去の振舞いだけである。今彼がなすべき仕事は、自分でも承知しているように、過去の事実から将来の予測を導き出すことである。人々を危険から遠ざけ、経済的損失を最小限に抑えるためには、このような予測を人々に知らせなければならない。数名の公益事業経営者、郡保安官、伐採製材業経営者、林野部の役人、気難しい一名の政治家、何名かの郡行政官、観光客や向こう見ずな人々、多数の住民、伐採労働者、そして、予想以上に多いレポーターに自分の言葉を信じてもらうためには、人々の信頼を勝ち取らなければならない。セントヘレンズ山では、これが最初から問題だった。林野部での説明会がニュースで報道されると、火山の近辺に住む人々はマリノーの心配を鼻であしらった。「地震なんてまったく感じないね。連邦森林管理局か環境団体がスピリット湖のレクリエーション区域開発を遅らせせようとするでっち上げだよ」山から数キロメートル離れたキッドバレーで雑貨商を営む六七歳のスタンリー・リーはこう述べている。

ところが、リック・ホブリットはすぐに信じた。マリノーからセントへレンズ山に来るようにという電話を受けると、火山の調査用具の入った「嫁入り箱」を開けて、その日のうちに飛行機に飛び乗った。

マリノーが簡単な説明会を行った翌日の朝、つまり最初の地震が山を揺らせてからちょうど一週間後に、レストンの地質調査所本部からバンクーバーに所長の言葉が届き、地質調査所は太平洋沿岸標準時午前八時より〝ハザードウォッチ〟を開始すると伝えられた。ハザードウォッチは、地質調査所の三段階から成る警戒体制の第二段階に相当する。レストンの本部は、火山近辺または直下でエネルギーの高い地震が続いているために、警告段階を上げることを考えていた。前々日の晩に、シアトルのグループが、マグニチュード三・五以上もある一〇〇回目の地震を記録したのである。

その木曜日の朝早く、マリノーは火山の状態を調査するために現地にホブリットを送った。そして、林野部本部に赴き、そこでレストンからの災害警報に関する通達を受け取ったのである。彼はそれを州、地方、連邦の三〇以上の機関に通知した[12]。

セントへレンズ山は数日間厚い雲に覆われていたが、州兵の上空偵察機で飛んだ観測者が、その日の午前一一時二〇分に、雲の裂け目を通して山頂付近の氷冠に灰色の筋（恐らく火山灰）を認めた。雲は、飛行機が一旋回して同位置に戻る前に、再び山頂を覆ってしまった。

正午少し過ぎに、森林警備隊の作戦計画をタイプする任務にあったエド・オズモンド警備員がそれをちょうど打ちはじめようとしていた。彼は、タイプライターに用紙を巻き込むと「セントヘレンズ山噴火」という言葉から始まる最初の一節を打ちはじめた。

最初の噴火は、厚い雲に阻まれて地上からは見えなかった。しかし、聞こえたのである。午後一二時三六分、ソニックブームのような音が森林を引き裂いた。たまたま火山付近の雲上を飛んでいたポートランドラジオ局の交通レポーターが、それを最初に報道し、興奮した声で状況を説明した。林野部の建物内にいた職員もそれを聞いていた。「もう疑う余地はありません。噴火が始まりました。山頂から煙や火山灰が噴き出すのが見えるでしょう。特に山の北側で[13]」それから数分以内に、伐採作業中の労働者の上に火山灰が大雪のように降ってきた。この山最大の伐採業者であるウエアハウザーは作業員を退去させなければならなかった。

雲があまりにも厚く垂れ込めているので、マリノーの言う火山泥流がルイス川のダムに襲いかかるかどうか、すぐに判断することはできなかった。解けた雪や氷が泥流にまで発展することはなかったと発表されたのは、一時間余り後のことである。ところが、水力発電所の経営者の方は今度こそ本当に信じる者となり、水位を減らしはじめた。

火山学者にとって、小さな噴火は生涯をかけたチャンスに巡り合えるかもしれない事件の前触れである。この一〇年間に、怪しげな火山の活動を観測する技術は大きく進歩した。今こそ、測定の道具を試すときである。アリゾナ州フラグスタッフに住む地球外惑星火山の専門家は、とっさに息子を隣人の家に連れて行き、「セントヘレンズ山に行かなければならない。子供の面倒を見てほしい」と頼み込んだが、彼女には自分がいつ帰れるか分からなかった。ハワイでは、ハワイ火山観測所の朝の会議に報告者が駆け込んできた。セントヘレンズが噴火した。(数日前にこの火山の活発化が知らされたと

き、出席者は会議などそっちのけで地図を広げ、セントヘレンズ山はどこにあるのかと探したのである）

午後二時一分、セントヘレンズ山はマグニチュード四・七の強さで巨体を揺すり、雲を突き抜けて再び噴煙の柱を立ち昇らせた。飛行機のパイロットの報告によると、黒い巨大な煙柱が五〇〇〇メートル以上、つまりジェット機巡航高度の半分以上まで上昇した。そこで、連邦航空局は、火山から半径八キロメートル以内の空域における飛行を、公的なものを除いてすべて禁止した。地上では、ワシントン州の危機管理局によって、半径二五キロメートル以内の住民の即刻避難が勧告された。正午頃には三・五以上の無数の地震がセントヘレンズ山を震動させた。

マリノーはデンバーのクランデルに電話で事件を知らせた。セントヘレンズ山は一二三年ぶりに動き出したのである。二人は歓喜した。名誉を賭けたギャンブルをし、噴火を早々と予告して批判されてきたのである。それが今、ようやく正しさを証明されたのだ。クランデルは日誌に次のように記している。「私たちの火山は、まさに予知したように、息を吹き返そうとしている」ところが二人は、この火山に予想される振舞いを誰よりもよく知っているだけに、急に酔いの覚めた気分になった。クランデルはバンクーバーに向かう準備を始め、ダン・ミラーはすでにその途上にあった。

火山には多数のレポーターが駆けつけた。マローンは、シアトルのテレビ局から、ヘリコプターでセントヘレンズ山まで輸送するから現地でのインタビューに応じてほしいと依頼された。しかし彼は非常に忙しかったので、地質調査所の科学者、デイブ・ジョンストンに行ってくれないかと頼んだ。数日前にシアトルでの学術会議中にセントヘレンズ山の地震を知ったジョンストンは、かつての母校ワシントン大学に車で駆けつけて、マローンの地震計監視グループの一員になっていた。ジョンストンは噴火を目撃できるこのチャンスに飛びつき、一時間以内には北斜面上空の雲の下を飛んでいた。機内からは、一週間前に山の北面を滑り落ちた雪崩の跡が見えるが、山頂は隠れている。ヘリコプターは北斜面にあるティンバーライン駐車場に着陸した。

分厚いアノラックを着込んだテレビ局のニュース記者たちが、火山を背景にした映像を写そうとカメラを据えつけている。ジョンストンはというと、薄手の青いペンドルトンの上着、タートルネックセーター、ニット帽、履き古したブーツという軽装で風雪に吹きつけられながら飄然としている。

「山は熱くなっていますね。マグマが上昇しています。再噴火の可能性は高いでしょう。もし噴火があるとすれば、高温の岩屑《がんせつ》が全方向の斜面を滑り落ちる可能性もあります。しかし現時点では、こちら側、つまり北側がきわめて危険です。氷河が崩れかかっているのです。大雪崩が発生するかもしれません」ジョンストンは語る。

「ここは安全な場所ではありません」彼はそう言うと、ちょっと不安げな笑顔を見せた[14]。そして、目を細めて口元を引き締め、頭のニット帽を手で押さえながら、山頂を見上げた。「導火線には火がついているのですが、その長さが分からないのです」

ジョンストンがビデオテープに録画されている間に、ティンバーライン駐車場の反対側では、地質調査所に所属するもう一人のひげ面の地質学者が政府から支給された自動車の運転席に座っていた。三五歳のリック・ホブリットがフィールドノートを記録していたのだ。ちょうど今、いくつかの谷を通って川や橋を調査し、写真を撮りながらセントヘレンズ山にやってきたところだ。山の北側の斜面を車で走って、積雪の深さを概算してきたのである。

ホブリットはエンジンをかけたまま、セントヘレンズ山が噴火した場合の現象について考えていた。

噴火と言っても、今日のような痰を吐き出す程度の小さな噴出ではなく、高温のガスや赤熱した岩石を吹き飛ばすようなタイプである。彼は、マリノーと同様、まず泥流の発生を心配していた。泥流はベイマツの立木をなぎ倒し、樵夫もモービルスキーヤーも、そしてその流路にいる人すべてを呑みこみ、橋をもぎり取り、家を押し流し、少なくとも一つか二つのダムを破壊してしまうだろう。

ジョンストンとホブリットが噴火によって発生する災害を考えていたとき、上空では、シアトルから来た二人の地質調査所の科学者が旋回する小型機に乗って、雲の裂け目からでもいいから噴火の結果を観測できないものかと窺っていた。二人は上空観測を専門とする科学者である。午後四時四〇分、ついに雲に裂け目ができ、セントヘレンズ山の山頂が姿を現した。それは変化し、今でも変化しつづけている。頂上付近が盛り上がっているのも見える。二人はそれらを観測し、カメラに収めた[15]。

飛行機から見ると、山頂の雪に大きな穴が穿たれていた。平らな山頂の中心には、直径約七五メートル、深さ約四五メートルのクレーターが新しく口を開いている。この穴の周囲の雪は火山灰に覆われて黒ずんでいる。

噴火は、ウィシュボーン氷河とシューストリング氷河のてっぺんを粉々に打ち砕いた。頂上のすぐ下の氷雪原には亀裂が走り、表面が大きく変形していた。これは、この区域が常に震動してきた証拠である。北側斜面の積雪にできた割れ目は興味深い。山頂からそう遠くないところに、まるで漆喰の壁にできたひびのように、二本の鋸歯状の割れ目が見える。どちらも東西に走り、一本の長さは一・五キロメートル程度、もう一本は五キロメートル以上もある。上空の地質学者の一人、オースチン・ポストは、これはマグマが山体内を上昇したためか、「頻発地震によって山頂が北、すなわち北東にスライドしたため[16]」だろうと推測した。彼らは上空を旋回しながら、二つの割れ目が開いたり閉じたり

している と無線で連絡した。

二人は科学者として、目に見えないことにも気づいていた。たとえば、山頂と北側は変形していても、南側斜面には目に見える傷跡がない。しかも、雪原に大石が転がっていないところを見ると、この噴火は主に水蒸気によるものらしい。これは、マグマではなく水蒸気爆発による噴火〔高温高圧の水蒸気の作用で起こる爆発的噴火〕である。とはいえ、水蒸気爆発も強力な熱源がなければ発生しない。ポストと一緒に飛んでいたもう一人の地質学者、デイブ・フランクが、一瞬、泥流と思われるものを目撃した。しかし、飛行機が一旋回して元の場所に戻ると、そこは雲に覆われてしまった。しかも、標高二〇〇〇メートルあたりまで、つまり山頂から約八〇〇メートル下までの区域はまったく見えなくなってしまったので、溶岩流の報告を確認することはできなかった。

この情報を携えて、ドナル・マリノーは林野部本部で行われる最初の記者会見に向かった。彼は、ずらりと並んだマイクロフォンの列と詰めかけた記者たちを見るや、「顔色を失った」。逃げ出したい気持ちに駆られたが、細身の彼の背後にはがっしりした体格の林野部の代表者が立ちはだかっている。マリノーは眼鏡のかけ具合を正すと、テレビ局の取材者に、皆が話しやすいようにカメラのスイッチを切るようにと頼んだ。記者会見はひどいものだった。後日、彼は毎日(一日三回のときもあった)の記者会見ほど不愉快なものはなかったと言うだろう。そして、集まった記者たちも同じことを言うに違いない。これは難しい関係である。マリノーは学識のある質問を期待していたが、そのようなものはめったになかった。さらに悪いことに、記者の間違いを正そうとわずかしかない貴重な時間を割いて指摘しても、決して訂正されることはなかったのだ。

リスクをリスクとして正確に伝えるリスク・コミュニケーションは科学の一つの分野に違いない

が、地質調査所の科学者はそんな訓練など受けていない。この機関は、論文がものを言う学者の組織である。論文の数が多い者ほど高く評価され、その評価は誰もが認めるものと考えられている。マリノーは火山の災害分析を始めたチームの論文、つまりブルーブックになった論文の共著者なのだから、地質調査所としては、当然彼がセントヘレンズ山の表看板である。ところが、実際問題としてこの役割にふさわしいのは、記者たちに火砕流や水蒸気爆発を説明し、きわめて深刻だがめったに起こることのない複雑な地質学的事象を理解させるという厄介な仕事のできる地質学者である。それなのに記者たちの前に現れたのは、簡単に結論は出さないが、一度結論を出せば絶対に撤回しないという、取りつく島もない厳格な科学者である。彼には、記者たちの感じるプレッシャーが理解できなかった。「私は事実を話しているのに、彼らは予測を知りたがった。私から見ると、彼らは科学者にできないことを望んでいたのだ」と、マリノーは回顧する。

最初の記者会見で、マリノーは、今日の噴火は大きそうに見えても大したものではないと述べた。セントヘレンズ山が過去に何度も演じたような爆発的大噴火でないことは確かであると。するとAP通信は次のように報道した。「大規模な爆発的〝火砕流〟、つまり、火口から岩石や溶岩を噴出するといった噴火はほとんど発生しそうにない。『一回の大噴火より小噴火を繰り返す可能性の方が大きい』とマリノーは述べている」

誰もがこれに同意したわけではない。翌日、レオナール・パーマという地方の地質学教授が紙上でコメントした。「不安を払拭したければ、現実を回避しなければならない」

これはまさに、マリノーが絶対に避けたいと願っているつまらない公開口論の類である。彼は、外部の科学者が火山の脅威に関して公に不協和音を奏でることによって、地質調査所の信用が揺らぐことを恐れていた。地質調査所は、所員のジョンストンの手綱を引くことはできても、大学の地質学者をコントロールすることはできない。

地質学者間の論争それ自体が危険物である。マリノーは、この数年間『火山学地熱研究ジャーナル』に掲載されてきた一連の文書を読んでそのことを知っていた。それらは、カリブ海上グアドループ島のスーフリエール山が一九七六年に噴火したときの災害対策に関する論争である。この噴火で、最大の災害をもたらしたのは科学者自身だった。

グアドループ島の火山は、短期間の強い揺れの後、七月八日午前九時に咆哮を上げて息を吹き返した。山頂に開いた割れ目から大量の火山灰がもくもくと立ち昇り、全島にかぶさる傘のようになって朝の太陽を覆い隠した。火山の斜面に住む何千という人々は取るものも取りあえず逃げ出し、トラックや自動車に乗り込み、または車体にぶら下がって避難した。麓に着いた避難民は全身灰にまみれて、まるで銅像のように見えた。間もなく、科学者の一団が依頼を受けて本国のフランスから駆けつけ、調査の末に壊滅的な噴火が迫っていると結論した。この報告を受けた島のある役人は「今度こそ本当だ。もう火山活動が後戻りすることはない[17]」と述べている。グアドループ島の知事は七万二〇〇〇人の住民の避難を命じた。災害切迫のニュースは現地の旅行社を破産に追い込み、救済活動のために多額の支援金がフランスに要求された。

政治、経済、そして混乱した島民にのしかかる負担が極限に達したころ、第二の科学者グループがフランスからやってきて、調査によると噴火はないだろうと発表した。二つの科学者集団の言い争いは、まるで連載ドラマのように毎日地方新聞を賑わせた。最終的には、各国の科学者による臨時パネルがパリで招集され、危険は過ぎたという裁定が下された。こうして一五週間ぶりに、島民は故郷に戻って仕事を再開できるようになったのである。[18]

事件後も論争は続き、マリノーはそれを地質学雑誌で読んでいたのだが、そこでは、レポーターから政治家、地質学者に至るまであらゆる関係者が引き出されて批判されていた。マリノーにとってはっきりしているのは、少なくとも地質調査所の声は一つでなければならない。そしてどんなに気が進まなくても、その声は彼のものであるべきなのだ。

ジョンストンとホブリットが到着した二日後に、ロッキー・クランデルがバンクーバーにやってきた。緊急対策本部（じきにECCとして知られるようになる）に徒歩でやってきたクランデルは、その騒々しさに唖然とした。ひっきりなしに流れる上空観測者からの無線報告、最新情報を打ちつづけるタイプライターの音、次々と命令を発する消防隊長の声、そして電話は始終鳴りつづけている。受話器を置くやいなや、またベルが鳴るとしか思えない。

「このゲームを始める前にね」と、マリノーは電話にチラリと目をやって切り出した。「林野部やその他の機関が危険度の新しい評価を求めているんだ。噴火の大きさを三段階に分けて、それぞれのハザードマップを作成してくれないかな」

時刻は午後八時頃だった。クランデルはこの地域を記す林野部の地図を探し出し、一晩中仕事部屋にこもって、セントへレンズ山に予想される振舞いを表す図を描いた。火山の過去が将来を知る重要な手がかりになるのだとしたら、彼は、セントへレンズ山に見込まれる振舞いについて実に多くのことを知っている。クランデルとマリノーはブルーブックで次のように予測している。「将来の噴火は、頻度、種類、規模において過去四五〇〇年間に繰り返し発生したものと同程度になるだろう[19]」

クランデルは、この火山に予想される最悪の噴火を描き出した。まっすぐに噴き上がった火山灰が、風によって太平洋とは反対側の北東方向に吹き流され、モンタナ州に至るまでの都市に何センチも積もる降灰をもたらす。何千トンもの積雪が急激に解けて大津波のように山の斜面を駆け下りる。この洪水はスウィフトダムを襲い、恐らく決壊させ、ルイス川渓谷に大洪水をもたらすだろう。高温の火砕流がハリケーンの速さで突進し、雪崩が発生してスピリット湖まで転がり落ちるだろう。クランデルは、これより小規模の噴火の地図もその晩のうちに二つ作成した。仕事が終わったのは午前五時である。「最悪のケース」の地図は、火山の最終的発作に備える討議や決定の際に、基本的な参考資料になるだろう。それは最悪のケースの限界を示すものである。

それからというもの、デンバーのチーム、つまり、クランデル、マリノー、ミラー、ホブリットはアドレナリンを頼りに働きつづけた。昼夜ぶっ通しで働き、ベッドに倒れ込むと二、四時間の睡眠を取る。今では、林野部の飛行機が定期的にセントヘレンズ山上空を旋回し、ミラーかホブリットが一日二回、四時間のフライトに搭乗した。その他の時間は、電話の応対と危険に関する手短な説明に追われつづける。この噴火対策をモニターしていたある社会科学者は、地質調査所の科学者は「数週間というもの一日二四時間働いた」と書いている[20]。

「毎日しなければならないことが目白押しにあった。報道機関や他の科学者からの電話、手配や決定をするための問い合わせがひっきりなしに押し寄せる。いつも山ほどの仕事を抱えていた。それも重要で重大な影響を伴うものばかりを。やるべき仕事の半分も終わっていないと考えながら、布団に潜り込んで四時間ばかりの睡眠を取ったが、重大事に関わる重い責任感と、それを遂行できる時間がどこにもないという焦燥感に押し潰されそうだった。まったくひどい重圧を感じていた」ミラーはこう述懐する。

バンクーバーでは、デンバーのチームが興奮と責任感に突き動かされて全力投球で働きつづけた。ロッキー・クランデルは、「ストレスと睡眠不足のために体力は急速に消耗し、筋の通った考え方ができなくなった」と記している。[21]

このような科学者の仕事の多くは、うわさを正すことだった。火砕流と有毒ガスを恐れる西海岸一帯の住民から問い合わせの電話が入る。セントヘレンズ山斜面を本当に溶岩が流れるのか、レーニア山噴火のうわさは本当かという確認の電話も入る。[22]

林野部本部は、噴火後の数日間、会議、インタビュー、電話の応対、状況説明などで手一杯になり、すべてが緊急費として計上された。後方業務、航空交通管制、禁止区域への出入、通信の問題、避難などの手配をし、さらに、不安におののく住民や心霊術者（北西部に多いらしい）、それにレポーターにも配慮しなければならない。[23] 本部には、状況の進展に応じて種々の問い合わせが殺到する。カウリッツ郡のレス・ネルソン保安官は、この期間の仕事について「みんなで一艘の船を造って、同じ方向に漕いでいた」と話している。

最初の水蒸気爆発以後、林野部は山火事で言う「消火活動態勢」に入った。バンクーバー本部の二階に、二四時間態勢で臨む緊急対策本部を設置し、同じ階に現地や州の代表者用の集会室を準備した。また、二階の二部屋と六台の電話が別口として地質調査所用に割り当てられた。双発偵察機がセントヘレンズ山上空を旋回し、天候が許す限り、一日二四時間火山を監視しつづける。そして、恐らく何よりも重要なのは、消防隊長のポール・ステンカンプが隊を指揮するために到着した。

今は誰もが、クランデルとマリノー共著のセントヘレンズ山に関するブルーブックに従って動いて林野部で新しい交代要員を揃えはじめたことである。

いた。この本は、太平洋岸北西部における政府、産業、報道の関係者の間で「必読書」になり、最初にバンクーバーに届いた二〇〇冊は瞬く間に売り切れてしまった。一度は批判された論文が、今やきわめて重要な書物になった。電力会社は、火山の過去の記録に基づいて、対処しなければならない泥流の大きさを知った。風下に位置する都市の開発計画者は、予想される降灰の量を知り、伐採製材業者は過去の火砕流の被災地域と安全な地域とを認識した。後年の分析によると、「この地質調査所のデータがなければ、当然、確実で信頼の置ける警報は難しくなり、したがって、その効力も減少しただろう」と結ばれている[24]。

林野部のパインクリーク出張所の退避はクランデル - マリノー研究の成果を示したものだった。三月二七日の噴火直後に、パインクリーク出張所の森林警備員は本部のエド・オズモンドから電話を受け、「逃げろ！」と警告された。ちょうどその朝、林野部の計画部では、パインクリーク出張所の職員の最短逃走路が火山泥流と火砕流の通過区域に入ることが分かった。そこで、危険区域を避けた迂回路が採用されたのである[25]。

仮に、米国本土の他の火山が活動しはじめたとしたら、ダムの水位をどれだけ低下させるべきか、伐採業者にとってどの区域が危険なのか、どこの住民が火山泥流に脅かされるかを予測することはできないだろう。デンバーチームが紐解いた火山の歴史がなければ、科学者は噴火の影響について公に言い争う羽目になり、政府や民間の指導者を混乱させて、信用を失うことになる。クランデルとマリノーの研究はロケット科学ほど華々しくなくても、セントヘレンズ山周辺の住民にとってはきわめて重要であり、科学のなし得る最高のガイダンスなのである。

ところがよくあることだが、データが揃いすぎていると、予測すべきことは知っているという一種の確信めいたものが植えつけられてしまう。彼らの研究は条件を設定したのだが、その条件の範囲内で仕事をしていると、より大きな事件の可能性を見過ごしがちである。過去が未来の重要な鍵になるという彼らのルールに従って行動していると、想像力がセントへレンズ山の既知の歴史に縛られて、ブルーブックの域を出られなくなってしまうのだ。

三月も末になると、この火山は観光客にとって米国で最も人気のある場所になった。道路は見物人でごったがえし、それを阻止しようとする保安官に食ってかかる野次馬もいる。郡の緊急部隊の隊員は、『タコマ・ニュース・トリビューン』紙に、「危険などどこ吹く風で、至るところから人々が群がってくる……晴れた日曜日ともなれば、山に向かう道路はまるでラッシュ時のシアトルのダウンタウンさながらの混雑ぶりだ」と語っている。[26] 四月三日、ディクシー・リー・レイ州知事は緊急事態を宣言し、道路封鎖を強化するために州兵を出動させた。

山の近くでの作業再開を願う伐採業者の要求は黙認され、三〇〇名の作業員がセントへレンズ山の森林に帰っていった。

火山学者が最初にすべき仕事の一つは、前哨となる観測所をつくることである。林野部のヘリコプターは一日二四時間山の上を飛びつづけ、地質学者をたびたび同乗させてくれたが、気象条件が悪いために、山頂や斜面の観測はできないことが多かった。

ホブリットがその観測所を担当することになった。最初の仕事は場所の決定である。割れ目や雪崩や地震は北側斜面で観測されたのだから、観測所は北側につくるべきだ。地質調査所の科学者にとって、前哨となる観測所は丘陵の尾根の高い部分に置くのが望ましい。そうすれば山との間に谷が介在して、火山の噴出物を遮るバリヤーの役目をしてくれる。泥流も火砕流も重力によって生じる現象であり、渓谷に沿って流れる傾向があるから、高い崖を乗り越えることはないだろう。

ホブリットは、山頂から約一三キロメートル北方にあるタートル川渓谷を選び、その北側にある見晴らしのきく丘陵の斜面に観測所を置くことにした。そこは決して理想的な場所ではない。通信をするには電波が弱く、はっきりした観測をするには火山からの距離が遠すぎる。しかし、雪が解けて林道が開けるまでは、そこが観測所を設置できる火山に最も近い場所なのだ。

彼はその区域をざっと調査し、過去の噴火で影響を受けた痕跡はないかと探してみた。そんな痕跡があれば、観測者は危険な立場に立たされることになる。調査では何も発見できなかったが、彼にはその場所がどうも気に入らなかった。そこで、クランデルに、自分の目で危険度を評価しにきてくれるよう頼んだ。クランデルはやってきて調査したが、彼もまた、この区域が火砕流に吹き飛ばされたり、火山泥流に呑みこまれたりした証拠を発見できなかった。しかし、ホブリットと同様にそこに居心地の悪さを感じ、「ここでは何か悪いことが起きそうな気がする」と言って立ち去った。

三月三〇日、ホブリットはこの観測所に移った。林野部から支給された軍隊用の余剰テントは緑色のカンバス地で、簡易ベッドとライティングテーブルを収容できるほどの大きさだが、かなり使い古されたものである。テントは方々に裂け目があって、セントヘレンズ山の厳しい冬の天候の下では風雪や風雨を十分に防ぐことができなかった。

ホブリットは前哨観測所に二四時間詰めているわけではないが、いろいろな場所で一日二〇時間近く働いていた。典型的な一日は、バンクーバーでの科学者の全体会議で始まる。それから林野部の指令センターで仕事をし、根掘り葉掘り聞きたがるレポーターや怯えた住民からの質問に電話で答えて一日の大半を過ごす。一日一、二回の観測フライトにも同乗する。そして、現在はコールドウォーター・リッジの名で知られる前哨観測所に常時スタッフを置くように手配する。当番の地質学者は火山のあらゆる活動を日誌に記録し、フィルムに収めることが義務づけられている。よくあることだが、午後遅くに、観測所に詰める者が一人も見つからないときには、ホブリット自身が雪道をドライブしてコールドウォーター・リッジに赴き、仕事につくのだ。

ここに観測所での一日を記してみよう。午後六時四一分にコールドウォーター・リッジ観測所にホブリットが到着。それから、自分用の薄い茶色のフィールドノートブックを取り出して記録する。

一九時一八分　降灰が止む。
一九時三六分　雨、無線通信なし、効果的な観測はあらかた不可能。
一九時五三分　ほとんど完全な闇。コーヒー用濾紙を使ってコーヒー缶の火山灰採取装置をつくる。
二〇時二〇分　自動車の下に平鍋を置く（火山灰のため）。
二一時二五分　小噴火、地震、強い雨が続く。
二三時二七分　地震――かなり強い。
《翌朝》
〇二時二〇分　山頂が見える。降雨なし。
〇二時二二分　微弱な（噴出）活動。
〇二時二六分　噴出活動が続き、灰が多くなったようだ。火山灰は山頂から北または北東の方向に降下しているらしい。
〇二時五三分　山頂で弱い活動。山頂上空にはわずかな雲。

○六時二六分　はっきりした活動あり。火山灰の多い噴煙柱。
○六時四八分　噴出が鎮静する。
○八時四七分　ティンバーラインあたりまで雲に覆われ、山頂はまったく見えない。
○八時五〇分　豪雨。

暗くなってからホブリットは仮眠を取ろうとしたが、ベッド自体が地震感知器のように揺れていた。簡易ベッドはセントヘレンズ山に対して反対の方向を向いていたので、地震が彼の体を上下に揺する。午後三時頃、交替が到着すると、彼は車で一時間走ってバンクーバーに向かい、次の観測フライトに飛び乗った。

林野部の飛行機で飛ぶのは、地質学者にとって楽な仕事である。四月初旬に、ミラーは林野部の航空指揮官と一緒に山の真上を回っていた。セントヘレンズ山はいつものように雲で覆われ、頭にツバの広い帽子を被っているように見える。ところがミラーは、その雲の上に白い水蒸気の筋が漂っているのをすかさず発見した。これは山頂からかもしれないと考えたパイロットは、その地点を旋回しはじめた。すると、その水蒸気は音もなく黒く変色していった。

「突然、信じられないような物凄い形相の黒雲が清らかな白い雲海からもくもくと立ち昇ってきました。水蒸気爆発です。それも相当に大きい。『おーっ、これはすごい！　こんなの初めてだ』そう思って夢中で一〇〇枚以上も写真を撮ったのですが、そのうちの九五枚はほとんど同じものばかりでした」と、ミラーは語る。

間もなく、この地域の航空交通を管制する米国林野部が、新たに水蒸気を噴き上げる山頂を見物しようと集まった二〇機の観光用民間機を火山から八キロメートル以内の上空に旋回待機させ、順番に接近させるようにした。見物客が失望させられることはなかった。火山は蒸気機関車のようにポッポと煙を噴き、一～四五分間続く小噴火を繰り返した。

山の周辺では、土地の人々が、火山を始め観光客やレポーターが演じるショーを楽しんでいた。クーガー雑貨店の店頭には、「溶岩用緊急シャベル」という札をつけたシャベルが立てかけられている。住民のインタビューを開始した社会学者たちは、現地の人が「面白がっている」と報告した。[27] カリフォルニア州のある新聞記者は、火山近辺の住民に恐ろしくないかと質問した。「ぜーんぜん」赤いサスペンダーの男はこう答えた。「だけどよ、昨日の晩、四〇匹くらいのビッグフットがスーツケースを持って山から逃げてきたって話だぜ[28]」

セントヘレンズ山の北西側にあるクーガー村（人口一五〇人）のワイルドウッド・インでは、レポーターの数が現地の宿泊客より多くなることもたびたびである。この宿を経営するサンディ・モーテンセンはたびたびテレビに映し出され、それをすべて覚えている。彼女は、火山が観光業にとって利益になることを学んでいた。

モーテンセンはシアトルの新聞記者に次のように語っている。「このへんはエルクの大群がいてね。魚釣りもよかったよ。小さなゴールドラッシュもあったしね。それが今じゃ火山というわけさ[29]」

ワシントン州のディクシー・リー・レイ知事は公用機で火山の視察に向かった。飛行機が数回旋回した後に、小さな噴出が目撃された。州知事はこの光景に我を忘れ、「長生きして火山噴火の一つも見てみたいと思っていたのです。これは噴火としては小規模なのでしょうが、自分の裏庭で地質学的な事件を見られるなんて、本当に興奮させられますね」と述べた。[30]

見物人の命を守るために、郡保安官は偶発損失積立金引当基金を瞬く間に使い果たしてしまい、今ではクレジットで仕事を続けていた。ハイウェイの道路封鎖は笑い種になりはじめた。この区域には林道が縫うように走っている。法の目をくぐって火山に接近するルートを見物客に教える地図も次々と現れる始末だ。封鎖路をこっそりと迂回して実際に山に登り、クレーターを覗き込んだというツワモノも数名いるが、彼らが頭を吹き飛ばされずにすんだのは幸運である。

状況は混乱していた。ある午後などは、報道関係者や見物人を乗せて火山の上空を旋回した飛行機は七〇機に及んだ。林野部のパイロットは、今や最大の危険は他の飛行機をかわすことであると無線で報告した。

新聞で騒ぎ立てるニュースのおかげで、スピリット湖山荘の立ち退きを拒否しつづけている気難しいハリー・トルーマンは、不信と不服従の象徴のような存在になった。この老人は、保安官、森林警備員、そして火山それ自体が発する警告を一切受けつけようとしない。自然も科学も法律も無視することによって、未知への恐怖を度胸で克服してきた西部の開拓者魂を思い出させる看板になった。

「俺はここに居座って、『この老いぼれ野郎、ここで五四年間やり抜いてきたんだ。この先五四年間もやりぬいてやるさ』と言ってやるね」ハリーは『アソシエーテッド・プレス』紙の記者にこう語った。

誰もがトルーマンと同じくらい火山に近い場所に行きたがった。スピリット湖に住居を持つ人々は所有物を取りに戻りたいと主張し、伐採業者は山の中腹の豊かな森林に戻って仕事をさせてほしいと要求する。山へ向かう道路は愚かな連中で一杯になった。クレーターの中で写真を撮って新曲アルバムのジャケットにしようというロサンゼルスのロック歌手もその一人である。物売りが路上に店を出し、ホットドッグやTシャツを売る。ある保安官代理は、テキサス州ナンバープレートの自動車の男を見て、自慢げに言ったものだ。「テキサスにこんなものはないだろう?」

「ないね」と男は言った。「だけど、アマリロの消防隊ならこんなものすぐに消し止めるだろうよ」

第3章　三銃士

最初の噴火の翌日、火山は二〇分置きに水蒸気と灰の黒い噴煙を噴き上げ、二日後には九三回もの噴出が観測された。見物人はこの光景に見とれていたが、地質調査所の科学者は噴煙の色を気にしていた。なぜ黒いのか？

セントヘレンズ山は、火山学者が喉の掃除と呼ぶ仕事をしているのだろう。雪に覆われた火山が熱くなると、山体に閉じ込められていた水の温度は上昇して沸点を越える。これは水蒸気になるということだが、火山の内部に十分なスペースはない。気化するには膨張できる空間が必要である。事実、標準大気圧における水は一七〇〇倍も膨張する。仮に、二リットルの牛乳が標準サイズの冷蔵庫内で一気に気化したとしたら、冷蔵庫も台所の壁も吹き飛ばされてしまうだろう。山体内部では周囲の岩石によって膨張が抑えられている。したがって圧力は上昇する。そこで過熱した水の膨張力が岩石の抑制力にまさると、岩石は弾けて出口が開ける。瞬間的に水蒸気が放出されるのだが、この時よく全速力のジェットエンジンのような轟音を発する。これが水蒸気爆発のプロセスである。

普通、水蒸気爆発の噴煙は白い色をしているが、セントヘレンズの水蒸気爆発は灰色で、時にはインクのように黒いこともあった。これは、爆発によって粉砕された古い岩石が大量に含まれているからだろう。しかし、これにできたての柔らかい岩石が含まれているかどうかは分からない。含まれているとしたら、噴火はマグマに関係するもので、しかもマグマが地表に近いということになる。噴煙に溶岩が含まれていたら、これは、間違った警報どころかマグマに関係した噴火が迫っているということになる。これを調査する唯一の方法は、火山灰のサンプルを採取することである。

火山灰を採取するには、火口に接近しなければならない。最近到着したばかりの地質調査所の科学者、ドン・スワンソンがこの仕事を買って出た。彼は、バンクーバーの下町の金物店で物差しと柄杓《ひしゃく》を買い、物差しの先端に柄杓をテープでくくりつけた。それを持って、車を一時間ほど北に走らせ、最近地質調査所が火山付近に賃貸したヘリコプターの発着場である野球場に行き、パイロットに噴火中の火山の山腹に沿って上昇してくれるようにと頼んだ。二人は噴火のリズムを捉えるまでしばらく山頂の真下を飛びつづけ、一つの噴火が止まった瞬間を狙って山頂に飛び込んだ。強風の中、ベトナム戦争の元パイロットは、ヘリコプターのそりの部分がクレーターの縁の先端から十数センチしか離れていないところまで機体を降ろして空中で停止させた。その間にスワンソンがドアを開けて体を乗り出し、黒い火山灰をすくい取る。その時、もしセントヘレンズ山が噴火していたら、ヘリコプターもパイロットもスワンソンも吹き飛ばされていたことだろう。サンプルをすくい上げると、ヘリコプターは一目散に山を下った。火山灰の分析によると、新鮮なマグマは検出されなかった。[1]

この結果は、一部の地質学者の主張を裏づけるものである。彼らに言わせると、これはマグマに関係するものではなく、単なる過熱による噴火で、もう一つのベーカー山にすぎない。確かに、セントヘレンズ山が強い地震で揺れつづけていなければ、彼らの意見は大多数の者に認められたことだろう。

ところが、三月下旬に、無数の地震が毎日のようにマローンの地震記録計を黒く汚していたのだ。セントヘレンズ山を揺り動かすものが何であれ、このレベルの地震活動を起こすには巨大なエネルギーが必要である。しかもそれは衰微しそうにない。

これが本当にマグマに関係する火山活動であるとしたら、数ヶ月前に、地下八キロメートルあたりのマグマだまりから溶けた岩石が上昇してきて、通路を塞ぐ栓になったと考えられる。赤熱した岩石の塊は、高温でしかも溶けたガスを含むために、周囲の岩石より浮力が大きい。この相対的に大きい浮力に押し上げられて、マグマの栓は地表に向かう古い通路を上昇しはじめる。古い通路を塞ぐ古い岩石の層を押し退け、溶かし、または割れ目をつくりながらぎしぎしと上昇する。このプロセスが雪崩を引き起こし、マローンの地震計をピクピクさせる地震の原動力なのである。

マグマは何キロメートルも上昇すると、エネルギーを使い果たして冷却し、山体内部で固化することもある。または、火口から静かに流出して上昇エネルギーを消耗する場合もある。時には、浮力のあるマグマが山から噴出して冷却し、固体になることもある。

火山の歴史を紐解くというデンバーチームの研究のおかげで、噴火によって危険にさらされる地域は確認できるようになった。したがって、これからなすべき地質調査所の仕事は、火山が噴火するか否かを観測することである。それには、地震、ガス濃度、山体変形などに表れる重要な信号を監視する必要がある。

〝噴火をモニターすること〟は、地質調査所の唯一の火山実験室であるハワイ火山観測所（ＨＶＯ）が設立された理由である。ＨＶＯは地質学者のトマス・オーガスタス・ジャガーによって創設された。彼は、マサチューセッツ工科大学（ＭＩＴ）地質学部の学部長であったとき、マルティニーク島のサンピエール市に最初に駆けつけた科学者の一人になった。彼が駆けつけたのは、一九〇二年の噴火で発生した高温の火砕流がこのカリブ海上の町を襲い、二万九〇〇〇人の市民のうち二人を残して全員死滅させた事件の直後である。ジャガーは、噴火を予知して人命を救うためには、恒久的な火山観測所を設けて火山を観測し十分に理解する必要があると痛感した。そこで、MITを去り、一九一二年にハワイ火山観測所を創設してマウナロア山とキラウエア山の噴火の観測を始めたのである。

ジャガーは、一九二五年の『ザ・ボルケーノレター』誌で、優れた火山観測所の条件について述べている。「火山観測所は常に地下を覗こうと努力している。火山観測所に必要な条件は、火山、観測者、そして観測者による記録である。そして、成功するには、さらに二つの条件、つまり観測者の熱意とその記録（正確な場所、地図、時間、測定などに関する詳細）の公表が必要だ……測定をするには装置が必要だが、目的は装置ではなく測定である……安定した研究の対象として選ぶべきは、特定の火山帯の最高峰や有名な火山ではなく、適度に危険のない観測可能な活火山である」

ジャガーは、ハワイのビッグアイランドのマウナロア山とキラウエア山に、安全で観測可能という特徴を発見した。二つの山は米国のどの火山よりも頻繁に噴火する。しかも、噴火はプレー山のように爆発的ではない。どろどろの分厚い溶岩が割れ目から押し出され、人が歩く程度の速さで地表を流れるだけである。

この新観測所の財政ははかばかしくなく、ジャガーは養豚までして施設を支えようとした。それが一九一九年に、国立の研究所として認定されたのである。

この観測所は、長い間ジャガーの発明の才によって支えられてきた。彼の偉大な業績は、HVOの創設だけでなく、火山性地震を記録する地震記録計の改良にもある。マグマが地表に向かって移動すると、体感できないほど微かな地震が発生する。そこで地震の発生場所を突き止め、その場所の変遷を地図にすると、マグマがマグマだまりから上昇して火口から地表に出るまでの地下の様子を限られた方法で覗くことができるのだ。

彼が開発の一端を担った最高の装置はハワイ式地震記録計というもので、一九二八年までには世界中で利用されるようになった。この装置を使うと、各地震に関係する多くの地震波のうち二つの波の到着時刻を知ることができ、その測定値に基づいて、揺れが装置に到達するまでに移動した距離を算出することができる。地震記録計をいくつか利用すると、地震の発生地点までの距離が決定できるのである。

HVOは、地質調査所の火山プログラムでは比類のない存在になった。一九四〇年代後半には、地質調査所の火山学者が基本的な修行をする道場、火山噴火のメカニズムに関する新しい見解を生み出す実験室、国際的な協力の場、そして、観測の新技術を改良する試験場になった。

地質調査所の火山学者はほとんど全員が、このHVOの「赤い奴」の周りで最低二年間は仕事をしている。HVOの男たち（圧倒的に男が多い）が安全の枠を越える活動をすることはたびたびであり、彼らはそれを密かに誇りにしていた。

初期の観測所にはスタッフが常に不足していた。したがって、どの科学者も、火山の重要な信号をモニターする道具はすべてその使用方法を習得しなければならなかった。噴火する火山と最新のモニター装置に恵まれたHVOの研究は、最先端を行くものになった。新装置を使った実験は研究論文になり、一流の地質学雑誌や地質調査所の出版物に定期的に顔を出すようになった。HVO卒業生が長々と名を連ねる論文リストは、地質調査所のアカデミックな世界で研究所の名声を高めていった。これは昇進へとつながり、したがって最終的には、ＨＶＯ卒業生が火山部門の大半を管理するようになった。火山に関する地質調査所の見解は、取りも直さずＨＶＯ卒業生の見解なのである。この分野で彼らに並ぶ者はいない。こと噴火する火山に関しては、彼らは直感に近い特別な感覚を持っている。

この揺るぎない自信のほかに、ＨＶＯ科学者にはもう一つ共通の特徴があった。一般に、野外地質学者は自己充足型の集団であり、厳しい自然や実験室で孤独な研究に取り組むことが多いのだが、ＨＶＯの専門家たちは互いに兄弟分のような関係にあった。一九六〇年代と一九七〇年代に頻発したハワイでの噴火の際に、男たちは危険な状況で長時間働きつづけ、ストレスの多い環境の中で強い友情を培っていった。その上、彼らは、ハワイでもビッグアイランド上の僻地に住んでいるのだから、その付き合いは家族ぐるみである。しかし何と言っても、彼らを強く結びつけるのは、仕事に対する情熱とぞくっとするような感動の共有である。彼らは結束力のある優秀な科学者であり、その強い絆はハワイを去った後も切れることがなかった。

「真夜中に地震を感じると車で観測所に走り、いくつも並ぶ火口に駆けつけて溶岩が最初に地表を割ってでる瞬間に居合わせようとした。何もかもが実にぞくぞくさせられる冒険だった。私が初めて噴火を見たのは一九七七年九月のことで、それは三週間ほど続いた。真夜中の巨大な噴泉で、ジャック・ロックウッドと一緒に彼の軽飛行機で火口の上を飛んだら、熱風やら何やらに吹き飛ばされてしまった。みんな若くて、とにかく火山が好きなので、できるだけ多くの赤く灼熱した岩石を見たくて仕方がなかった。〝火山カウボーイ〟を自称して、受け入れてくれる火山ならどこにでも行きたいと熱望していたのだ」ＨＶＯ卒業生の一人はこう語っている。

デイブ・ジョンストンにＨＶＯを心行くまで経験する数年間が与えられていたら、彼も、そのうちには彼らの階級に仲間入りしていただろう。しかし、HVO卒業生から見ると、ホブリットその他のデンバーチームは候補に入らなかった。HVO科学者にとって、デンバーチームは、過去の噴火を研究する冷たく生気のない世界から来たグループである。そこは、赤熱した岩石が噴水のように噴出する、地質学者にとって血湧き肉躍るスリル満点の世界とはほど遠い領域だった。

デンバーとHVOのグループは異なる二つの文化を表象している。利用する道具も違っていた。HVO卒業生は、ジオジメータや傾斜計のような近代的観測装置を扱う名人である。前者は、元来、光速の測定用として開発された装置であり、後者は軍隊で一部採用され、サイロの中で大陸間弾道ミサイルの水平状態を測るのに利用されていた。ところが、デンバーの男たちはもっぱらシャベルを使って穴掘りばかりしていたのである。

その上、デンバーチームは全員が地質調査所の土木地質学部門の出身である。大部分の研究者にとって、科学的業績における土木はチェスにおける木彫技術のようなもので、あってもなくてもよい存在だった。

一九八〇年三月二七日以前に、HVO卒業生で、セントヘレンズ山に関するクランデルとマリノーの論文をわざわざ読もうとする者はいなかった。山頂の険しい比較的若い火山が間もなく噴火するという二人の記述は、彼らにとってあまりにも分かりきっていた。HVOの有能な科学者にとっては、この山の形状（侵食の期間が短い尖った形状）を見れば、それが若くて活動的な火山であることは明らかである。彼らはクランデルやマリノーの研究を過小評価したわけではないが、関心を示さなかった。ハワイで噴火から噴火へと飛び回り、赤熱した溶岩を目の当たりにしている彼らには、遠い過去の噴火の冷たい岩石の記録など色あせて見えたのだろう。

ＨＶＯの連中にはもう一つ、めったに口外されない共通点があった。それはハワイの噴火をうまく予知できないことである。ＨＶＯ卒業生のダン・ジュリジンは言う。「火山の活動を観測することにかけては誰にも引けは取らないが、〝予知〟という言葉は使わなかった。いつ活動が激しくなって噴火するかを特定するのは非常に難しく、ほとんど不可能に思えたからだ。事実、火山は、我々が家に帰った後で噴火したものだ」

セントヘレンズ山の第一噴火の直後に現地入りした科学者の中に、ＨＶＯ卒業生が三名いた。ジム・ムーアとドン・スワンソンはカリフォルニアから飛行機で駆けつけ、噴火後数時間以内に、バンクーバーの林野部本部に到着した。二人はＨＶＯではトップクラスの卒業生である。第三のＨＶＯ卒業生、ピート・リップマンは数日以内に飛行機で飛んできて合流した。三人とも長い論文リストを所有することで有名である。彼らは特別であり、物理的にも他の連中から距離を置いていたので、セントヘレンズ山で働く地質調査所の研究者から三銃士とあだ名されるようになった。

この三人の中では、ジム・ムーアが最も聡明で創造的だったと言えよう。しかもきわめて大胆不敵である。これは、岩石を煮る釜が実験室であるような場合に重要な要素になる。ムーアは、数年前に、海底火山の調査の際に大西洋の海底に閉じ込められたことがある。それは一九七四年のことだった。彼は深海潜水艇「アルビン」で中央海嶺の探査をしていた。この海嶺は、北アメリカ・プレートとヨーロッパ・プレートが分裂して拡散していく境界線で、割れ目からは溶岩が血のように噴き出している。ムーアは好奇心に駆られ、アルビンの操縦士と共に水深二七〇〇メートルまで潜り、溶岩が地球内部から湧き出し、黒い「枕状溶岩」（袋を積み重ねたような枕状を特徴とする溶岩塊で、水中で形成される）の荒涼とした風景をつくり出しているところに到達した。彼はアルビンを海底に停止させて温度を測定した。さらに奇妙な形の溶岩を見つけたので、そこも測定しようと潜水艇を移動させた。調査が終わり、操縦士がエンジンの出力を上げたが、アルビンは上昇しない。さらに出力を上げてみたが、ビクともしない。水面に出られなくなった二人は、原因を考えながら海底に数時間留まっていた。そのうちに潜水艇のバッテリーが低下してきた。電力がなくなれば、アルビンは永久に海底に閉じ込められてしまうだろう。潜水艇が暗黒の世界を漂っているうちに、何かの下に潜り込んでしまったのかもしれない。こう推測したムーアと操縦士は、アルビンを下降させながら横方向に進めていった。そして、首尾よく脱出できたのである。二人は、潜水艇のバッテリーがほとんど切れた状態で水面に到達した。

ムーアはセントヘレンズに到着するとすぐ、山体変形の兆候を調べようとした。ハワイでは、マグマが火口に移動すると、わずかではあるが地面が変形する。ＨＶＯでは測距離装置のジオジメータを使って、このような微小変化を検出し測定する。ところが、地質調査所は、セントヘレンズ山にジオジメータをまだ備えていなかった。サンフランシスコに近い地震学部門やハワイから取り寄せるとしたら、数週間はかかるだろう。そんな遅れは取りたくない。そこで、スワンソンはワシントンＤＣのスミソニアン博物館から借り受けることにした。そこで働くＨＶＯ卒業生が直ちに荷造りをして送ってくれるだろう。

ジオジメータの到着を待つ間、ムーアは雪に覆われ凍結したスピリット湖を巨大な水準儀として利用することを思いついた。彼の考えでは、マグマが火山の方向に移動したり、火山体がマグマの侵入によって膨張したりしたら、この動きによって火山に一番近い湖岸が遠い湖岸よりも高くなるはずである。そこで、スワンソンとムーアは腰まで積もった雪に足をとられながら湖畔を歩き、測定する場所の雪を払い、木杭を打ち込み、そこに水位を印していった。数日後、二人は杭の印を照合し、変化が認められないことを発見した。変化がないという事実は情報を提供してくれる。一つは、山体の下の深部で成長し、または圧力を増大して、頂上の水蒸気爆発の原動力となるような大規模なマグマ塊はないということである。深部で巨大なマグマの塊が移動しているとしたら、地面の変形はスピリット湖ほどの距離（約一〇キロメートル）にまで及ぶはずである。ところが、浅い地下の変化であれば遠い湖にまで影響することはない。そこで、この噴火が少しでもマグマに関係しているとしたら、「変化なし」という結果はマグマがすでに浅い部分に来ているという意味にもなる。

彼らはこの測定結果に確信を持っていたが、これは、大きな変化がすでに起きてしまった後の結果という可能性もあるのだ。

ジム・ムーア同様に、ドン・スワンソンも活動中の火山の周辺で働くことの危険性を熟知している。ベーカー山の噴火が切迫しているときに、山頂付近で雪嵐に閉じ込められたという経験もある。スワンソンは、噴火しそうな火山の周辺の変形度を測定することにかけては、HVOでエキスパートになった。実際の膨張や収縮は小さいものだが、マグマがハワイ、ビッグアイランドの地下を通って火山の喉もとに移動すると、ジオジメータによって地表の変化が測定できたのである。

ジオジメータは火山学者にとって画期的な道具であった。ダートマス大学の寒冷地研究所で軍隊がその第一号を利用し、北極の氷盤の漸動を測定した。この装置の話を耳にしたダートマス大学地質学教授のロバート・デッカーは、これを使えば、火山周辺の微小な大地の動きを検出できると考え、軍隊が利用しない夏季に装置を借り受けてHVOに持ち込んだのである。ジオジメータはハワイでは完璧に機能した。というのは、この新装置によって、ハワイの火山がまるで呼吸をするように膨張・収縮を繰り返しながら噴火に発展することが分かったからである。

ジオジメータは、レーザー光線を反射鏡に当てて反射させることによって機能する。測定用光波と参照用光波の位相差を測ることによって、驚異的な正確さで距離を測定することができるのだ。ところが、このジオジメータときたらフラストレーションのたまる厄介な代物で、その操作には外科医のような技術が、結果の算出には数学者の緻密さが必要だった。しかも、装置を設置し、気象状況を記録する(レーザー光線が途中の大気の温度変化に影響されるから)ためには、二人のチームが二組必要である。一本の「測線」を確立するには、無数の数字から気象その他の影響を差し引かなければならない。スワンソンのようなジオジメータの名手なら、このような計算は数分のうちに完了する。しかし、この装置を使用する大部分の者は、結果を出すまでに数時間を要する。しかも、検出される変化があまりにも小さいので、各計算をやり直して確かめなければならない。

一本の測線を確立するのは大変なことである。この測線に変化を検出するのは、レーザーを発射して測線をつくることであり、恐ろしく根気のいる仕事だ。ところがスワンソンは、オリンピック選手級の持久力を示して無数の測線を発射し、キラウエア火山をすっぽり覆うジオジメータ測線網をつくってしまった。彼のつくる測線はきわめて正確であり、したがってHVOでは、それ以後にテストされる測距離装置の目指すべき金メダルの基準になってしまった。しかし、何よりも重要なのは、この測線網のおかげで、噴火の前に生じる山体変形の意味が明らかになったことである。

スケールこそ大きいが本質的には地質学的な簿記とも言えるこの退屈な仕事に、スワンソンがなぜ夢中になったのかは分からない。しかし、それが彼のフラストレーションの一部になったことも確かである。本土では地質学全体が大きく変化しようとしているときに、スワンソンは太平洋上の岩石の上で一人取り残された気分を味わっていた。この変化はあまりにも本質的で全分野に及ぶものであったために、地質学は旧と新に二分されてしまった。つまり、プレートテクトニクス理論の確証によって二分されてしまったのである。

地球の大地がプレートという多数の断片に分けられるという理論はすでに存在していた。プレートの厚さは約一〇〇キロメートルで、地質学的な基準からすると薄いものだ。地球をリンゴにたとえるなら、人間の居住するプレートはさしずめ果皮ということになるだろう。しかも、これらプレートは移動している。ムーアが閉じ込められた大西洋中央海嶺では二つのプレートが互いに反対方向に引っ張られているが、場所によっては押し合っているところもある。このような活動がすべて地震や造山の原動力になるのである。

毎週本土から届く地質学雑誌には毎回のように、プレートテクトニクス理論を確証する重要な発見が現れて古いアイデアが打破され、目くるめく可能性が開かれたという記事が載っていた。大地は拡散しているのか収縮しているのかという長年の論争も決着したようである。どちらの動きも完全なバランスのうちに存在する。これは、断層線に沿って発生する地震の原因の説明にもなる。スワンソンはこのような論文をむさぼるように読み、彼も証人になれるかもしれないこの地質学的に面白い時代に、自分だけが傍観席にいるような気分を味わった。

彼がハワイに到着したころの大地はまだ〝固定していた〟。それが去るときになると、地塊の漂流は明白な事実になっていた。昔から環太平洋火山帯と言われる太平洋の縁をハワイから見回すと、どの方角のプレートでも忙しく大地が再生されている。

プレートテクトニクスは、火山活動を駆動するエンジンの説明にもなる。たとえば、セントヘレンズ山の近く、ワシントン州海岸沖三二〇キロメートルあたりでは[2]、ファン・デ・フカ・プレートが東方に拡散し、西方に移動する浮力の大きい北アメリカ・プレートの下に潜り込んでいる。ファン・デ・フカ・プレートは、北アメリカ・プレートの下にゆっくりと潜り込みながら、太平洋海底の水分やミネラルを持ち込んでいく。深さ一〇〇～二〇〇キロメートルの地底では、水、炭酸カルシウム、二酸化炭素、ナトリウム、カリウム、その他の沈積物が、岩石の融解温度を低下させる融剤の役目をする。融けた岩石は体積が増大して、密度が減少する。水や二酸化炭素等のガスを含んだどろどろの岩石は、周囲の岩石より浮力が大きくなる。こうして、この新しいマグマが地表に向かって上昇しはじめ、上部のプレートの割れ目をぬってくねくねと上がっていく。このような通路は遮断されている場所が多く、マグマがそこで停止する例は多い。ところが、時には、下からさらに湧き上がるマグマに押されて、障壁を突き上げる力を増大させ、ついには冷たい岩石を押し退けて上昇する。このように、マグマが岩石を押し退けて前進すると地震が発生するか、または、この現象が地表の火山で発生すると噴火になる。火山の火口周辺には火山砕屑物が堆積して最終的には山が形成される。プレートの潜り込み帯にセントヘレンズ山のような火山が築かれるのは、このようなプロセスによる。

　プレートテクトニクス理論の相次ぐ確証によって地質学会が沸き上がっていたときに、火山学では有望な科学者の一人と認められたスワンソンは、ハワイの岩石の上に座っていた。実を言うと、彼が座っていたのはただの岩石ではなく、ホットスポットから来た岩石である。新理論によると、ハワイ諸島は、マグマがプレートの弱い部分から直接地表に逃げ出して形成する柱状の岩石、マントルプルームによって構成されている。スワンソンが歩き回っている岩石は、まさに地球の心臓部から来たものである。彼の足の真下に次々と現れる発見は、結局、彼のフラストレーションを増大させるだけだった。

第三の三銃士、ピート・リップマンがセントヘレンズ山の噴火を新聞で知ったのは、コロラド州でスキー休暇を楽しんでいるときだった。彼はすぐさま飛行機に飛び乗った。リップマンの興味は火山内部のダイナミクスにある。ＨＶＯにいるときは、山体変形を測定する三つの測定器に熟達していた。ジオジメータ、水準儀、傾斜計である。しかし、彼は活動的な火山で働くことにじきに飽きてしまった。

そこでＨＶＯを去って、古代の火山の研究を始めた。一九七八年、ニューメキシコ州のクエスタという場所で、彼は地質学的現象によって露出した火山の内臓部を発見したのである。火山の断面図を見ると、地下の赤いマグマだまりから樹状の火道が円錐形の山の頂きまで伸びている様子が、解剖図のように描かれている。ところが、地球上にはこの断面図の実物を本当に見られる場所がいくつかある。そして、それが想像とは違った内部を見せてくれるのは別に驚くことではない。コロラド州の州境に近いクエスタで、リップマンはこのような珍しい場所を発見した。そこは、二六〇〇万年前に、マグマがマグマだまりから火口まで上昇し、停止して固化したところである。この新しい岩石は周囲の古い岩石よりも硬く、この山に割れ目ができて裂けたときに、火山の内臓の片側半分が谷底の上に露出した。リップマンがセントヘレンズ山に飛んでいたころは、クエスタの調査はまだ初期の段階にすぎなかったが、彼にはすでに分かったことがあった。マグマは噴出しなくても地表のかなり近いところまで上昇する。クエスタがそれを見せてくれたのである。

三人は到着するやいなや、バンクーバーでは仕事ができないと直感した。スワンソンとムーアは林野部本部に着いた早々記者会見に遭遇してしまった。その時から、ここは居るべき場所ではないと悟ったのである。火山まで車で一時間かかる上に、そこにいる限り一日中無知な質問に答えて過ごさなければならない。バンクーバーではひっきりなしに電話が鳴りつづけ、多数の記者、政治家、保安官、業者たちが彼らの時間を浪費する。そこで三人は、インターステート・ハイウェイ五号を北に走ったところにセントヘレンズ山近辺で最大のモーテルを見つけた。ワシントン州ケルソのサンダーバード・インである。このモーテルに仕事場をつくり、ヘリコプターをリースし、ベトナム戦争の退役軍人に操縦を依頼してモーテルの隣の野球場から離着陸することにした。

バンクーバーに問い合わせる政治家、業者、記者たちの知らないことだが、ハワイチームにもデンバーチームにも、セントヘレンズ山のような火山の噴火を実際に経験した者はなかった。米国地質調査所に、爆発的噴火を目撃した者の数は少ない。地質時代の過去にはハワイの火山も猛烈な爆発をしたようだが、この四〇年間に地質調査所の地質学者が観測したハワイの噴火は、どちらかと言えば温和な部類に属する。キラウエア山やマウナロア山が自分自身を吹き飛ばすところを目にした科学者はいない。ただ、地質調査所で最高の火山スペシャリスト、すなわちＨＶＯの連中は、例の酪農家で郡の行政長官のヴァン・ヤンギストが想像するような火山、つまりペースト状の溶岩を押し出す火山に関しては十分に経験を積み、それに見合った測定器を開発してきたのである。

「当時、ＨＶＯから来た若い連中に、爆発的噴火を目撃した者はほとんどいなかった。彼らが知っているのは、どろどろの溶岩が流れ出し、そこまで歩いて行ってサンプルをじかに採取できるというハワイ型の火山活動だけだった」当時、ＨＶＯの若手の科学者だったトマス・カサデヴァルはこう述べている。

だからこそセントヘレンズ山には価値がある。そもそもＨＶＯの科学者であれば、近代的技術や装置を駆使して、目覚めて爆発的噴火をしよう（彼らはそれを願っていた）としている火山の観測はできるはずである。小プリニウスの目やフランク・ペレの歯より何千倍も感度のよい測定器を利用するなら、可能な限り詳細な測定ができるだろう。

ＨＶＯの科学者は、噴火の前兆は必ず存在し、それは緻密な観測によって発見できると確信していた。その前兆を早期に発見できるなら、このような巨大爆発物に関して誰もなし得なかったこと、すなわち噴火の予知が可能になるだろう。

三月末になると、火山は壊滅的噴火に向かって一路突進しているように思えた。三月三〇日だけでも九三回の小噴火があり、まばゆい稲妻のショーを伴う噴火もあった。三キロメートルに及ぶ稲妻が走ったこともある。小噴火によって岩石や雪の混じった雪崩が発生し、時には、フットボール場ほどの広さの雪原が一・五キロメートル以上も滑り落ちた。[3] もはや微小地震を観測するまでもない。ワシントン大学地震学者のマローンは、地震がセントヘレンズ山北面の真下、恐らく深さ八〇〇メートルという浅い部分で発生していると確信していた。[4]

見物客にも科学者にも同様に関心があるのは噴火である。時には火山灰の柱が一五〇〇メートルの高さまで立ち昇る。水蒸気や火山灰の噴煙は最高で約五〇〇〇メートルまで上昇し、ジェット機飛行高度の半分に到達した。鉄床《かなとこ》の形をした噴煙や強風で山頂から一挙に吹き流される噴煙もある。高く立ち昇る噴煙は主に三つの部分で構成される。一番下はきわめて黒い部分、中間は火山灰と水蒸気の混じった灰色の部分、そして、上部は水蒸気雲の白い部分である。このような水蒸気爆発は噴火のたびに喉もとの岩石を引き剝がす。岩石は水蒸気よりも重いのでじきに噴煙から脱落し、火山灰となって山の斜面に降り注ぐ。

噴煙はたびたび山頂を覆う雲を突き抜けて上昇した。雲が移動して山頂が現れると、上空からは山頂の変形ぶりが見て取れる。三月二七日の噴火によって、雪を頂く峰に大穴が穿たれ、三月三〇日には、そこから約九メートル北側に第二のクレーターが形成された。クレーターは頻発する小噴火によって広さと深さを増し、その底には解けた雪の池が現れては消えていった。最終的には一つのクレーターを仕切る壁が消失し、直径約一八〇メートルの大穴が残された。

夜の観測フライトの際に、デイブ・ジョンストンは青い炎が四、五メートル走ったのを見た。溶岩流や溶岩湖の上ではガスの燃焼が観測されるが、溶岩のない火口の上で観測された例はない。[5] この事実は、噴火がマグマに関係するという理論の裏づけになるだろう。しかし、それ以後、炎は観測されなかった。

デイブ・ジョンストンの専門は火山性ガスである。ガスの観測には、火山学者にさえ向こう見ずと思われるような努力が必要だ。火口壁に登り、時には中にまで踏み込んで煙を上げる火口からサンプルを収集するのである。火口に向かって全力疾走するのは、高校時代からの短距離走者であったジョンストンならではの技である。

火山性ガスの近代的研究は、フランスの鉱物学者、シャルル・サン・クレア・デヴィルから始まった。彼は、一八四二年にグアドループ島のスーフリエール火山で見たイオウの結晶の情報に興味を示した。それ以後、一八五五年のベスビオ山噴火の際にもイタリアでその研究を続け、何度も危険を冒してはサンプルを収集した。ベスビオ山の活動が、初期の微震から噴火のクライマックスを経て衰微していくまでの全段階を通して、彼は、火山の斜面を駆け上り、クレーターに飛び込んでガスを採取しつづけたのである。デヴィルがこの研究を始める前は、火山は独自のガスを生成すると考えられていた。エトナ山は二酸化イオウ、ベスビオ山は塩酸というように。ところが、デヴィルの研究によって、どの火山のガスも成分は同じだが、その割合は異なるということが解明されたのである。

セントヘレンズ山が活動を開始したころには、火山はガスによって動くマシーンと考えられるようになっていた。ガス（大半は水、二酸化イオウ（SO_2）、二酸化炭素（CO_2））は、地下何キロメートルもの深さでは、マグマの中に溶け込んでいる。これは、開栓していないコカコーラの中の状態に似ている。マグマが上昇して深度が浅くなると、圧力が低下してガスはマグマから分離しはじめる。栓を抜いたコーラから泡が出るのも同じ原理である。目には見えないが、ガスはマグマから完全に分離して地表に逃げ出すこともある。または地下水に浸透し、山の小川の生物を殺し、立木を含めて地表の植物を枯らすこともある。時には、このようなガスが大きな泡となって漏出し、空気より重いために地面を這い、霧になって丘を下ることもある。これは西アフリカ、カメルーンで起きた事件である。ある夏の夜、火山から漏れ出した二酸化炭素の気塊が地表を漂い、夜明けまでに五〇〇人以上の人々を窒息死させた[6]。

しかし、爆発的噴火の最も致命的な一撃はマグマが泡立ったとき、つまり圧力が急激に低下したときに発生する。コカコーラのビンを振ると栓が弾け飛ぶようなものである。音速のスピードで飛び出す泡が一〇〇〇℃もあったらどうだろう。これが、爆発的噴火を起こす張本人である。

セントヘレンズ山が活動を開始したころ、ある新しい測定器が火山性ガスの研究に利用されるようになった。この測定には、クレーターでサンプルを直接採取するという危険が伴わない[7]。一九八〇年三月三〇日、ダートマス大学地質学教授のリチャード・ストイバーがカナダ製測定器を持ってバンクーバーにやってきた。バリンジャーリサーチ社製の相関分光計、略してコスペック（ＣＯＳＰＥＣ）

と言われる測定器である。イオウのガスの検出に利用されるこの装置は、本来は、煙突から放出される大気汚染物質の測定用に設計された。ところがまたもや、創造性豊かな火山学者がこの新技術を火山に応用できると思いついたのである。

一般に、地熱地帯では低レベルの二酸化イオウ（SO_2）が検出されるが、火山によっては一日に何千トンものSO_2が一挙に放出されることもある。このような大量放出は噴火の前に起きる場合が多い。SO_2は普通、ビン入り炭酸ソーダのCO_2のように、地球の深部のマグマに溶け込んでいる。このガスは、地表に近付くと液体の岩石から大量に逃げ出していく。これをコスペックが検出するというわけである。

新しい火山観測装置が常にそうであるように、コスペックもまた、まずハワイ火山観測所に持ち込まれた。ＨＶＯでは、当時地質調査所のパートタイムの仕事をしていたトム・カサデヴァルがこの装置に興味を示した。ストイバーたちは、中央アメリカの不安定な火山の測定にコスペックを利用していた。彼らは装置を持ってバンクーバーに現れたが、数日間で帰ることになっていた。カサデヴァルは、噴火に発展する火山に表れる時間的変化について研究していたが、バンクーバーでジョンストンの仕事に参加するころには、少なくとも一部の火山が、SO_2の大量放出によって活動の活発化を知らせていると考えるようになった。

セントヘレンズ山ではコスペックの測定に高い数値は表れなかった。ジョンストンが水蒸気を噴き出す火口で行った測定にも、SO_2の増大は見られない。そこでストイバーは、今のところ噴火は水蒸気によるもので、マグマに関係するものではないと結論した。

山体内部で一体何が起きているのか。SO_2の否定的な数値は科学者をますます困惑させた。セントヘレンズ山は胸焼けでも起こしているのだろう。結局は、ベーカー山同様に単に熱くなっただけかもしれない。ストイバーと彼の学生、スタンリー・ウィリアムズとローレンス・マリンコニコはセントヘレンズ山に何度も足を運び、ジョンストンとカサデヴァルにコスペックを残して去っていったが、その後も、大量のSO_2は検出されなかった。

数週間が経過すると、科学者の仕事も次第に組織化されてきた。ジョンストンとカサデヴァルはガスの継続的観測を、HVO三銃士は山体変形調査の大半を、マローンとシアトルのワシントン大学チームは地震を担当するようになっていた。これはバンクーバーから北にセントヘレンズ山、そしてシアトルにまで広がる組織で、緊密な協力なくしては十分に機能しないというまことに下手な編成であった。

このような組織が形を見せはじめると、レストン本部のボブ・ティリングは、もう一人のHVO卒業生であるボブ・クリスチャンセンに電話をし、セントヘレンズ山に関する地質調査所の責任を引き受けてくれないかと依頼した。クリスチャンセンは、カリフォルニア州メンローパークの地質調査所からバンクーバーに飛行機で到着していたのである。彼はこの申し入れを辞退した。ムーア、リップマン、スワンソンの仕事は監督するが、道路封鎖に関するアドバイスや記者会見といった俗世の領域に引きずり出されるのだけはごめん被りたい。あくまでも科学の領域に留まってバンクーバーで観測チームの情報を整理し、林野部の建物内で右往左往する人々に提供しよう。

こうして欠席裁判の下に、マリノーは相変わらず表玄関に立たされることになった。科学者のグループを管理するのは、猫の群を牧するようなものだ。おまけに、マリノーは特に難しい立場に立たされていた。彼は、この科学者の組織内ではあまり高く評価されていないばかりか、デンバー出身で土木部門出身の地表地質学者（地表に取り組む研究者で、「うわべだけの地質学者」と皮肉られることもある）だったのである。しかも、政府から支給される号俸は、観測に取り組むHVO卒業生より低かったのだ。

さらに、もう一つ顕在化してきた問題がある。地質調査所の人手不足のために、科学者は疲労困憊するまで働きつづけていた。[8] 火山の研究が地質調査所内で最高順位に置かれた例はないが、HVOで火山学者を訓練するという政策によって、ある程度の観測経験を持つ科学者の中心的グループはつくられてきた。ところが今、この中心的集団に限界が来ていたのである。

その上、セントヘレンズ山で数日間議論した程度の研究者にとっては、このワシントンの火山は一時的な研究対象でしかなかった。誰もが期限のある他のプロジェクトを抱えており、その正規の仕事から一、二週間をひねり出しているにすぎないのだ。実際、自費でセントヘレンズ山の仕事をしている若い科学者もいた。劇的な大噴火のない時間が過ぎていくと、このような科学者は本職に戻らなければならない。セントヘレンズ山観測は長期化しそうな気配である。ベーカー山の例に基づくと、セントヘレンズ山が鎮まるか吹き飛ぶかするには、まだ一年はかかりそうである。

ところが、セントヘレンズ山の株を上げるような出来事が起きた。ある晩、時々発生する地震の一時的な信号ではなく、単調だが持続する不思議な信号が地震記録計に記録されたのである。開始時刻は一九時二五分頃。記録計の軌跡は、毎秒ひと振れの速度で規則的に行ったり来たりし、それが五分間ほど続いた。地質調査所の地震学者で地震データ解読の手伝いにワシントン大学に来ていたデイブ・ハーローは、この震動を「高調波微動」であると認識した。これは、溶けた岩石が移動していることを示すパターンである。一二時間後にも同様のパターンが繰り返され、今度は　五分間続いた。結局、セントヘレンズ山はベーカー山ではなさそうだ。山の北面の下で地震が集中して発生するのは、何かが物凄い力で岩石を押し退けているからだろう。シアトルのチームは全員、この高調波微動が移動するマグマの署名であると確信した。

四月初旬には新しい観測装置が到来した。実験用の傾斜計を梱包したコンテナが技術者の一団と共に、HVOから到着したのである。この技術は元来軍隊のものであった。ところが、その機密指定が解除されると、またもや地質調査所がそれに飛びついて自分のものにした。傾斜計は数年間地震プログラムに利用されてきたが、火山学者にとってはまだ実験段階にある。これは、山体変形に関する情報をすみやかに提供してくれるので、気象によって数日ではないにしても数時間は要するジオジメータの測定解読を補足し、裏づけてくれるだろう。しかも、傾斜計は、昼夜を問わず一〇分置きに情報を収集する。ところが、この装置を設置するのは並大抵な作業ではなかった。

セントヘレンズ山は、HVO卒業生が慣れ親しんできた火山とは別物である。爆発的噴火をする火山である上に、雪に覆われた険阻な山である。ハワイでは、快適な気候に恵まれた傾斜のなだらかな火山が仕事場だった。ところがセントヘレンズ山では、過酷な気候と険しい地形の中での作業が強いられる。四月初旬の三メートルもある積雪を掘り起こして、傾斜計を岩石の中にしっかり埋め込まなければならない。HVOからこの測定器を運んできたアーノルド・オカムラが、ドン・スワンソンと一緒に、ティンバーライン駐車場の隣にある屋外便所に第一号を据えつける仕事をした。積雪を一メートル以上も掘り起こして屋外便所のドアを開け、それから凍った床の氷を砕いてはらい去る。そこは、この測定器が最初に利用された核ミサイル格納庫とは似ても似つかない環境だった。

傾斜計を設置するとすぐに、セントヘレンズ山がもう一つの目で見えるようになった。四月一〇日、スワンソンや地質調査所の科学者がアルコール水準器型の傾斜計で測定していると、小噴火が一回発生した。火山が黒い噴煙を吐き出すとき、スワンソンは、傾斜計の水平位を示す視準の気泡を見つめていた。すると、そこにハワイの傾斜計測定では経験できなかったものを見た。ハワイの噴火では、ほとんどの傾斜の変化が肉眼では検出できないほど小さかった。ところが、彼が視準を見つめていると、山体から一瞬何かが持ち上がり、そしてまた戻ったではないか。「私は、畏怖の念を抱いて数分間気泡を見つめていた。セントヘレンズ山が呼吸している！」スワンソンは毎月の報告書にこう記している[9]。

　頻発する地震と水蒸気爆発は、山腹で働く科学者にとって、危険ではないにしても作業を難しくする要因になった。四月八日の火山灰と水蒸気の噴出は一回で五時間半も続いた。強震が頻発し、時には重複することさえある。地震の分布図を見ると、山の北側斜面の真下に集中している。スピリット湖山荘の主人、ハリー・トルーマンはベッドを地下室に移動し、まるで荒海にもまれる船の中にいるようだと言った。この地震で、山頂のクレーターの外縁北西部が大きく崩れ、クレーターは、長さ六〇〇メートル、深さ一五〇メートルに拡大した[10]。自由の女神とその台座がすっぽり収まるほどの大きさである。林野部の飛行機からは、クレーターの底に、氷塊を浮かべた泥水の池がいくつか見える。これらの池は噴火が起こるたびに消失し、クレーターの一番深い底の部分に最低直径六メートルはある「喉もと」を覗かせた。

　セントヘレンズ山で、見物人にも科学者にも同様に興味があるのは、頻発する豪快な噴火である。

　スー・キーファーは、コールドウォーターの少し後ろに自分の観測所を構えて噴火を見守っていた。彼女は地質調査所の惑星地質学者であり、夫、ヒューは赤外線の専門家である。どちらもアリゾナ州フラグスタッフを拠点として働き、セントヘレンズ山噴火の最初の知らせで駆けつけてきた。二人の計画では、スーが噴火の一部始終を詳細に記録し、ヒューが物資の供給など後方支援をすることになっていた。ところが、スーがセントヘレンズ山に近い雪の深い丘陵に登ると間もなく、ヒューはバンクーバーの科学者チームに捕まり、発足したばかりの火山赤外線観測に引き込まれてしまった。結局、スーは食料が尽きて下山しなければならなくなった。しかし、彼女がバンクーバーに戻ったときは、セントヘレンズ山の噴火は、規模こそ違え、彼女がイエローストーンで研究した間欠泉、オールドフェイスフルの噴出そのものであると確信していた。

現在イエローストーン国立公園の名で知られる地域には、過去に前代未聞と言われるほどの大噴火があった。イエローストーン谷の八〇キロメートルも離れた両壁は、この大事件でつくられた。イエローストーンを誕生させた噴火は、一八八三年のクラカタウ山噴火の一〇〇倍も強力だったようである。

イエローストーン盆地は、ハワイと同様にホットスポットの上にある。プレートがこのようなスポットの上を横切ると、まるでブロートーチで溶かされるようにプレートに穴があく。イエローストーンの真下は今でも熱く、そのために地下水は沸騰する。たとえば、地下水がオールドフェイスフルの喉もと、つまり地下四、五メートルのところまで満ちているとしよう。この水は、地下に伸びる長い円柱のような空間に満ちており、円柱の底の水は地下で熱せられて沸点に近付いている。この底の水が沸点を越えると、円柱内の水全体が不安定になる。そこに一カロリーでも余分な熱が加わると、または、気泡が一個でも発生してシステムが刺激されると、地下水は一挙に水蒸気に変換して一七〇〇倍も膨張するのである。

スー・キーファーは、観測しているうちに、セントヘレンズ山がほぼ一定の時間的間隔で噴火していることに気づき、この火山の噴火に必要な熱と水の量を算出した。このプロセスは、火山が加熱されて氷河や雪が融解することから始まる。火山の割れ目に水がたまると、加熱され、沸騰し、噴出する。噴出のたびに岩石が吹き飛ばされて火口は拡大し、このために水蒸気の噴煙は黒くなる。そして、拡大した火口にはさらに大量の雪と氷が落ち込む。スーはこのプロセスに大いに興味を引かれたが、このような噴火はほんの座興にすぎず、肝心のプロセスは別のところで進行していると考えていた。

しかし、バンクーバーの毎日のミーティングでは、山頂で起きている現象ばかりが取り沙汰されていた。ある朝の会議で、前の会議以降に観測された噴火のタイプや回数、各噴火におけるガスおよび灰の含有量、ヘリコプター観測によるクレーター内の変化などについて報告がなされると、ロッキー・クランデルは自分のノートに赤ペンでこう書きつけた。「このような事実を高所から見て総括している者がいるだろうか」

いや、誰もいない。クランデルがいみじくも指摘するとおり、科学者チーム、特にHVO観測チームは詳細な事実に翻弄されている。しかし、これがハワイ方式の火山観測であり、そのテクニックが本土に移植されようとしているのだ。翌日のスタッフ会議で、クランデルは山頂の活動に関する同様の観測記録をコピーし、次のように書き込んだ。「クレーター内で進行している活動は些細なことに思われる」

スー・キーファーもクランデルの考えに同意するだろう。後に彼女は、火山のプロがこの間欠泉同様の噴火を「喉の掃除」と呼んでいるのを聞いて、ぴしゃりと言ったものだ。「それは違う」と。喉の掃除と言うと、大部分の人々は火山の単純な解剖図を想像してしまう。地下のマグマだまりから火口まで火道がまっすぐ伸びている図を。ところが、セントヘレンズ山の頭から飛び出す代物は、このような導管からではなく、岩石が水を沸騰させるほど熱くなる地下から来ているのだ。冷たい岩石や氷の下に閉じ込められた水が過熱して急速に膨張し、逃げ道を発見して噴出する。これをＨＶＯの専門家は洗浄噴火と呼び、スー・キーファーは間欠泉と表現した。

昼夜の緊張状態が数週間に及ぶと、科学者の疲労の色は濃くなってきた。林野部とは違って、地質調査所にはロッキー・クランデルやドン・マリノーたちの代わりをする要員はいない。どの科学者も、集中力を維持するのが苦痛になってきた。今ではアドレナリンのタンクもほとんど底をつき、防災組と観測組という二つの文化の軋轢が頂点に達しようとしている。ＨＶＯの観測組は到着当初から孤立したチームをつくってきた。彼らはバンクーバーを嫌い、火山に近い林業の町、ケルソに居を構えた。観測結果を毎日クリスチャンセンに報告し、彼を通して毎日のミーティングに提供するはずだったのに、その時間さえ持てないことが多い。バンクーバーの科学者にとって何よりもしゃくにさわるのは、地質調査所と契約した唯一のヘリコプターを彼らが占有していることだ。おかげで、大部分の分野の研究者がそれを利用できない。バンクーバーに常駐する科学者は、セントヘレンズ山付近の丘陵に設置した自動カメラのフィルムを交換するだけでも片道一時間以上ドライブしなければならない。そんなときは、一キロメートル走らせるごとに憤懣の情を募らせていくのだった。

このストレスの強い時期に、デンバーチームとＨＶＯチームの文化の相違がついにけんかにまで発展した。ＨＶＯチームのヘリコプター独占や彼らの拠点に関する激論が戦わされ、事態があまりにも険悪化してきたために、ボブ・ティリングは、三銃士にケルソの観測所をたたんでバンクーバーに戻るようにと命じた。これは三銃士の怒りに拍車をかけただけである。ちょっとした軽視も重大な侮辱へと発展する。このような状況では、測定の解釈の相違もアカデミックな論争の域を越えるものになり、科学者の協力関係は消失した。たとえば、マローンが地震の記録と山体変形の観測記録に相関関係がないかを知りたくて、スワンソンに何度も電話をしたが、スワンソンは一度も電話を返そうとしなかった。

協力して働くことの難しさは、一つには野外地質学者の特性に根ざしている。彼らは独立した存在で、言わば一匹狼である。たとえ海中だろうと山上だろうとおかまいなく、文字どおり自分の仕事だけに生きる強靱な精神の持ち主である。それぞれが自分の冒険談を持ち、クランデルのように氷橋のクレバスに落ち込んだ者もいれば、ムーアのように海底でバッテリーの切れかかった小型潜水艇に閉じ込められた者もいる。この分野は強い個性の持ち主を引きつけ、孤独を生き抜けない者を淘汰する。彼らはプリニウスのような過去の同業者には共感を覚えても、委員会のよきメンバーにはなれない人種である。

前述のような危機的状況においてマイナスに働くもう一つの地質学者の特性は、彼らが独特のタイムスケールで働いていることにある。大多数の人は、約七〇年間という一生の間に存在する事実を解明しようとあくせくしているが、地質学者は、何百万年もに及ぶ期間を相手に本能的な感覚を磨いている。時には、特別な期間、つまり、後にも先にも見られないような産物をつくり出す期間に働く場合もある。このように膨大な時間のおかげで、彼らは途方もなく大きな自由を持って理論を提供することができる。外科医とは違って、手術台の上に急を要する患者はいないのだ。この分野の研究者には、一個の岩石に秘められた情報から宇宙の起源を推測するゆとりさえ与えられている。

通常、彼らは自分の考えや結論を会議に提出し、学識ある批評を受ける。そこで自分の分野に戻り、理論を洗練し、支持を得られるようになると、再びそれを他の会議に提出する。このようなプロセスを経たのちに論文が発表される。したがって、論文にこぎつけるには数年かかるだろう。それは、研究分野にとってはわずかな貢献でしかないが、遠い過去の研究につながるものである。めったに見られない飛躍的な進歩を除けば、地質学の研究速度は、地質それ自体の変化のペースよりいくらか速いだけである。

ところが、セントヘレンズ山では、この悠長なプロセスを短縮しなければならない状況に追い込まれて、科学者は慌てていた。数年ではなく数日のうちに、アイデアを洗練し、討議し、修正しなければならない。早く家に帰りたい、自分の仕事に戻りたいと切望する避難民が、このプロセスの重い扉をガンガン叩いて打ち破ろうとするのだ。

人々は火山が今何をしているのか知りたがっている。これは地質学者にとってまったく新しい経験である。かつては、たとえば鉱床の場所やその品位など、「どこに」「何が」の問いに答えればよかった。ところが、今は「いつ」を問われ、できるだけ早くそれに答えなければならない。

数日が数週間になると噴火の回数は減少し、その勢いも衰退してきた。スー・キーファーは、山が乾きつつあると推測したが、地質調査所の外部では、セントヘレンズ山が次の一世紀間の眠りにつこうとしているというのがもっぱらの見解だった。『ワシントン・ポスト』紙の記者は、人々の感傷的な気分をこう言い表している。「この黙示書は口を閉ざそうとしている」と。

大噴火はないと、フランスの著名な火山の専門家が宣言した。アルーン・タジエフである。彼はいわば〝火山学のジャック・イヴ・クストー〟であり、地質学者で彼の名を知らない者はいない。タジエフはこの分野で三二年の経歴を持ち、一五冊の本を執筆して評価されている。しかも、爆発的噴火の貴重な経験をした数少ない火山学者の一人であり、グアドループの火山が大噴火にはならないと正確に予知した人物でもある。その彼が、予定された講演旅行の一環としてセントヘレンズ山にやってきた。ところが、火山に向かおうとしたところ、道路封鎖にあって引き返さざるを得なくなった。これにむっとしたタジエフは、火山を近くで見ることもなく、地質調査所の観測報告書をチェックすることもなく、四月九日付の新聞で、セントヘレンズ山が大噴火することはないと言い放った。

　タジエフは、地質調査所のやり方に対して、およそすべての点で批判的だった。第一に、彼の持論によると、火山学者や地質学者は火山を調査する最初の科学者になるべきでない。彼がつくり上げた火山観測特別チームは、基本的には化学者や物理学者で構成されている。タジエフ自身も気体化学ではパイオニア的存在である。彼に言わせると、最新のガス観測技術を取り入れていない地質調査所の観測方法には問題がある。火山ガスの温度が一〇〇〇℃もあれば、それは噴火を示す最高の指標である。そこで、セントヘレンズのガスは何度だろうかと彼は質問した。これに対しボブ・クリスチャンセンは、火山ガスの温度はそれよりかなり低いが、直接に観測したわけではないと答えた。最後に、タジエフの攻撃は地質調査所が重要視していることにまで及んだ。それは、火山活動とマグマの関係を示す唯一の確証と考えられる高調波の火山性微動の検出である。

「火山性微動は溶岩の速い移動と緊密に関係してきた。ところが、ここ（カスケード山脈）の溶岩はまったく別物で、粘度がきわめて高い」[11] タジエフの意見は日曜日の新聞に掲載された。

　タジエフは単なる批評家ではなく、最高の名声を有する科学者である。大方の同業者は地質調査所に批判的になっていた。彼らも、タジエフと同様この火山から離れていたためだろうが、間違った見解（地質調査所はそう確信していた）を持っていたのである。しかし、タジエフには名声があるだけに、その批評は骨身にこたえた。それでも、地質調査所の科学者たちは、セントヘレンズ山でマグマ性の噴火が起こるチャンスは五分五分であると信じていた。地質調査所の科学者が行きつけのレストラン、メキシコ料理店の「カサグランデ」には、来客がひと言添えて署名する記録帳が置いてある。四月一二日付のアルーン・タジエフの署名には、次のような言葉が添えられていた。「大噴火しない！」その署名の下に記されたデイブ・ジョンストンの署名には、こう書き添えられている。「いや、する！」

実際、ジョンストンや火山ガス観測の同僚、トム・カサデヴァルでさえ、セントヘレンズ山の活動はマグマに関係しないのではないかと考えはじめていた。二人は、火山ガス解読にかけては地質調査所に並ぶ者のない専門家である。その彼らの解読が一貫して、セントヘレンズ山の噴火はマグマに関係しないと示していたのである。

マグマのガスの測定値がはっきりしないだけでなく、山体変形のデータも確実ではなかった。確かに、山頂周辺の氷河にはいくつか亀裂が走っているが、降りつづく雪と繰り返し降り積もる火山灰のために、地表の測定値には信頼性がなくなっている。もちろん、地震は頻発している。その地震は浅いのだが、正確な深さを突き止めることはできない。したがって、この時点でデータに基づいてじっくり考察すると、セントヘレンズ山の活動は水蒸気によるものであるという結論に達する。

また、今では全部の地質学者がクランデルとマリノーの報告書を読んでいて、この火山が噴火したら壊滅的な結果になると知っていた。そこで、火山の過去を分析するという研究そのものにも疑問が投げかけられるようになった。これほどまでに詳細なテフラ（噴火の噴出物が大気中から降下したもの）地図の作成に、どんな意味があるというのか。ハザードマップの危険区域外なら、すべて安全であると言い切れるだろうか。クランデルとマリノーは、セントヘレンズ山の噴火に関して、大規模なものから取るに足らないものに至るまで、広範囲にわたるハザードマップを作成した。しかし、噴火の前兆が実際にどんなものかを詳しく知る者はいないのだ。この数週間は水蒸気噴出と地震が頻発しているが、このような期間に対して照合できるカタログは存在しないのである。

毎日のミーティングでは同じ問題が討議され、新データが現れては消え去るが、一向に一貫したものが見えてこない。まったく困った火山である。こんな火山は他にない。緊急事態が長引けば、地方自治体の役人や伐採会社の役員、そして、山に近付きたいと願う人々から押し寄せる圧力はどんどん大きくなっていく。

不安定な火山に取り組む科学者の仕事は、どんなに微細な変化でも記録して、その測定値を他の火山と比較することである。噴火の予知に成功するには、三つの条件が必要だ。火山の真下で進行しているプロセスの把握、地表の変化を検出できる高感度の測定器、そして、火山噴火の経験である。地質調査所には、この三つのうち二つしか揃っていなかった。

四月半ばまでに収集されたデータから、筋の通った構想は得られなかった。マグマに関係しているとしたら、マグマは周囲の岩石より浮力が大きいために、上昇しているはずである。そして、上昇しながらガスを放出する。ところが、測定器にその証拠は検出されていない。

マグマの存在を確認するもう一つの方法は、震源が上方に移動していないか調べることである。信頼のおける地震の深度を決定するには、地表下の環境を十分に理解していなければならない。地震のノイズの伝わる速度は、地層によって異なるからである。セントヘレンズ山の地下環境ときたら、岩屑《がんせつ》の堆積物と固化したマグマの層、それに間隙や地下水の寄せ集めである。震動は、物質によって異なる速度で伝播する。マローンのチームによると、震源が地下五〇〇〇メートル以浅にあることは確かだが、それ以上のことは推測の域をでない。セントヘレンズ山の地下環境を考慮すると、地震は地上に突き出した山体の内部から発しているようである。

火山の歴史を紐解く研究にまで疑問が投げかけられるようになると、マリノーは、観測チームからの決定的データがなぜこうも遅れているのか不思議に思いはじめた。要するにこれは、山体変形のデータを取る仕事、レーザー光線を発射したり角度を変えたりする作業にどれだけ時間がかかるかという問題になる。実のところ、デンバーチームは気づかなかったが、当の観測チームも途方に暮れていたのだ。ハワイのモデルに慣れていた彼らは、カスケード山脈の火山測定に何が必要か、どれだけ測定すれば十分かを知らなかった。彼らが雪に閉ざされた厳寒の山で働いた経験といえば、ベーカー山のときだけである。氷があれば作業は著しく困難になる。氷は常に移動しているのだから、氷上の地点からレーザーを発射しても確かなデータは得られない。したがって観測チームは、鉄の棒を大地に固定しようと氷雪の層を掘る仕事に終日悪戦苦闘していたにもかかわらず、ミーティングに戻ればデータの遅れをなじられるだけという惨めな日々を過ごしていた。

タジエフの一撃を受けて、四月一二日に地質調査所の所長が視察に訪れた。[12] ビル・メナードは有能な海洋学者で、彼の指導に刺激された学生は多い。しかし地質調査所では、政策上この役職を任命されたにすぎず、火山の経験のまったくない科学者である。メナードがバンクーバーに到着すると、翌日簡単な状況説明が行われた後、彼と地質学者を乗せた自動車の一団が、火山を近くから見られるティンバーライン観測地点まで蛇行しながら登っていった。

メナードはＨＶＯの担当者に囲まれて先頭の車に乗り、マリノーは二番目の車である。マリノーはこの小旅行を心待ちにしていた。おかげで、林野部の異常な環境から抜け出すことができる。しかも、彼は、昨夏のフィールドシーズン以来火山を近くから見ていなかった。車がティンバーライン駐車場に着くと、人々は所長の周りに集まり、頭上に現れたゴートロックスの溶岩ドームやフォーサイズ氷河などを指し示した。

マリノーは車から出るやいなや愕然とした。この山を毎年のように歩いてきた彼は、その地形の一つひとつをデンバーの居間の家具同様によく覚えている。いや、それ以上だろう。彼は、山体の変形ぶりを即座に見て取った。一九八〇年以前のセントヘレンズ山を知らないHVOの山体変形観測チームには、比較するものがなかったのだ。この数週間、マリノーは山頂の航空写真を見てきたが、今、北側の斜面に立って山を見上げると吐き気のようなものを感じた。山体北面の上部がグロテスクに歪み、頭上には巨大な膨らみが見える。まるで、誰かが地面の裏側からどでかいこぶしを押しつけてぐいぐい突き上げているかのように、高木限界線より上の山頂を取り巻く雪や氷には何本もの亀裂が走っている。この地形のあまりにも急激な変化に、マリノーのような地質学者でさえその原動力を容易には想像できなかった。

「そこは何度も行っていたところだ。航空写真では、この変化の大きさや恐るべき形相に気づかなかったが、今にも破裂しそうなほど異常に膨らんでいて、逃げ出したいくらいだった」マリノーはこう回顧している。

第4章　膨らんだ

　メナードが視察に来る少し前に、ロッキー・クランデルはペンシルベニア州立大学の地滑りの専門家を招いて、山の調査を依頼していた。バンクーバーに到着したバリー・ボイトは、兄弟で俳優のジョン・ボイトにいくらか容貌が似ているが、身なりは普通の野外地質学者に比べてもさらに薄汚れていた。彼も、スー・キーファーや三銃士と同様に、林野部本部には長居しなかった。自動車をレンタルしてコールドウォーター観測所に行き、そこで当番の観測者と一夜を過ごすと、翌日はセントヘレンズ山に近い丘陵の尾根を走り、北面一帯を見渡せる高台を探し当てた。彼はそこにキャンプを張り、「コールドウォーター一・五」と名づけて、そこから火山の氷雪にできた割れ目を観測し、写真に収め、そしてスケッチした。雲や闇に隠れて山がよく見えないときは、ペンシルベニアを発つ前にかき集めた火山性地滑りに関する論文に読みふけった。

　メナードが去った翌日、ボイトがバンクーバーに現れると、[1]マリノーやクランデルを始めとする地質調査所の科学者たちは、山体膨張に関する外部の専門家の意見を聞こうと待ち構えていた。残念なことに、バリー・ボイトは自分以外の科学者にはおよそ無頓着なひどい社交音痴だったので、昼のミーティングでは何名かの同僚を怒らせてしまった。

ボイトは、セントヘレンズ山の北側斜面が「崩壊する」のは時間の問題だと確信していた。スケッチした割れ目のパターンや崩れそうな斜面の厚さに関するデータに基づいて考察すると、史上最大の地滑りが起きそうである。地滑りの速度を測定して一刻も早く正確な値を知る必要がある。注意深く観測していれば、斜面の移動が一挙に増大する「変曲点」に達するときが分かるはずだ。変曲点は一般にはっきりしたものだが、常にそうとは限らない。この点に到達すると、すぐにも北側斜面の崩壊が始まるだろう。

山体の下に圧力が存在するとしたら、それは地滑りによって開放される、とボイトは言う。言い換えるなら、噴火の栓を抜くことになる。

ボイトはＨＶＯの観測プログラムを検討し、この子たちには専門的な助けが必要だと考えた。彼らはきちんとした仕事をしていないと。そこで、ボイトは地質調査所の科学者に意見を述べる前に勝手に地方の調査会社に電話をし、クリープ速度を記録する暇のある者はいないかと尋ねた。そして、会議で意見を発表するときに、このような民間の技術者を雇うようにと助言したのである。

民間の測量技師の助けを借りるべきという彼の提案は、快く受け入れられなかった。この男は、くだらん米国地質調査所の連中なんぞ追い出して民間の測量技師を雇えと本気で言っているのか。そうなのだ。その証拠に、彼は地方の請負業者のリストを持って会議室に現れた……。この男が、スワンソンやムーアのような科学者の名声を知らないことは明らかである。愚かな男だ！　スワンソンがハワイに敷いたジオジメータの測線網は、いまいましいネズミの屁さえ漏らさないほど緻密だったというのに。

会議室の雰囲気はとたんに白けて、ボイトがロッキー・クランデルに依頼されて来たことなど誰も意に介さなくなった。こういった人種の言葉を誰が素直に受け入れようか。ボイトはそそくさとバンクーバーを去って教職に戻ると、セントヘレンズ山に予測される活動について論文の執筆に取りかかった。

ボイトが去る前から、山体膨張が地質調査所の重要な関心事になっていた。マリノーは、観測チームの三銃士に膨張測定を報告するようにとせっついたが、データは一向に届かない。冬季の気候のためにヘリコプターは思うように飛べず、飛べたとしても、貴重な現場の岩石を見られることはめったにない。セントヘレンズ山のすべてが雪と氷に閉ざされている。実際、メナードの視察までに、HVOチームが確立したジオジメータ測線はたった一本にすぎなかった。それも、実を言うと、スワンソンが七年前に火山の東面で確立した測線であり、活動が集中している北面のものではない。HVO戦士とその助手は、基準となる七年前の水準点を探そうと穴掘りの毎日を過ごし、ついに探し当てて測定を繰り返したが、何の変化も見られなかった。

山体膨張が認められると、それ以後に起きた現象は三つある。一つは、過去の文献に同様の事象を探す作業が始まったことで、その結果、一九七一年のロシア人の論文翻訳に類似した例が発見された。それは、カムチャッカ半島のベズイミアニという火山である。二つ目は、四月一七日から始まったことだが、北側斜面大崩壊の可能性が急を要する最大の危険としてリストのトップに躍り出たことである。そして、三つ目は、マリノーが山体膨張の観測強化をしきりに主張するようになったことだ。

誰もが疲れきっていた。睡眠不足と過労のために科学者は疲労困憊していた。こんな状況でどれだけの危険が冒せるかという激論が延々と続き、これがますます状況を悪化させた。最悪なのは、火山の今後の予測に意見の一致を見ないことである。そんな時、ある朝の会議で、デイブ・ジョンストンが重要な発見をしたと発表した。火山の最大噴火の目撃者を発見したと言うのだ。そして、会議机に拳を載せてそっと開いて見せると、小さなおもちゃの恐竜が口から火花を散らしながらのこのこと現れたのである。部屋の空気はとたんに明るくなった！

デイブ・ジョンストンは、デンバーチームにもHVOチームにも属さない地質学者である。セントヘレンズ山の地質調査所チームでは最年少のメンバーであり、彼に将来の火山プログラムを期待する者もいる。彼は爆発的噴火をする火山を経験していた。人前に立つと臆して、今にも消え入りそうな声で研究発表をすることでは仲間内で有名だが、爆発的噴火に興味を持つホブリットのような若い研究者には、何でも喜んで話してくれる青年である。仲間とレストランに座り込んで、スパゲッティーを食べながらビールを片手に質問に答え、アラスカのセント・オーガスティン山での経験談を語ってくれる。これは、荒れ狂う火山を知りたくてたまらない若者には勉強になる。このような教育を受けた科学者がいずれはムーアやマリノーの後を継ぎ、火山の過去を解読する研究と活発化した活動を観測する仕事の二つを統合してくれることだろう。

デイブ・ジョンストンは火山学とは縁遠い畑で育った。シカゴで生まれたが、九歳のときに、イリノイ州オークローンの、ブルーカラー労働者が多く住む区域に両親と共に引っ越した。ボーイスカウトに入隊し、母親の編集発行する新聞のために写真を撮るアルバイトをしていた。幼少時の夢は『ナショナル・ジオグラフィック』誌で働くことであった。彼はまた短距離走者でもある。ジョンストンの人生にはいろいろな紆余曲折があり、大学時代に心変わりをして報道関係に進む夢を捨て、学位論文を中止して別の分野に進んだが、短距離走者であることだけは変わらなかった。助手として長期のフィールドワークに取り組んでいるときも、就寝前に八キロは必ず走っていた。

学部生のときには、コロラド州南西部の古い火山でピート・リップマンの夏季フィールドワークの助手として二回ほど働いている。二人は強い絆で結ばれていた。ある時、デイブは両親にこんなことを言った。「ピート・リップマンみたいな仕事をして、ピート・リップマンみたいな奥さんを見つけ、ピート・リップマンみたいな家庭を持ちたい」と。リップマンもこの若い助手をことのほか気に入っていた。ただ、リップマンにとって唯一の苦労は、一日の野外の仕事が終わると、デイブを引っ張るようにして宿舎に帰らねばならないことだった。さもないと、火山に夢中のデイブは真っ暗になるまで働いていたからである。

シアトルのワシントン大学で地質学の博士号を取ることにしたジョンストンは、アラスカのセント・オーガスティン火山で働いてからというもの、研究テーマを冷たい火山から噴火する火山へと切り換えた。一九七五年に、ベトナムから帰還したかつての陸上競技仲間のドー・ララが地質学の研究でアラスカに渡り、ある春、デイブに電話をして、「化石化した火山ではなく本物の火山」で夏季フィールドワークの助手として働いてみないかと誘ったのである。

オーガスティンは活動中の鼻息の荒い火山の島で、いつも体をぶるぶる震わせていた。デイブが到着すると、二人はヘリコプターで山頂に降ろされてフィールドワークの第一週を開始した。夕食は煙を吐く火口で調理する。山頂付近にテントを張ったが、それは最初の晩に強風でズタズタに引き裂かれてしまい、二人は何日間も寒さと雨と霧にさらされて過ごさなければならなかった。体温が低下し、頭がボーッとなったララは四五〇メートルも転落し、大石にぶつかる寸前にピッケルで体を支えて停止した。また、山頂で調査しているとき、噴火前に発生する地震に襲われてぎょっとしたこともある。

これは後のセントヘレンズ山でも同じである。

翌年の一月、デイブはオーガスティンに呼び戻された。火山が周期的に噴火するために、測定器を修理しなければならない。デイブとドーを含む一行がヘリコプターで島に着陸すると間もなく、ホワイトアウトが発生して本土に戻る飛行は不可能になった。一行は、今にも噴火しそうな島で雪あらしに閉じ込められてしまったのだ。助けを求める無線を送ろうとパイロットが離陸を試みたが、ヘリコプターは突風で地面に叩きつけられてしまった。尾部は回転翼によって切断され、そりの部分は飛び散り、残った物といえばプレキシガラスとアルミニウムでできた機体の中心部で、その中に軽症ですんだパイロットが座っているだけというありさまである。

男たちはトタンの波板でできた小屋に逃げ込んだ。そこは前の夏にシェルターとして利用した場所である。今では火山弾を浴びて孔だらけになり、火砕流のために正面がえぐられている。どう見ても安全な場所ではなく、ブリザードを満足にしのげるような場所でもない。島に取り残された一行は小屋の孔を埋め、桃の缶詰を見つけて食べ、噴火の前に救助が来てくれることを念じながら三日間待ちつづけた。その間もセント・オーガスティンは揺れつづけ、プップと煙を吐きつづけていたのである。

セント・オーガスティン山が噴火をしたのは、彼らが救助されてから一二時間後のことである。ララが島に戻ってみると、掘っ立て小屋は残っていたが、マットレスは焼け、電池やプラスチック類は融けていた。この損傷から推察すると、小屋の内部の温度は六〇〇℃に達したはずである。これでは誰も生存できなかったろう。

デイブもドーもオーガスティン山では様々な冒険をした。デイブは、煙を上げる火口からガスのサンプルを採ろうとして腕の毛を全部焼いてしまった。セントヘレンズの場合と同様、ガスが噴火の切迫を知る手がかりになると期待していたからである。彼の火山性ガスの研究を知る者は、このようなガス、特に塩素に関する研究は傑出していると言うけれど、結局噴火を知らせる信号は検出できなかった。

オーガスティン火山において、デイブは、セントヘレンズ山タイプの火山の恐怖を嫌というほど経験した。後になってHVOの有能な火山学者たちは、セントヘレンズ山の恐るべき潜在力を十分に評価していなかったと認めている。「我々HVOから来た人間は、確かにそのセンスに欠けていた。デイブのように火山の脅威を個人的には経験していなかったのだ」地質調査所のダン・ジュリジンはこう述べている。クランデルとマリノーは火山の危険性を詳細に予測していたが、それは理論的であって本能的なものではなかった。

四月末に近いある夜のこと、デイブはレストラン「カサグランデ」で若い地質学者に爆発的噴火をする火山の危険性について話していた。ロビン・コークとエリアス・ラビンという二人の科学者が、ちょうど一年前のパプアニューギニアのカルカル山噴火で死亡したのである[2]。これは火山学にとって辛いことだ。セントヘレンズ山でも災害の可能性はきわめて高い。我々は危険な駆け引きをしているのだ、と彼は言った。

とはいえ、一般の人々はあまり危険を気にしていないようだった。四月末頃、山頂から六、七〇キロメートル離れたタートル雑貨店の店主は、「一九八〇年セントヘレンズ山噴火生存者」と書いたTシャツを三六〇着ほど売り出した[3]。そのうちの一着、黄色いTシャツはジョンストンのお気に入りになった[4]。

四月の第三週になると、セントヘレンズ山の活動は一ヶ月前と同様に謎めいてきた。噴火の回数は一時間約一回から一日約一回になり、地震の回数もマグニチュード三・〇以上のものは一日三〇回程度に減少した。ただ、地震の強度に関しては四・五以上のものが一日五回から一五回に増加しているので、地震の全体的エネルギーは変わらない。イオウのガスがいくらか放出されているが、噴火直前の一部の火山で検出された二パーセントより少ない数値である。傾斜変化に関しては数値がまちまちで、現実的なパターンが見えてこない。スピリット湖は安定している。少しだけ発射されたジオジメータの測線にはまったく変化が見られない。報道機関の関心は薄れ、国民の目は、大統領予備選を前にしたジミー・カーターとロナルド・レーガンの戦法に注がれるようになった。

マリノーは、セントヘレンズ山北面の不気味な膨張に気づくとすぐに観測の強化を要求した。ところが一週間過ぎても山体膨張に関するデータは届かない。そうこうするうちに地元の科学者が、セントヘレンズ山の北側斜面がまるで北方に移動しているように見えるとレポーターに話すようになった。これは報道機関にちょっとした興奮を巻き起こし、いくつかの新聞に書きたてられたが、マリノーにはそれを説明することができなかった。膨張に関する新しいデータがまったく得られなかったのである。会議でＨＶＯの測定担当者に遅れを問いただすと、決まってジオジメータの不調を聞かされるだけである。

ついにマリノーは爆発した。あるミーティングで、その日出席していた唯一人のＨＶＯ測定メンバーであるジム・ムーアに怒鳴りつけ、データには住民の命がかかっていると責めたてた。データはどこにある？　この事件の翌日、ある同僚がムーアとマリノーにＴシャツをプレゼントしたが、そこには「山だってぶっ飛ぶことがある」と書かれていた。しかし、笑ってすませるような問題ではなかったのだ。

「まったく泣けてくるほど困難な期間だった」セントヘレンズ山で働いていたトム・カサデヴァルは当時を思い出してこう語る。彼は一九九〇年代末に地質調査所の所長代理になっている。「気候も最悪で、山はほとんど見えないときている。あたり一面の雪。クランデルとマリノーの研究のおかげで、この火山に大噴火の可能性があることは知っていたが、だからと言って実際はどうなんだろう。先史時代の火山灰の層をあの地層この地層と調査しても、それが現実の災害に結びつくだろうか」

「やりきれない気分があったのは、火山に手を焼いていたからだ。みんな測定や解読の問題で悪戦苦闘していた。ハワイ型の活動モデルを頭に描いて、カスケード山脈の氷に閉ざされた成層火山にやってきたのだから、どうやって山体変形を調べたらいいのか分からなかったのだ」

「毎晩、文字どおり真夜中過ぎまで今後の予測について話し合っていたが、地質調査所には、この段階でパズルを解けるだけの知識はなかった」

HVOの観測チームはジオジメータの問題にてこずっていた。この測定器は、熱帯地方で使用してもイライラさせられる代物である。ハワイでも、「測線」を確立するには二人のチームが二組必要だった。この装置が提供してくれるのは距離ではなく、無数の数字である。測線を発射すると一人が数値を読み上げ、助手がそれを記録する。きわめて感度の高い装置であるために、ジオジメータと標的の間の小さな温度差でも計算に影響する。したがって、両方の気温を測定しなければならない。最後に、この大量のデータを整理して再照合する必要がある。まったく厄介な仕事である。

セントヘレンズ山ではジオジメータに新たな問題が発生した。人材に限りがある。測定器を設定し、数値を受け取り、記録するという経験のある科学者が多数揃っているわけではない。高価な反射鏡の供給にも限界がある。その上、雲に遮られるとレーザーを発射できないために、測定できる場所は火山の低い部分に限られてしまう。どの測線にも一貫した変化は表れなかった。

四月半ばにジオジメータ測定を担当したのはジム・ムーアである。彼は優れた地質学者だが、ジオジメータの名手ではない。数本の測線を算出するのに何時間もかかったが、バンクーバーの科学者には黙っていた。四月末になると、三銃士の間でつくられた輪番制にしたがって、ピート・リップマンがジム・ムーアと交代した。

ムーアはパロアルトに戻り、そこでセントヘレンズ山の写真地図作成プロジェクトの手伝いをした。空がある程度長く晴れて地図作成のフライトが可能になると、広角カメラを装備した地質調査所の飛行機が山上の一定の空域を飛んだ。この空域は格子状に区切られており、それは前年の八月に同様のミッションで飛んだときとまったく同じ空域である。こうして撮った新しい写真を前年の写真と比較するのだ。フィルムはメンローパークに急送されマッピングテーブルの上に吊るされたそれぞれのプロジェクターに、その一コマ一コマがセットされた。テーブルからプロジェクターまでの距離は、飛行機の高度に比例するように設定されている。二組のフィルムはそれぞれ違った色で投影される。一九七九年八月の写真は赤色で、一九八〇年四月の写真は緑色である。四月二三日水曜日、ジム・ムーアと地図作成チームは、投影された影像に赤と緑の濃い線が表れているのを見てぎょっとした。本来なら、そこは重なり合って薄い線になるはずである。問題の濃い線は北側斜面にあり、その部分は八ヶ月前の位置から移動したということだ。ムーアは、線の太さを物差しで計り、いくつかの地点が八月に比べて七五メートルも高くなっていることを発見した。

火山の地上に見える部分に何か重大なことが起きている。それを明らかにしてくれたのがピート・リップマンのジオジメータ測定である。

四月初旬にリップマンは二週間の休暇を取り、オフィスに戻ってやりかけていたプロジェクトを完了した。セントヘレンズ山に帰ったのは四月二〇日である。それまでの山体変形の測定には何一つ意味のある数値が得られなかったが、それらの大部分は火山の低地で発射したレーザー光線から得たものである。膨張したり収縮したりする地点もあり、火山は魚のフグのように変形しているようだが、それは、マグマの移動を知らせる長期的傾向と言えるほど一貫したものではなかった。

厳しい気候がようやく緩んできたので、リップマンは火山の高所の変形度を調査しようと思い立った。高所では相当に大きな変化があっただろうが、断続的に降り積もる火山灰や雪、それに山頂をたびたび覆う雲のために、新しくできた割れ目は一日か二日もすれば隠れてしまうのだ。

リップマンの所有する高級なジオジメータ反射鏡は数個にすぎない。この精度の高い反射鏡を落石や雪崩で失いたくない。そこで、三五セントの黄色いハイウェイ用反射鏡をいくつか購入し、それらを取りつけた板に鉄条網用の棒をつけて標的をつくった。このような標的を十数本ヘリコプターで運び上げ、数本は膨張した部分に、数本はその付近にと、山の高い部分に突き刺していった。そして、ティンバーライン駐車場から標的を目指してレーザー光線を発射し、基準になる測線をつくった。

ハワイの経験を基にすると、変化に意味を見いだすまでに少なくとも一ヶ月は要するだろう。ＨＶＯでは、ジオジメータ測定に検出される変化が一日につき三ミリメートルもあれば、かなり急激な変形と見なされるのだ[6]。

リップマンは、基準となる測線を発射してから四日後に測定のチェックを思い立った。そこで、助手と一緒にティンバーライン駐車場に行って測定器を設置した。第一標的の位置座標を標定望遠鏡に入れて標的を探したが、見つからない。ムーア同様、リップマンもここ数年ジオジメータの測定をしていなかったので、操作の手順はうろ覚えである。望遠鏡をちょいと動かしてみたが、標的はない。「なんてことだ。完全に見失ってしまった」さらに望遠鏡を動かしてみるが、やはりない。ターゲットは雪崩にやられたのかもしれない。そこでその区域一帯を入念に調べてみると、あったではないか。それは望遠鏡の視野の外にあったのだ。

第二の標的も同様に探さなければならなかった。これは調査方法に組織的なエラーがあるのかもしれない。地質調査所の科学者としては面白くない推測である。バリー・ボイトが正しかったのだろうか。そこで、第三標的の位置座標もセットしてみると、それはあるべき場所にきちんとある。もう一つ別の標的に望遠鏡を向けると、それもやはりあるべき場所にあった。リップマンの頭脳に素晴らしい考えが浮かび上がってきた。さらに一本ずつ標的に向けてレーザー光を発射していく。測定の結果はそこにある。北側斜面の膨張部に立てられた四本の標的は直径一・五キロメートル程度の領域に集まっているのだが、それらが移動していたのだ。この区域外の三つの標的は移動していない。北面の一定の部分だけが、数日間で恐らく十数センチ移動したのだろう。火山の低い部分を対象にしてきた傾斜計やジオジメータの記録に、一貫した変化が検出されなかったのは当然である。動きは火山の高所、つまり膨張部の上にあり、その区域に限られていたのである。

彼は何かにせき立てられるように測定器のダイアルを回し、数字を大声で読み上げ、計算に取り組んだ。移動している区域の大きさは？　ジオジメータの測線によると、ゴートロックス、ザブート、ノースポイントの観測地点は全部動いている。しかし、これらの地点の東と西にある標的の位置は変わっていない。したがって、動いている膨張部は、長さ一・五キロメートル、幅一・五キロメートル程度ということになる。膨張部の境界がはっきりしているのは、膨らみを内部から押しているものが地表のすぐ下に来ているということである。[7]

移動速度は？　リップマンと助手がざっと計算すると、数センチの増減はあるにしても、この四日間で山の相当の部分が六メートルも移動している。まさかと思いもう一度計算をやり直したが、やはり六メートルである。

移動している方向は？　ハワイの火山における山体変形は、睡眠中の人の胸のようにゆっくりと上下していた。セントヘレンズ山は違っている。上または下に変形するのではなく、山のある部分全体が北に向かって移動している。

リップマンはトラックに飛び乗るとバンクーバーに急行し、林野部の建物に駆け込んで最初に出会った地質学者グループに叫んだ。

「おーい、大変だぞ！」

リップマンは数年後に次のように語っている。「本当に驚いた。ハワイではマグニチュード七・二の強震の際にそんな変化を検出したこともあるが、火山噴火に関してはこれが初めてだった」

翌日の測定では、さらに一・五メートル移動していることが分かった。次の日も一・五メートル移動した。それは上昇しているのではない。膨らみは北方に、つまり横方向に移動しているのであり、ティンバーライン駐車場、スピリット湖、コールドウォーター・リッジ、レーニア山に向かって一日一・五メートルの速度で進んでいる。まるで、飛び込み台上の水泳選手がぐんぐん体を傾けていくように。

「この膨らみは恐ろしく危険な奴で、このまま動きつづけて飛び込むぞと叫んでいた」と、リップマンは言う。

ティンバーライン観測点から見たセントヘレンズ山：北面が山頂内部のマグマに押し上げられて膨張している。（写真：ピーター・リップマン）

クランデルは即座に、その場合の地滑りの大きさや、それによって山の斜面に生じる被害の程度を算出した。一旦発生した地滑りは、氷河も森林も大石も巻き込んで突進する。重力によって加速され、数秒のうちにティンバーライン駐車場に襲いかかり、そこで働く科学者をひと呑みにしてしまうだろう。さらに突進してハリー・トルーマンのロッジを襲い、スピリット湖に飛び込み、恐らく突っ切って北岸の丘にも駆け上がるだろう。

四月三〇日、地質調査所は一般の人々に対して警告を発した。山体北面の一部が昨年の八月の位置から九五メートル以上も移動している。火山に予想される「現時点で最大の危険」は、地滑りの発生である。ロッキー・クランデルの予測によると、大量の岩屑《がんせつ》が高度二三〇〇メートルから転落してスピリット湖になだれ込み、大波が発生する。「このような岩屑なだれは時速一五〇キロ以上の猛スピードで斜面を疾走し、長距離を移動するだろう」[8]

警告では、地滑りが原因で発生するかもしれない最悪の危険については言及されなかった。それは、岩屑なだれが噴火の栓を抜く可能性である。バンクーバーの科学者は、大半がこの可能性を確信していた。

デンバーチームは、安全のために、観測チームに対してティンバーライン駐車場を引き払い観測地点を後退させるようにと要請した。これがまた、チーム間に論争を巻き起こす原因になった。

HVO卒業生は何週間も危険な状況で働きつづけている。これは遊びではない。晴れた日でさえ、繰り返される水蒸気爆発の降下物で人も測定器も泥まみれになる。現場での仕事は、まるでトランポリンの上で測定に取り組むようなものだ。地震で足元が揺れる。彼らが大きな揺れを「股広げ」と呼ぶのは、これが二万五〇〇〇ドルもするジオジメータの横転破損を防ぐ方法だからである。悪天候時に強震に見舞われると最悪だ。そういう時は、山の斜面に発生した雪崩の轟音を聞きながら、ティンバーライン駐車場に突っ立っているしか方法はない。雪崩に直撃されないようにと念じながら。[9]

火山観測が危険なことくらいHVOチームも熟知している。この程度の危険はハワイでも経験している。セントヘレンズ山は確かに恐ろしい火山である。しかし、彼らの科学にとっては宝物なのだ。HVOチームから見ると、デンバーの防災チームは火山観測がもともと危険な仕事であることを理解していない。HVOチームにとって、こんな機会は後にも先にもこれ限りかもしれないのだ。だから、どうしても山に留まらなければ。デンバーの科学者は、地質学的記録を調査して頭で学んできただけではないか。

「信じられないのは、HVOの連中が爆発的噴火をする火山がどんなものかを理解していないことだ。連中はそこいら中を走り回り、言うなれば、砲身の中に立って奥を覗き込んで『こいつぁすごい』と言っているようなものだ」ダン・ミラーはこう述べている。

防災チームと観測チームの間では、三銃士がケルソ前硝地からバンクーバーに退去させられてからというもの、ずっとこの強制結婚によるもめごとが絶えなかった。三銃士にとって、この撤退命令の主要目的は、彼らを毎日の退屈なミーティングに出席させることにあるように思えた。今度は、ティンバーライン駐車場の観測地点を撤退せよと言う。これは、「本物」の危険を知らない人間が権力をかざして振るう強圧行為にほかならない。ハワイで訓練された科学者なら「本物」の危険は熟知している。毎日火山の膨らみの下で苦闘しているHVO戦士にとって、防災チームは、レポーターや官吏を相手に日々を過ごす事務方の科学者にすぎなかった。

ロッキー・クランデルはそんなふうには考えていない。山体膨張によってもたらされるティンバーライン観測チームの危険な状態は、彼にとって、第二次大戦中にヨーロッパで何度も苦悩させられた問題とまったく同じ状況だった。何年か後に、クランデルはティンバーライン観測チームを「前線監視兵」になぞらえて話している。将校だった彼は、戦争中、危険な任務にある兵士を保護するのが自分の務めと信じていたのである。

実際は、クランデルが前線監視兵のたとえを話したこともないし、HVOの科学者が撤退要請を見え透いた強圧行為と放言したこともない。彼らは、火山のこの兆候が何を意味するかといった他の問題について議論していた。そして、ティンバーラインでの観測は続けられたのである。

論争の焦点の一つは膨張の原動力である。ここでも他の場合と同様、意見にいくつかの相違があった。マリノーによると、膨張部は三月二七日の噴火の際にできたもので、現在測定される移動は緩慢な地滑りである。この移動する地塊が崩壊点に到達すると、大規模な地滑りが発生するだろう。

リップマンはこれに異論を唱えた。彼はニューメキシコの死火山で火山の内部プロセスを目にしたが、当時は、その仕組みをまだ理解していなかった。今、同様のプロセスを目の当たりにして、その意味が分かったのである。火山の内部では、地下の溶けた岩石の貯蔵所からまっすぐに火道が伸びているわけではない。セントヘレンズ山やクエスタの山のような爆発的噴火をする火山は、種々の物質が積み重なってできている。マグマは、頭上の冷たく硬い岩石と格闘しながら上昇する。マグマは、山全体の重さを必然的に受けて上昇を妨げられている。したがって、マグマが上から押さえつける岩石を押し退けられないこともあり、その場合は、せめぎ合いによってエネルギーを消耗し、ガスや熱や浮力の一部を失っていく。そして、大量のエネルギーを消耗して、頭上の岩石の圧力に屈する点に到達する。

移動しなくなったマグマはそこで冷却し、山体内部にマグマのドームを形成する。これを潜在ドームという。リップマンはこれをクエスタで見てきた。これこそセントヘレンズ山の内部で起きている現象であると彼は主張する。

この時点から進む方向は二つある。潜在ドームが大きく成長して固化し、最終的には噴火の可能性に恒久的な蓋をする。

または、マグマが上昇しつづけて圧力を増大させ、山体を風船のように膨らませる。この潜在ドームの上の岩石が崩れ落ちるようなことがあれば、上昇するマグマを押さえつけてきた圧力は、シャンペンのコルクが抜けるように一挙に開放されるだろう。

クランデルの意見はまた別である。地滑りは噴火と関係なく発生するもので、噴火によって生じるのでも、噴火を起こすのでもなく、それ自体が危険物である。

また、デイブ・ジョンストンを含む数名の科学者は別の可能性を提示した。地滑りは噴火の栓を抜くことになるだろう。この場合、噴出物は、倒れたコカコーラのビンから中味が噴き出すように、新しく穿たれた穴から一方向に飛び出す。これは過去にあった現象であり、横なぐりの爆風と言われている。とは言ってもきわめて珍しい現象であり、ソ連の火山学者の報告によると、一九五一年に三〇〇〇の人命を奪ったパプアニューギニアのラミントン山噴火がこれに相当するようだ。同じソ連の科学者が報告するもう一つの例は、一九五六年の、カムチャッカ半島の火山、ベズイミアニ山の噴火である。ただ、この論文の筆者はどちらの噴火も目撃していない。

考えられ得る可能性はすべて提出され、討議された。それぞれの証拠が俎上《そじょう》にのせられては論駁される。これは知的な泥レスリングであり、これこそ科学の真髄である。ところが、このようなプロセスは数年をかけて科学雑誌のページ上で進展するものなのだが、今回は、狭い会議室で数週間のうちに種々の可能性が討議されたのである。

この科学者グループの奥部屋で戦わされた議論は一般には公表されなかった。民間を巻き込んだ論争を引き起こしてグアドループの二の舞を演じたくはない。現地の地質学者が火山専門家になりすまして、勝手に警報を鳴らしたら面倒なことになる。地質調査所にとってそんな論争は迷惑でしかない。

そこで、毎日の記者会見では、「最もありそうなシナリオ」ばかりが説明された。四月末と五月初旬の最もありそうなシナリオは、スピリット湖に津波を起こす地滑りである。その後で垂直噴火が発生して、火山灰と泥流が火山周辺の渓谷を流れることもある。

地質調査所では、可能性の小さいシナリオが内々に議論されていたが、このようなシノリオが現実に開始する前は、測定値に明瞭な変化が表れるはずだと信じられていた。それは、バリー・ボイトが変曲点と呼んだシグナルである。このシグナルは、避難勧告をする時間を数時間か、または数分間は与えてくれるだろう。

変曲点は地滑りに共通の特徴である。地塊は安定した状態からいきなり崩壊するわけではない。最初は少しずつ滑り出すが、その滑り量は、多くの場合測定器でなければ検出できないほど小さい。しかし、注意深く観測していると、地滑りの専門家が言うように、大崩壊の直前に滑りの速度が加速される時点がある。この加速点が変曲点であり、地質学的な火災報知器なのである。

地質学者は、噴火前の変曲点を検出できると確信していた。アメリカの爆発的噴火をする火山で、これほど優れた近代的測定器を取りつけられた例は、セントヘレンズ山が初めてである。火山は地震計の網を張り巡らされ、ついにはジオジメータの無数の測距離線にも覆われてしまった。傾斜計は火山のしゃっくりを、コスペックは火山の吐き出すイオウの息を測定する。U2型機は赤外線写真を撮るために偵察飛行をし、スパイ衛星でさえ何かをキャッチしているかもしれない。

これらの測定器のどれか一つくらいにその信号が記録されてもいいはずだ。この信念があるからこそ、ワシントン大学地震研究所の学生たちは何週間も昼夜ぶっ通しで働きつづけ、HVOの観測チームは毎日ティンバーライン観測地点で生命を危険にさらしている。小プリニウス以来、火山の観測者が探しつづけてきた信号がそこにある。地震記録紙の帯に書きなぐられた線の上、それとも、ジオジメータから算出された無数の数値の中に、それは確かにあるはずなのだ。

この秘密を漏らす信号を探そうと科学者が各自の測定器に張りついているとき、ロッキー・クランデルにはもう一つすべきことがあった。迫る危険を地元行政の責任者に理解させなければならない。決定を下す人々に分かりやすく説明し、たとえ政治的経済的圧力があっても賢明な決断をするように説得できなければ、彼の科学は役に立つとは言えない。科学は科学のためだけに存在するのではないとクランデルは考える。自然の神秘の扉を開けるのは知的な探求であり、危険に際して専門的助言を提供するのはその報酬である。科学に価値を持たせるためには、行動に変換しなければならない。

法執行官や州の危機管理局の人々は、すでに危険の可能性を信じていた。しかし、観光客や伐採業者、一時避難したスピリット湖の住民は、禁止された「危険区域」にぐんぐん近付いていった。セントヘレンズ山の危険性を人々に分からせるのは難しくなる一方である。

釣りが解禁される四月二〇日頃には、それまで常時水蒸気を噴き上げていた火山もほとんど噴煙を上げなくなった。気候が暖かくなり、噴火を一目見ようとバスに満載されて訪れた旅行客は、カメラのフィルムではなくTシャツに印刷された噴火の写真を持って帰ることが多くなった。スー・キーファーの推測によると、火山が噴火しなくなったのは、利用できる水が煮え切ってしまったからである。セントヘレンズ山は完全に乾いてしまった。それでも危険であり、もしかしたらこれまで以上に危険かもしれない。しかし、噴火の回数が減少するにつれて、危険は遠のいたという考えが一般に強くなっていった。

土地の伐採業者や別荘の所有者にとって、火山は科学者が言うほど危険でないかもしれないという証拠がもう一つあった。それはトルーマンである。五月一日、火山周辺に禁止区域を設定する命令が承認されたとき、州法務長官はトルーマンにこの命令は適用されないだろうと述べた。[10] この気難しい年老いた世捨て人は、ごろごろ轟く火山のおかげで英雄に祭り上げられてしまった。セントヘレンズ山周辺で何年も前から研究してきた地質学者たちが知るトルーマンは、癇癪もちで言葉のきたない酔っ払いだった。「俺の人生なんざぁ天使のパンツみたいに無垢なもんさ」とハリーは言った。彼には、林野部のある若い女性職員が言うように魅力的な面もある。しかし一般の印象は、妻の急死のショックから立ち直れず、恐らく長い間、二八匹の猫と止め処なくあおるウィスキーで憂さを晴らしてきた淋しい男だったのである。

トルーマンはレポーターを喜ばせた。老人は話し好きで、その話には真実も含まれている。彼はカナダからカリフォルニアにウィスキーを密輸していたが、一九二九年にそれを止めてスピリット湖に一六ヘクタールの土地を購入した。最初はテントを借りてキャンパーを誘うことから始めたが、それが次第に成功して三階建ての宿泊用ログハウスと湖畔のいくつかの小屋、それにボートやカヌーを所有するリゾート地の経営者になった。その間に、秒速九〇メートルの強風に遭い、火事で最初の家を焼失し、地震で煙突を二回も倒されるという災難に見舞われた。こういう災害に備えて秘密の隠れ家があると彼は言う。丘の中に深く掘られた古い坑道を何年か前に見つけたのである。

「あいつがぶっ飛ぶかどうかなんて知ったことじゃない。だけど、俺が荷造りするなんてことだけはないさ[11]」ある日トルーマンは、台所で多分ウィスキーと思われるコーラのコップを持ってこう豪語した。

セントヘレンズ山周辺の人々は、本当に危険が迫ったらハリーもロッジに居座ることは許されないはずだと考えていた。

ハリーを強制的に避難させようとしても、暴力沙汰になるだけである。保安官はそれをよく知っていた。その上、抵抗する人間を火山の危険区域から引きずり出すという行為にどれだけの権限が与えられているのか。トルーマンとの小競り合いが目に見える形で表れると、保安官の法的権威の弱さが露呈して、一般大衆にも大きな問題を生じさせかねない。それに、たとえハリーを拳銃で脅すことなく避難させられたとしても、彼が舞い戻るのを防ぐ手立てはない。こうしてハリーは居座り、次々とインタビューを受け、自分の新聞記事を切り抜き、噴火にも狡猾な役人にも立ち向かえる度胸さえあれば火山なんて恐れるに足りないという印象を人々に与えた。

ほかにもう一つ、役所では噴火の問題を命に関わる危険とは認識していないらしいという証拠があった。セントヘレンズ山斜面における伐採作業が許可されたのである。

林野部保有林の伐採は三月に停止していた。ところが、セントヘレンズ山周辺の土地の大部分は民間の伐採会社の所有である。ディクシー・リー・レイ州知事とロバート・トカーツィク林野部長は、火山の周辺地域を危険区域と準危険区域に区画した。危険区域では、科学者以外の立ち入りは禁止される。準危険区域では伐採作業が可能であり、特別許可さえあれば土地所有者の出入りも許されるが、夜間の滞在は禁止される[12]。

「山頂から一五キロくらい離れた場所で伐採しているけれど、危険なんてないね」大噴火のちょうど二週間前の五月四日、ある作業員はレポーターにこう話している[13]。

最後の一つは、地質調査所自体が世間に対してあまり開放的でなかったことに原因がある。彼らはもっぱら、自分たちの考える「最もありそうなシナリオ」を提示しつづけた。最もありそうなシナリオだけは、仮に彼らの間に意見の一致があったとすれば、まさに全員が認めるものであり、たとえそうでなくても、両極端の可能性の中間あたりに落ち着くからである。しかし、予想されるすべての可能性や相対的な見込みを一般の人々に対して論じたり、異論や矛盾する証拠をわざわざ示したりするようなことはなかった。

科学者には、舞台裏での意見の食い違いを世間には知らせまいとする傾向がある。それには三つの理由がある。第一に、彼らは一般の人たちにとって何がよいか、何が最良かをよく知っていた。第二は、一般の人々に状況の理解や賢明な決断を求めるには科学が複雑すぎると信じていた。第三は、ジャーナリストを信用していなかった。科学者とジャーナリストのグループは、どちらも両者間の情報交換に依存しているにもかかわらず、お互いに相手の信条に懐疑的だった。

科学者は慎重に疑問を提起し、客観的に分析した上で結論を科学界に提出する。その結論は、検討や評価の場をくぐって確証されるが、廃棄されることもある。これは科学者にとって神聖なプロセスであり、これまでに驚くべき成果を上げてきた。ところが、ジャーナリストは別のプロセスを信じている。それはよく「アイデア市場で生き延びたものが真実」と表現されるプロセスである。これはかなり錯綜したプロセスであり、時には社会に害のある決定を招くこともある。しかし、悪い決定を暴く作用もするので、結果的にはこれも社会に奇跡を起こしてきた。

科学者は、このアイデア市場たるものにしばしば恐怖を抱くことがある。一方ジャーナリストは、科学者をデモクラシー不信の閉鎖的なエリート主義者と見なしている。

科学者は、窮地に追い込まれるとデモクラシーよりも科学を信じるために、自分たちの慣れ親しんだ文化に立ち戻ろうとする。したがって、十分な情報を得られない記者たちは、セントヘレンズ山物語を書くにあたって、どんな可能性があるのかを知らない。かと言って、地質調査所の外に頼りになる情報源はなさそうだ。火山専門家を名乗る地質学者は民間にも数多くいるが、爆発的噴火をする火山の専門家は、アメリカ広しといえども地質調査所をおいてはほとんど存在しない。そんなわけで、セントヘレンズ山近辺の住民、観光客、そして一部の役人でさえ、セントヘレンズ山に予想される種々の可能性についてはほとんど知らなかったのである。

したがって、条件つきの地域封鎖、伐採可能区域、ハリー・トルーマンの居座り、静かになった火山といった事実が重なると、スピリット湖の別荘所有者たちは、自分たちを家から遠ざける警察の道路封鎖に対して次第に怒りを募らせていった。特に、不動産税の書類が郵便受けに届きはじめると、自分の家に帰る権利すらないのに支払の義務があるのかという感を強くした。地滑りの恐れがあるとは聞いているが、彼らの別荘は山頂から八キロメートル以上も離れている。雪崩でさえティンバーライン駐車場に達することはめったにない。ましてや、さらに六・五キロメートルも下のスピリット湖に到達するはずがない。

湖畔には釣りや狩猟シーズン中に利用する山荘が立ち並んでいる。このような山荘のほとんどには、所有者にとって掛け替えのない価値がある。スノーモービルをするとか、おじいちゃんの二連発銃を試すとか、大好きなキルトをつくるといった楽しみを提供してくれる場になる。そこで、所有者たちは道路封鎖の現場に行って抗議し、火山噴火説明会に毎度のように押しかけては抗議した。弁護士連中は消防隊長のポール・ステンカンプに電話をし、どんな法的権限があってスピリット湖の居住者を引き止めるのか知らせろと要求した。ステンカンプは答えた。「私のしていることが不法だと思うなら、ここへ来て腕づくで引き戻せばいい」

かさばる所有物を引きずる必要のない観光客は、わざわざ権威に盾突くような真似はしなかった。どうしても山に入りたければ、この地域をくもの巣のように縫って走る山道を利用して封鎖道路を迂回すればいい。しばらくすると、火山の高地で調査中の地質学者が山頂から降りてくる一般の登山者に出くわすようになった。

「誰も言うことなんて聞いちゃくれない。これは我々のせいじゃない。どいつもバリケードを迂回したり、すり抜けたり、乗り越えたりしていく。火口の縁まで登った奴さえいるんだ」スカマニア郡のビル・クロスナー保安官は、後でバンクーバーの新聞記者にこう語った。

噴火が下火になったとはいえ、火山が不安定であることを示す兆候は存在した。五月六日、ウィドベイ島の海軍第一二八攻撃艦隊基地から飛び立った飛行機が、地質調査所のために赤外線調査を行い、北側斜面の岩石に、規模は小さいが最近まで気づかなかった高温の部分があることを発見した。その部分は長さ三〇メートル、幅一五メートル程度の大きさで、膨張部のちょうど真中に位置する。五月七日には水蒸気噴火が再発し、翌日は火山性微動が二回記録された。このような兆候から、地質学者の間では、変曲点は必ず検出できるという確信がますます強くなっていった。

五月一一日の日曜新聞には、適切なときに大噴火を予告できるだろうという地質調査所の言葉が掲載された。また、同月初日に山頂から北に約九キロメートル離れた丘の上に観測所が新設され、コールドウォーターⅡと命名されたと発表された[14]。

コールドウォーターⅡは、ホブリットが以前地震に体を揺すられつづけた最初のコールドウォーター観測所より三キロメートルほど山頂に近いところにある。中継器が新設されたので、バンクーバーとの無線通信回路の機能は向上した。タートル川下流の住民を脅かす地滑り、泥流、火砕流の警報をいち早く発するために、コールドウォーターⅡには一日二四時間観測者が常駐しなければならない。コールドウォーターⅡは山体の膨張部のほとんど真向かいに位置するが、ロッキー・クランデルとダン・ミラーが行ったこの地域に関する火山性堆積物の分析によると、この丘はかなりの高さがあるために、火山灰を除けば、過去三万八〇〇〇年間に噴火の被害を被ったことがなかった。

コールドウォーターIIにはホブリットのオンボロのトレーラーハウスを運び上げた。観測所に常駐するのは、デイブ・ジョンストンがフィールドアシスタントに雇った風変わりな地質学大学院生、ハリー・グリッケンである。ハリーは身なりのむさ苦しいざんばら髪の若者だ。日常生活の小さな決まりにあまりにも無頓着なために、車のハンドルを握らせると危険人物になる。しかし一方では、研究の熱意に燃える緻密な観測者であり、将来を嘱望された科学者でもある。

ミラーとホブリットは、観測所にはグリッケンの代わりにビデオシステムを置こうと考えた。これはホブリットのアイデアであり、彼は方々に問い合わせてその仕事のできるシステムを探しあてた。それはバンクーバーと、そのシステムを取りつけた会社に極超短波で情報をリレーしてくれる。ビデオシステムをテストしてみると、それだけでもかなり確実な観測ができるではないか。ところがその値段は約四万ドルである。ホブリットは地質調査所に購入を要求したが、却下されてしまった。

セントヘレンズ対策の運営費は地質調査所を破産に追い込もうとしていた。ヘリコプターの利用だけでも、捻出できる範囲を越えようとしている。ボブ・ティリングのオフィス用品購入のための公費口座は、今や支出が一〇〇万ドルを越えていた。これでは、ティリングが口座の管理不能を問われて、少なくとも彼のキャリアを代償にする羽目になりかねない。そんな時に、ホブリットがテレビシステムに四万ドルも無心してきた！　こともあろうに火山活動が鎮静化して見えるときに、しかも、噴火しない可能性もあるというのに！　地質調査所は「費用を削減すべきである」[15]と戒告しながら、セントヘレンズ山の仕事に一日二〇〇〇ドルも出費してきた。これにはヘリコプターに出費される一時間三〇〇ドルは含まれていないのだ（これとは対照的に、林野部では航空観測だけでも一日二〇〇〇ドルを出費しているが、経費節減の予定はなかった）。そんなわけで、テレビシステム購入の要求は却下されたのである。

ホブリットとミラーはそれに代わるものを探し回った。ミラーは米国陸軍の予備隊に話をつけて装甲兵輸送車を借り受け、ホブリットのトレーラーハウスの隣に置くことにした。コールドウォーター・リッジに常駐するグリッケンに予想される最大の危険は、岩屑なだれや噴火の際に飛来する少量の岩石である。したがって、装甲兵輸送車に逃げ込めば身の安全を守れるだろう。

セントヘレンズ山は、決定的な兆候が表れないかと、救急室の患者のように厳重にモニターされていた。山の北側のコールドウォーターⅡからも、昼夜飛びつづける林野部のヘリコプターからも常時観測が行われる。地質調査所の地震計、傾斜計、ガス測定器、その他の観測機器は火山を覆うハイテクネットワークをつくって、噴火の引き金を引く前兆となる揺れや滑りを検出しようと身構えている。「大噴火の前兆を検出するチャンスは大きい」マリノーが五月一一日にこう述べたと報道された。[16]ただし、山が雲に隠れているときにこのような変化が発生すると、警報が遅れる可能性もある。[17]

新聞にこのように確信的な言葉が掲載され、一方で住民からの圧力が増大してくると、五月第三週に、州政府は火山にさらに接近することを許可した。五月一六日金曜日、スピリット湖のボーイスカウトとYMCAのキャンプから器材の持ち出しが許可されたのである。これに怒ったスピリット湖の別荘所有者は「何がなんでも」道路封鎖を突破しようと押し寄せた。[18]彼らは地質調査所に安全性を問い詰めたが、ダン・ミラーの答えは「ノー」である。山体は引き続き膨張しているのだから、「安全であるはずがない」。ミラーの考えでは、膨れた腹をスピリット湖にのしかかるように突き出した火山は、予告なしに横転することもある。[19] しかしながら、暴動が起きかねない状況もあって、別荘所有者に対しても許可が与えられることになった。州警察の発表によると、来る土曜と日曜に数十名の者が警察の誘導に従ってタートル川渓谷を下り、スピリット湖に行って各自の所有物を取り、引き返すという計画であった。

地質調査所の科学者は疲れきっていたので、リーダー格のメンバーは五月の第三週は互いに仕事を交代し合うことになった。ピート・リップマンは一時帰宅し、後に残ったドン・スワンソンが測定器のネットワークに表れる信号を監視する。HVOの責任者であるボブ・デッカーはハワイに帰った。ロッキー・クランデルは、リック・ホブリットをデンバーに帰してセントヘレンズ山の最近の噴火に関する論文をまとめさせ、彼自身もデンバーに戻った。ドン・マリノーは、娘の大学の卒業式に出席するためにカリフォルニア南部に飛行機で向かった。週末の五月一七日、現地に残っていたデンバー防災チームはダン・ミラーだけだった。

一方、ワシントン大学の地震研究室では、誰一人として持ち場を離れる者はなかった。科学者たちは、地震を通して噴火の信号を監視していた。それは記録計の針をピクッと揺らすはずである。彼らは、セントヘレンズ山が非常に活動的な火山であることを知っていた。地震の回数は確かに激減しているが、揺れは強くなっている。したがって、火山の真下でガタガタするエネルギーの全体的なレベルは変わっていない。変曲点は検出されないが、エネルギーが低下していないことだけは確かである。

地質調査所のリーダーの大半が町を出ていたために、毎日のミーティングは急に和やかになった。言うまでもなく、居残り組の科学者もデータの解読には優れていた。また、危険性が日々増大していたのも確かである。しかし、火山は鳴りを潜めて、地質調査所の科学者を欺いていたのである。

五月一五日木曜日の夜、レス・ネルソン保安官は、ハリー・トルーマンの最後の説得を試みるためにスピリット湖に向かった。一・五キロメートル幅もある膨らみが道路やハリーのロッジの上に乗り出している下を、狭い渓谷を通ってドライブするというのは、決して気持ちのいいものではない。セントヘレンズ山はこの郡保安官を脅しつづける。彼は到着すると、自動車を帰りの方角に向けてハイウェイに駐車させ、エンジンをかけたまま車を降りた。トルーマンは「話すことなんぞない」と答えた。もはや彼を山から連れ出す方法はない。ネルソンは義務を果たしたと感じ、車に戻ると一目散に引き返していった。

真夜中過ぎ、米国エネルギー省の大型双発機がラスベガスから飛び立ち、セントヘレンズ山に向かった。飛行機は、カップに入った暖かいコーヒーを一五〇〇メートル上空からでも検知するという最新型赤外線カメラを搭載していた。

金曜日、日の出の数時間前、地面の温度がこれ以上下がらないという時刻に、パイロットはカメラのシャッターを切った。飛行機は山の上を九回ほど通過して、何本ものフィルムにデータを収めていった。

飛行機は正午前にラスベガスに戻り、地質調査所に赤外線フィルムの取り扱いについて問い合わせてきた。週末には処理できるが、そのためには専門のチームを呼び寄せなければならないので高くつくだろう。いや、そんな必要はない、と地質調査所は答えた。今日、明日の問題ではなさそうだ。費用の方が心配である。月曜日まで待ってもいいだろう。

カメラには、山体内部から発生する異常なほど高い熱が記録されていた。温度を測定すると、そのエネルギーは一〇〇〇戸の家庭の電力に相当する二メガワットであった。これだけの熱は自然界ではめったに観測されるものではない。後に、赤外線専門家チームの一人が、この熱は上昇するマグマか高温のガス、またはその両方からくるものと推定した。

また、この未処理のフィルムには、後の所内報告に「新しく表れた有力な前兆」と書かれたものが記録されていた。熱は、山体膨張部の上側の縁に沿って点々と並ぶ多数の熱いスポットから発生していたのである。報告書によると、赤外線写真には、まるで山に孔があいたように、膨張部の上側に新しい熱いスポットが散在していた。膨らみの上側の縁で何か大変なことが起きていたのだ。

金曜日は、バリー・ボイトの最終報告がようやくバンクーバーに届いた日でもある。報告書の完成には、ボイトが予想した以上の時間がかかった。計算に一苦労した上に、ペンシルベニア州のタイプ課で恐ろしく手間取ってしまったのである。

地滑りの専門家であるボイトの報告書には、山の北面が崩れて巨大な岩屑なだれが発生し、壊滅的な噴火を引き起こすと説明されていた。これはまさに、これから起きようとしていた事件を言い当てていた。

クランデルは、バンクーバーに戻るまでボイトの報告書を見なかった。彼が戻ったのは五月一八日の大噴火の後である。バンクーバーにいた科学者は五月一八日以前にそのコピーを読み、林野部や州知事にも回覧した。しかし、それは彼らにとってセントヘレンズ山に予測される一つの可能性にすぎなかった。最もありそうなシナリオとは見なされなかったのである。

一九八〇年五月一七日土曜日、セントヘレンズ山大噴火の前日、ロッキー・クランデルはデンバー郊外の事務所の机に座って、家族宛ての手紙にセントヘレンズ山について書いていた。

「昨晩、噴火活動がまた一時的に収まったようだ。しかし、地震は相変わらず同じ頻度で発生しつづけ、火山は膨張しつづけている。溶けた岩石が山体に貫入しているのは間違いないが、それがいつ（または本当に）地表に噴出するのかは明らかでない」

「目下の最大の関心事は、溶岩の最初の噴出がドームや溶岩流をつくり出すような静かなものか、それとも、爆発的で大量の火山灰を放出し、爆風によって何百キロメートルも吹き飛ばすようなものかということだ。セントヘレンズ山は過去五〇〇年間にどちらのタイプの噴火も繰り返し起こしてきた。このような知識、つまり過去の噴火を知ることが、この一三年間カスケード山脈の火山を研究してきた目的だった」

「私の考えでは、これは新聞に発表するつもりはないが、強い地震が持続しているのは、大量の溶けた岩石が火山の真下の貯蔵所に移動しつづけている証拠である。貯蔵所のマグマが多いほど、噴火は大きくなるだろう」

最初の地震発生以後の六週間に、火山の状態については実に多くのことが分かった。地質調査所は、火山活動がマグマに関係していること、マグマが地表に接近していることを確信していた。山体の膨張を確認し、その成長速度を測定し、膨張は無限に続かないことも承知していたのである。

しかし地質調査所には、あの壊滅的な大噴火の前日に、噴火がそこまで来ているとおぼろげにも感じた者は一人もいなかった。彼らは、噴火と地滑りのどちらが危険かについて議論していた。噴火の具体的規模については意見が一致しなかったが、いずれにしても大きいだろうと考えるようになった。しかし、激しい噴火になるかどうかは分からなかったのである。

こうして多くのことを学んできたにもかかわらず、結局、火山周辺に住んで働いている人々に、セントヘレンズ山がきわめて圧力の高い岩石の容器になったと噴火前に知らせることはできなかった。

岩石のコンテナは今にも弾けようとしていた。セントヘレンズ山に関係する科学者にとって、大噴火前日の五月一七日はいつもと変わらない一日だったのである。

フィールドノート

一九八〇年五月一七日　ミンディ・ブラグマン

バンクーバーの土曜日の朝は、林野部の建物に残った火山学者のミーティングから始まった。第一の議題は、コールドウォーターⅡのハリー・グリッケンと交代する者を決めることであった。グリッケンはカリフォルニア大学サンタバーバラ校に行って、そこで秋から着手するはずの卒業研究について数日間話し合わなければならない[1]。コールドウォーターⅡの観測は中断できないのだから、交代が必要だ。そこで、ドン・スワンソンが数日間、グリッケンの不在を埋めることになった。

火山活動を知らせる重要な信号は常に記録されている。コールドウォーターⅡで最近得られる測定値によると、山体の膨らみは一日一・五メートルの速度で膨張しているが、この速度が急激に増大しそうな気配はない。何かあるとすれば、それは緩慢な変化だろう。大地の傾斜変化にも地震活動度にも大きな変化はない。デイブ・ジョンストンはイオウのガスが増加しつづけていると指摘するが、それも急激なものではない。最新の赤外線データはまだ届いていない。総合すると、観測のパラメータはすべて本質的には一定であり、変曲点の信号はどこにも検出されなかった。

ドン・スワンソンは山に行って観測を始める前に、廊下でデイブ・ジョンストンを呼び止め、今夜だけ観測を代わってくれないかと頼んだ。スワンソンの下にはドイツから大学院生が来ていた。その学生が、日曜日の朝発つのでそれを見届けたいと言うのだ。ジョンストンが土曜日の晩だけコールドウォーターⅡに詰めてくれれば、スワンソンが日曜日の午後早くに交代するだろう。

ジョンストンは気が進まなかった。スワンソンとは違って、彼はセントヘレンズ山が非常に危険であると信じていた。ジョンストンはよいデータを得るためならどんな危険でも厭わない。事実、今日もクレーターに入ってガスのサンプルを収集しようとしている。しかし、山体の膨らみが確実に自分の方に向かって突き出してくる場所にただ座っているだけというのは、彼の一番やりたくないことである。それでもスワンソンがしつこく頼みつづけるので、デイブもとうとう軟化した。グリッケンが自分のフィールドアシスタントであることに責任を感じたのだろう。こうして彼は承諾した。デイブは、バンクーバーを発つ前にパロアルトのガールフレンドに電話をし、計画が変わったこと、ひどく疲れていることなどを話した。「まったく、そこから帰れるかどうか分からないよ」と彼は言った。

こうして、セントヘレンズ山周辺では、またいつもの一日が始まった。

午前一〇時頃、スピリット湖畔の山荘所有者を乗せた五〇台の自動車が隊列を組んで、警察の誘導の下にそれぞれの山荘に向かった。所有物を取りに戻りたいという要求が勝利を収め、今日の土曜日の数時間と日曜日の午前中にそこに行くことが許可されたのである。

庭椅子とテーブルを小型トラックに積み込んでいた山荘の持ち主に、レポーターが湖畔の家を売るつもりはないのかと聞いた。モミの大木の間から絵のように美しいセントヘレンズ山が見えるその家は、火山から数キロメートルのところにある。女性は答えた。「今起きていることが信じられないの。今はどんな値段でも売らないわ」

土曜日の山は晴れて暖かく、雲もほとんどなかった。ティンバーライン駐車場の外では、スワンソンがジオジメータの測定を続けていた。この観測地点からの測定はこれが最後になるだろう。三銃士もついに圧力に屈し、ティンバーラインを退いてコールドウォーターⅡに移動することになったのである。

スワンソンとジオジメータの助手はヘリコプターを使って山じゅうを渡り歩き、膨らみの上側の部分に新しい標的を取りつけ、ティンバーライン駐車場からレーザーを発射して、その日の大半を過ごした。傾斜計のデータには、一部の測定器に不調があったことを除けば、これといった変化は検出されなかった。

メンローパークにいるジム・ムーアからスワンソンに電話があり、新しい航空地図によると、セントヘレンズ山の南側斜面も膨張しはじめているので、急いで南面でもジオジメータ測線を確立するようにと伝えてきた。

午後二時三〇分頃、ジョンストンはヘリコプターに乗って山の高所に飛び、すぐ飛び出せるようにプロペラを回したままで待機する機体から飛び降りて、新しい水蒸気噴出口の温度を測定した。それは八八℃にすぎず、噴気孔としては「貧弱な温度」と彼が称する温度だった。午後二時四二分、大地が波打って亀裂を走らせ、岩石が落下しはじめた。ジョンストンはとっさにヘリコプターに飛び乗り離陸した。

ティンバーラインでは、ミンディ・ブラグマンがうるさくつきまとう蚊のようにスワンソンの回りでブンブン言っていた。ミンディはカリフォルニア工科大学の大学院生で、地質調査所に協力してセントヘレンズ山のシュースストリング氷河を研究していた。ミンディが危険区域で働くことを許可したのはマリノーである。

何日か前のこと、リップマンが山体の膨張速度を検出する前に、不安に駆られたマリノーはミンディの指導教官に連絡をとり、山体膨張の測定に利用できるよい装置はないものかと相談した。マリノーは、測距離線の確立に手間取るHVOの観測チームに業を煮やしていたのである。マリノーの友人は、希望に適う測定器を、その操作もセントヘレンズ山もよく知っている人間と一緒に送ろうと返事した。この電話の後すぐに、ミンディがレーザーレンジャーと称する電子測距離装置を持って現れたのだが、年長の地質学者（男性）は女性が火山で働くことを歓迎しなかった（スー・キーファーは火山に近い丘の上で観測していた）。誰であれ火山で働くのは危険すぎる、とミンディは通告された。男たちは毎日そこで調査しているというのに。

ミンディはデンバーチームと同様にセントヘレンズ山をよく知っていた。研究のために、斜面や氷河を登って何度もキャンプした山である。シュートストリング氷河の研究では、レーザーレンジャーの操作にも熟達した。この装置はジオジメータの孫のようなものである。ジオジメータでは、条件に恵まれて運よく測定できたとしても、測定値を算出するまでに数時間を要する。ところが、レーザーレンジャーの場合は、氷河の変形を分刻みで測定できるのだ。HVOの男どもが旧態依然としたジオジメータを使っているのを見たミンディは、思わず言ったものだ。「ここじゃ私はのろまかもしれないけど、あれはどう見ても先史時代の遺物よ」

資金の面ではきゅうきゅうとしていたHVOは、骨董品化した装置を見つけ出してそれに固執してきた。ミンディのレーザーレンジャーのような測定器はジオジメータほど精密ではないが、測定が速い上に操作も簡単で、今回の膨張部の移動速度に関しては十分すぎるほど正確な数値を提供してくれる。ミンディが測定器を持って現れると、数日後には科学者たちが彼女に話しかけ、一人また一人とその測定器の虜になっていった。「我々にとっては革新的な装置ですよ」とＨＶＯの測定の専門家であるアーノルド・オカムラは言う。とは言っても、この装置のよさがいっぺんに認められたわけではない。数日間は精度を確認するために、レーザーレンジャーとジオジメータの両方の測定値が要求されたのである。

土曜日の今日、ミンディはレーザーレンジャーを東側斜面に運んで、シュートストリンク氷河が火山の熱のためにどれだけ変形しているかを調べようと思い立った。そこでヘリコプターの利用を願い出たのだが、例によって、ヘリコプターを別に利用する計画のあるスワンソンによって、ティンバーライン駐車場でにべもなく断られてしまったのだ。落胆したミンディと地質調査所水資源部のもう一人の科学者、キャロリン・ドリージャーは、トラックを走らせてコールドウォーター・リッジに向かった。デイブ・ジョンストンがレーザーレンジャーを始めとする測定器類を設置しているはずであり、ミンディはジョンストンが装置に手こずっていないか確かめたかった。いや、彼が手こずるはずのないことは知っていた。一週間前に使い方を教えたところ、彼はそれを簡単に習得してしまったのだ。それどころか、この装置がいたく気に入ったようである。しかし、ミンディはこんなに天気のよい日に山を下りたくはなかった。ドライブにはもってこいの日よりである。あそこにはハリー・グリッケンがいるだろう。彼は奇抜なことばかり思いつくから〝面白い人〟だ。

ミンディのトラックは野営地を目指してデコボコ道を登っていった。コールドウォーターⅡは、切り立った峡谷の上に突き出す岩棚以外の何ものでもない。轍《わだち》の跡が深く刻まれた山道を、時速八〜一五キロのスピードでのろのろと走っていく。緊急時にこの道を急行するのは無理だろうとミンディは思った。途中で、他の丘陵に駐車している自動車やキャンピングカーを見かけた。彼らは、火山の噴火を近くから見ようと封鎖路を迂回してきた人々だ。噴火を期待して来た人もいれば、週末を楽しむために来た人もいる。コールドウォーター・リッジの北東部にある丘陵に駐車するキャンピングカーを見たドリージャーは、怖いもの知らずにもほどがあると思った。

コールドウォーターII観測地点はほこりっぽいつまらない場所だった。道の行き止まりで、木の切り株に囲まれている。しかし、観測地点としては完璧である。山体の膨らみまで何一つ障害物のないところから測距離装置のレーザーを発射できる。二人の女性地質学者が到着したとき、ハリー・グリッケンはちょうどトラックに荷物を積み終わったところだった。それより少し早く到着していたデイブ・ジョンストンは測定器を設置し、白いトレーラーハウスに私物を持ち込んでいた。ミンディはジョンストンをあまりよく知らなかったが、バンクーバーで部屋が不足しているときにモーテルの彼の部屋に一晩泊めてもらったことがある。ミンディは親しみやすい女性で、ハリー・グリッケンは巧まざるユーモアのある変人である。彼らは午後遅くまで、ハリーのボスの椅子に代わるがわる座って、次の噴火を命令するようなポーズをとって写真を撮り合った。

ミンディは、トラックにキャンプ用具が揃っているから、今晩はコールドウォーターで過ごしたいと言った。ところがジョンストンは、バンクーバーに戻って日曜の朝の会議でヘリコプターの件を願い出るようにと勧めた。スワンソンは私たちをセントヘレンズ山に行かせたくないだけよ、とミンディは言い返した。コールドウォーター・リッジは安全な場所でしょう？　ロッキー・クランデルやダン・ミラーが行った分析によると、この丘は、セントヘレンズ山の過去の噴火において致命的な打撃を被っていないことがはっきりしているのだから。

いや、安全なんてことはない。ジョンストンはこう答えた、とミンディは後で語っている。それって、山が崩れるってこと？　最もありそうなシナリオを何度も聞かされてきたミンディは聞き返した。地滑りが起きて山が谷に墜落し、噴火が起きるってこと？

そうではなく、ここ一帯の丘陵に薄い地層を発見したんだ、とジョンストンは説明する。それは明るい色の地層で、どこでも厚さがほとんど同じである。これは、突風が地面を這うように駆け抜けたとしか説明のしようがない。君がここにいる間にそんなことが起きたら、そいつは谷を越えてこの丘に駆け上り、我々を襲うだろう。

ドリージャーは、丘から膨張部まで八キロメートル以上もあるのだから、そんなに遠くまで来るはずはないと言い返した。

「いや、来る！」とジョンストンは言った。

彼らは、他の火山の話やジョンストンのアラスカ冒険談、山頂に挑む話などをして時を過ごした。午後七時、ミンディとキャロリンは別れを告げてトラックに乗り込み、バンクーバーに向けて走り出した。下り道をバウンドしながら下りて行くと、いろいろな動物が行く手に飛び出してくる。ハリー・グリッケンがジョンストンに別れの挨拶をしたのは午後八時頃だった。

火山から約九キロメートルの場所で、デイブ・ジョンストンは今こそ一人きりで火山と対面することになった。いや、おおむね一人と言った方がいいかもしれない。彼の周辺の地域には、数十名の人々があちこちでキャンプしていた。大半は不法にそこに侵入した人たちである。ジョンストンは、コールドウォーターIIから北に約一・五キロメートル離れた丘陵にキャンピングカーが止まっているのを認めた。ハリー・トルーマンはピアノ曲でも聴きながらロッジで酔いつぶれているのだろう。コールドウォーターⅡより遠方にあるいくつかの丘では、数名の観測者が州政府のボランティアとして働いていた。退役海軍無線技師のジェラルド・マーチンは、山頂から一一キロメートルほど北の、ジョンストンのキャンプが見渡せる場所に駐車した無線装置付きのキャンピングカーの中にいた。山頂から約一三キロメートルのコールドウォーターⅠは、リック・ホブリットを始めとする観測者が交代で何日も寒い夜を過ごした場所である。そこには『バンクーバー・コロンビアン』誌と『ナショナル・ジオグラフィック』誌の仕事をしているレイド・ブラックバーンという写真家がいた。[2] 彼のいる場所は、危険区域の境界から約四キロメートル離れていたのである。[3] その他のキャンプは、噴火を見たい一心で道路封鎖をすり抜けて徒歩や車でやってきた人々のものだ。上空では、空軍衛星が先のエネルギー省の大型双発機と同様に山体内部に熱の上昇を検出したが、その情報も後回しにされてしまった。

コールドウォーター・リッジの狭い岩棚の上で白い古ぼけたトレーラーハウスに収まったジョンストンに、バンクーバーのダン・ミラーから無線が届いた。明日、装甲兵輸送車を持っていくと言う。

「本気か？」とジョンストン。

「もちろんさ」とミラーが答える。

「弾薬もかい？」ジョンストンが冗談に聞く。

「今なら、それも交渉できそうだぜ」ミラーが返した。

火山から遠く離れたところでは、スピリット湖の別荘の持ち主たちが、翌日午前一〇時出発の一時帰還のために準備をしていた。[4] 伐採労働者も翌日はその地域に作業に行く予定である。明日は日曜なので、働く人は少ないだろう。装甲兵輸送車は、セントヘレンズ山に向かって南向きに駐車した輸送用トラックの上に載っている。ロッキー・クランデルはデンバーの事務所でくつろいでいた。ホブリットはデンバーで原稿を書き終わり、明日にもすぐセントヘレンズ山に戻りたいと考えていた。ドン・マリノーは、南カリフォルニアで娘の大学の卒業式に出席する準備をしていた。

この週末に、地滑りの危険性に関する関心が高まってきたことを受けて、州政府はセントヘレンズ山周辺の禁止区域を拡大する必要性を感じていた。それを断行する州知事命令はすでに知事の机上にあった。命令には、火山から二〇キロメートル西にあるスピリット湖ハイウェイ上の一般向け展望台をさらに六・五キロメートル離れた場所に移すという項目もあり、月曜日には知事の署名が記されることになっていた。

林野部の職員、キャシー・アンダーソンには、翌日三人の職員を指導してセントヘレンズ山の南側斜面で植林をする予定があった。土曜日の夜、彼女はこの計画についてダン・ミラーに相談した。ミラーは、ここのところ火山にそれほど大きな変化はないと言ってアンダーソンを安心させた。その上、日曜日はデイブ・ジョンストンが火山の近くの観測地点に一日中詰めている。ミラー自身もバンクーバーの新しい測定器で地震活動を監視するつもりだ。状況が悪化したとしても、二時間か三時間の余裕をもって警告できるだろう[5]。

ハワイでは、『ホノルル・アドバタイザー』紙が、ハワイ火山観測所の所長で地元の地質学者でもあるボブ・デッカーに関する記事の植字に取りかかっていた。デッカーはセントヘレンズ山で一週間ほど過ごして帰ってきたところである。帰るやいなやある記者が質問した。あの西海岸の火山はすぐに噴火するのですか。デッカーは答えた。セントヘレンズ山が噴火するまでに数週間か数ヶ月間はかかるだろう。噴火したとしても「大したことはない」と[6]。

第5章　スワンソン

五月一八日、日の出前、オレゴン州兵の偵察用小型双発機がセントヘレンズ山上空を東から西へと飛んだ。このモーホークOV－1は火山の上を飛び越えるとくるりと向きを変え、飛んできたコースに平行する空路を引き返す。時刻は午前五時三〇分。三時間後には、セントヘレンズ山が過去四〇〇年間で最大の噴火を起こして吹き飛ぶだろう。飛行機は山頂上空を何度も往復し、コースを少しずつ南にずらしていった。機体腹部に取りつけられた赤外線カメラがまっすぐ火山を見下ろして、山体を隈なく走査していく。山体表面の高温の地点が、装置の中を移動する一三センチ幅のフィルムの帯にことごとく収められていく。オレゴン州兵の飛行機が集めたデータには、山体膨張部の表面下に高温の地点が点々と連なって出現していた。しかし、これも金曜日の赤外線調査のデータと同様に、大噴火の前に処理されることはなかった。

赤外線の映像は、マグマが山体内部の上層部、恐らく地下九〇メートルあたりまで来ていることを示していた。こんなに浅い部分で、灼熱したどろどろの岩石が泡立ち膨張していたのだ。これでは一回でも何かの刺激があれば、セントヘレンズ山はシャンペンの栓を抜くように弾けてしまうだろう。

朝日が地平線から完全に顔を出す前に、デイブ・ジョンストンはひょろ長い体を寝袋から引きずり出した。偵察飛行を終わらせたばかりのオレゴン州兵の飛行機が今しがたまで発していた爆音は、彼にも聞こえたはずである。ジョンストンはブーツに足を突っ込むとドアを開け、車内に新鮮な空気を入れた。狭苦しいトレーラーハウスの内部は、ハリー・グリッケンのような観測担当者たちが数週間居住していたために悪臭が染み込んでいる。戸口に立つと、政府から支給されたベージュ色のステーションワゴンがすぐ側に駐車している。この若い地質学者は、セントヘレンズ山の調査を始めようと晴れた空を見上げ、渓谷を埋める深い森林を見渡した。

日曜日の朝の気温は低かったが、視界のよさは抜群である。空は青白いが雲はない。山の観測には最高の日和になるだろう。ジョンストンはさっそく仕事に取りかかった。まず、ミンディ・ブラグマンの測距離装置を使って、膨張部めがけて三回レーザーを発射し、最初のレーザー発射時刻を午前五時五三分と記録した。レーザーレンジャーの三脚の中心点から、黄色いハイウェイ用反射鏡を数個取りつけた幅六〇センチの反射板までの距離は、七七三七メートルである。三〇分後に測定すると、距離はいくらか短くなった。ところが、また三〇分後に測定すると、今度は長くなっていた。セントへレンズ山が呼吸でもしているように、膨張部を少し膨らませたかと思うとまた収縮させたのである。

ジョンストンは無線機を取り上げると、この日の最初の報告を送信した。信号は彼の背後、つまり、北側の丘に設置された林野部の中継機にキャッチされ、そこから南方に山頂を通過してバンクーバーの地質調査所指令本部に送られた。

地質調査所のセントヘレンズ山観測プログラムを監督しているボブ・クリスチャンセンが、ジョンストンのデータを記録した。

「そっちはどうかね」クリスチャンセンが聞く。

「やあ、最高ですねえ。雲がないので山がはっきり見えます」ジョンストンは、野外で使用する無線放送の切り換え操作にまだ慣れないようだったが、こう報告した。

二人の地質学者は、共通の関心事であるガスの測定値について話し合った。こうして朝の報告がひと通り終わると、ジョンストンは放送終了のスイッチをあれこれと探りながら、「これで報告は全部です。バンクーバー、きれいですよ。コールドウォーターはきれいに晴れています」と言った。

林野部の建物内では、少数の科学者が例によってミーティングのために二階の防火センターに集まり、最近の観測で収集されたデータを書きとめていた。今日も特別な変化はない。この四日間は小噴火もなかった。デイブ・ジョンストンの山体変形に関する朝の測定値には、わずかながら膨張の減少さえ表れている。傾斜計に一貫した活動は検出されない。

地震活動度は高い数値を示しているが、ここ数週間ずっとそうである。五月一八日までに一万回以上の地震が記録され、リヒタースケール二・四以上の揺れは二四〇〇回も発生した。二日前はマグニチュード三以上の揺れを四一回記録している。マローンにとってはっきりしているのは、このような地震の大部分が火山の北面の地下五〇〇〇メートル以浅で発生し、地上の山体の内部で発していると確信できるものもあるということだ。

どこを見ても変曲点を匂わせるデータはなかった。

ミンディ・ブラグマンはヘリコプターの使用を願い出て受け入れられた。

会議が終わるとドン・スワンソンは階下に行って、コールドウォーターⅡに滞在するための生活用品が届くのを待つ間、地震記録計室を歩き回っていた。すると針が装置を引っかきはじめた音がする。

記録計に目をやると、針が大きく揺れ、見たこともないほど大きな弧を描いているではないか。地震計には五・一の揺れが記録され、その位置は火山の地表から三〇〇メートルの深さで、山頂から北に一・五キロメートルの地点、すなわちティンバーライン観測地点のすぐ上である。[2] 時刻は太平洋標準時で午前八時三二分一一・四秒。[3] スワンソンは二階に駆け上がってジョンストンに連絡をとろうとした。火山の様子を知りたかったのだ。しかし、コールドウォーターIIを呼び出すことはできなかった。

そこで飛行場に走り、待機していた林野部の飛行機に飛び乗った。双発機が上昇して丘を一つ越えると、噴煙がぬっと姿を現した。それはフロンドガラスをはみ出して広がり、視界の及ぶ限り高く上っていく。スワンソンにとってこの光景は奇妙でもあり見事でもあった。見事に思うのは、地質学者がほとんど見たことのない光景、すなわち成層火山の大噴火を目撃したからであり、奇妙に思うのは、セントヘレンズ山の形が違って見えたからである。近くまで来た彼はぎょっとした。「火山の頂上が消えてしまった。昨日までは尖っていた山頂が平らになってしまった。さらに近付いてみると、火山の高度は極端に低くなっていた」セントヘレンズ山は一瞬にして、州で五番目に高い山から三〇番目に転落してしまったのである。[4]

セントヘレンズ山が大噴火したとき、ダン・ミラーは陸軍の輸送車を借り受けに行く途中だった。彼は州境でUターンし、アクセルを思いっきり踏み込んだ。林野部の建物に走り込むとコンクリートの階段を大股に駆け上り、通信室に飛び込んでデイブ・ジョンストンとの交信を何度も試みた。バンクーバーでマイクのスイッチを入れると、中継機がその信号を捕らえて転送するために、普通ならカチッという音やエコーが聞こえるはずである。ところが何も聞こえない。中継機はコールドウォーターIIより三キロメートルも北の安全な距離にあるのだから、妙なことだ。何か大変なことが起きたのだ。コールドウォーターⅡが凄まじい事故に巻き込まれたに違いない。ダン・ミラーは呆然とした。

間もなく、林野部の緊急通信センターの電話が一斉に鳴り出した。被害の大きさを知ろうとする保安官、レポーター、レスキュー隊からの問い合わせが殺到したが、それを知る者は室内に一人もいなかった。

現場からの第一報は、セントヘレンズ山の南面で三人の部下を指導して植林をしていたキャシー・アンダーソンからである。地質学者たちは無線受信機の周りに集まり、猛烈な噴火に巻き込まれたという彼女の話を聞いた。熱い火山灰が豪雨のように降ってくる。緊急の避難路は断たれてしまったようだが、とにかく全員無事でヘリコプターの着陸できそうな場所まで逃げてきた。部下を助けてほしいと彼女は懇願した。この頃になるとテレビ、ラジオ、連邦航空局、気象庁、警官の無線機から断片的な情報が次々と入ってくる。大噴火が続いていることは明らかだ。アンダーソンは、ヘリコプターが彼女のところまで行けないこと、自力で逃げ出すしか手はないことを知らされ、幸運を祈ると言われた。

スワンソンは眼下に見える光景を無線で詳細に報告したが、南と西の斜面の向こう側はよく見えなかった。風で火山灰が北東に吹き飛ばされ、北側と東側を覆い隠す厚い壁をつくっていたのである。スワンソンの観測は記録されてホールを横切り、オレゴン州とワシントン州の危機管理局の代表者たちに手渡された。ワシントン州の危機管理局が利用していた旧式の電話連絡システムは、すぐに故障してしまった。したがって、噴煙に巻かれて孤立した北西部の地域は、噴火に関する情報をニュース放送に頼るしかなかった。

防火センターの部屋の片隅では、スワンソンを一日だけコールドウォーターⅡから引き止めた例のドイツ人学生が、警官の無線機から流れる情報と放送される情報をつなぎ合わせ、災害の規模を図に表しはじめた。

それはアメリカ大陸のアラスカ以南の合衆国四八州で最大とも言える超弩級噴火であることが分かってきた。強い西風のおかげで火山の南側半分ははっきり見えるが、頂上はかなり低くなっている。その向こうに巨大な噴煙が見えるが、それはまるで火山の北側半分全体から、つまりスピリット湖の先まで及ぶ範囲から立ち昇っているように見える。

実際の火口は、渦巻く噴煙の基部ほど大きくはないのだろう。火砕流が地上を走る距離は相当なものである。疾走しながら重い岩屑《がんせつ》を振るい落としていく火山灰の雲は、それ自体の熱で上昇する。そのために、噴煙の基部が、噴煙柱をつくり出す火口を実際より大きく見せてしまうのだ。とは言っても、本当に火口が山頂からスピリット湖を越えた地点まで拡大している可能性もある。

ワシントン州南部中央のヤキマでは、州兵の第一一六装甲偵察部隊に、火山灰の厚い雲がそちらに向かって前進中という警報が出された。救助活動にヘリコプターが必要と考えた部隊はヘリコプターに群がり、兵器を引きずり下ろすやいなや空中に飛び立った。そのうちの一二機は火山灰に遅れをとって離陸できなかったが、他は「空がまだ明るく見える」唯一の方角、北方に向かって飛んでいった。[5] マローンの地震計は午前一一時四〇分に火山性微動を検出した。揺れはかなり強く、一四〇キロメートル離れた場所でも記録され、[6] 六時間は衰退しなかった。[7]

午後一二時一七分、火山の南側を飛びつづけていたスワンソンは、セントヘレンズ山のプリニー式噴煙が灰色から薄汚れた白色に変化しはじめたのに気づいた。[8] これは、火口から大量のマグマが連続的に流出しはじめたという証拠だろう。[9]

噴火から数時間もしないうちに、ホブリットとクランデルはユナイテッド航空の飛行機の中にいた。飛行機がポートランド空港に下降するとき、二人は地上で起きていることを目撃した。ロッキー・クランデルはその光景に唖然とした。

正午少し過ぎ、ハリー・グリッケンは火山の西側にあるタートルハイスクールに向かった。この学校の校庭が今では捜索救助隊のヘリコプター臨時発着所になっている。ハリーはパイロットに行き先を告げ、コールドウォーターⅡに向かった。彼は、友人であり恩師であるデイブ・ジョンストンの死に動転していた。グリッケンのパイロットはもとより、この空域をよく知っている操縦士がたちまち方角を見失い、手元にある地図が役に立たないことを無線で知らされた。眼下に見える地形は、地図とは似ても似つかないものになっていた。

午後一二時四四分、グリッケンのヘリコプターは伐採業者のキャンプ地に着陸した。そこでは、救急隊員が被害に遭った車から犠牲者を救い出そうとしていたが、ハリー・グリッケンのフィールドノートの記述によると、車内の遺体はひどく「焼け焦げて触ると皮膚がべろりと剝けて」しまうほどだった。樹木はことごとくなぎ倒され、灰を被ったエルクが銅像のように立ちすくんでいる。この動物は死んでいたのだ。吹きつける大量の火山灰に阻まれて、ヘリコプターはコールドウォーターⅡに行くことを断念し、タートルハイスクールに戻った。午後一時一五分、グリッケンは別のパイロットを説得してジョンストンの捜索に飛び立った。この時は、強引に突き進んでコールドウォーターⅡにさらに接近した。陸地も空も見渡す限りの灰色。「ここに森林が存在したとはとても想像できない」とグリッケンは書いている。二度目のフライトも引き返さざるを得なかったが、彼は午後二時五〇分にも空中を飛んでいた。コールドウォーターⅠにレイド・ブラックバーンの自動車の屋根だけが見えるという無線報告が入った。自動車のウィンドウは突き破られ、写真家は死んでいた。グリッケンの三度目の挑戦も失敗に終わった。午後四時二〇分、彼は空軍予備軍のパイロットにもう一度飛んでくれと懇願した。

「危険すぎる」とパイロット。

「北から行けば何とかなる。どうか頼むから」グリッケンは食い下がる。

「みんな死んだんだ。デイブも死んだんだよ[10]」

午後五時四五分、ハリーはバンクーバーの林野部に戻った。彼は悲嘆にくれ、自分がコールドウォーターⅡにいなかったという罪悪感に苛まれて、慰めようがないほど落ち込んでしまった。

この頃州警察からミラーのもとに電話が入り、シアトルとポートランドを結ぶ南北幹線道路であるインターステート五号を封鎖したと告げられた。セントヘレンズ山に源流を持つタートル川の水位が激増し、樹木、製材用丸太、自動車、仮設住宅などが押し流されてくる。インターステート五号の橋の損壊を心配した警察が、ミラーに助言を求めてきた。ミラーは、ハイウェイの封鎖を解き、上流の高所に監視人を置くようにと伝えた。橋を越えそうな大波や橋を壊しそうな漂流物を発見したら、監視人が事前に無線で知らせ、交通を遮断するようにと。

岩屑と溶岩の入り交じった火山灰の雲は、大波のようにうねりながら何千キロメートルも移動していった。火山灰は午後三時にモンタナ州ミスーラを襲い、午後四時にはワイオミング州北西部に達した[11]。目に見える降灰はロッキー山脈東方の大草原地帯にまで及んでいる[12]。軽い火山灰は大気中に滞留し、地球を一周して六月初旬にセントヘレンズ山上空を再度通過した[13]。ワシントン州東部の降灰が最もひどかった地域では、大量の火山灰が四時間以上も降りつづいた[14]。ワシントン州エレンスバーグでは農薬散布飛行機のパイロットが死亡した。視界が突然ゼロになり、送電線に突っ込んでしまったのだ。[15]火山灰の大半は岩石や溶岩の破片だったが、マツやモミの木片も混じっていた。[16]明るい色の火山灰には、シリカ、カリウム、ジルコニウム、アルミニウム、カルシウム、チタンといった火山起源の鉱物が含まれていた。[17]ワシントン州の道路だけでも、約五四万トンの降灰が記録されている。[18]

噴煙に伴う稲妻で一万ヘクタール以上に及ぶ山火事が発生し、夜になっても明るく輝いていた。[19]林野部は消火活動をするには危険すぎると判断した。タートル川の泥流はついにコロンビア川に到達し、無数の材木が幅一八〇メートル、長さ三〇キロメートルに及ぶ固まりをつくり、太平洋へと漂流していった。[20]北西の方角で風の吹きつける地域では、多数の緊急車両が火山灰のために動きがとれなくなり、また、何千人もの自家用車族が立ち往生した。

午後八時、ホブリットは林野部の観測フライトに同乗した。日は陰りつつある。セントヘレンズ山の北側は灰と煙に覆われて、相変わらず視界がきかない。ところが、ほんの一瞬だけ山頂の灰が風で吹き飛ばされると、そこに驚くべきものが見えた。火山の北面が丸ごと消えてなくなっている。

五月一九日月曜日、ドン・スワンソンは意外なほど熟睡して目を覚ました。飛行場へ行く途中で昨晩遅く戻ったジム・ムーアとピート・リップマンを連れ出し、午前七時過ぎには地質調査所の唯一のヘリコプターに乗って空中を飛んでいた。

「まったく大変な一日だったな」スワンソンは二人に言った。「パイロットも我々もみんな異常に興奮していた。惨劇の証人となり、一変した景色を目の当たりにしたのだから。物語の一番すごいところが分かったよ。これまでに見たことも聞いたこともないようなことを山ほど知った。我々は探検家なのだ」

スワンソンは、大爆発した火山の生温かい屍について研究しようとしていた。過去に、こんな大激変の瞬間を間近で調査して生きのびられた科学者はいない。スワンソンは、地質学における一九六〇年代の大変革には乗り遅れたかもしれないが、火山学の新領域を切り開く重要人物になろうとしている。

危険を最小限に抑えようとするデンバーチームが、スワンソンのようなHVO卒業生を完全に理解するのは難しい。デンバーの防災チームは、社会に役立つ科学の発展を目指して組織されたものである。ところが、HVO卒業生の動機は他にある。彼らは、本人でさえあまり深く考えたことのない複雑な動機に突き上げられて研究に励む生来の研究者なのだ。エゴと出世主義、名声と威信はその一部であり、その占める割合は個人によって異なるが、ムーアやリップマン、スワンソンのような優れた研究者にはほかにも何かがある。生粋の科学者が自分の研究に打ち込む理由は、物理学者のリチャード・ファインマン博士の言葉にうまく言い表されている。ファインマンはかつて、多くの研究者の動機は単純であると述べた。それは、「謎を解く」ことである。

ファインマンは言う。「それこそ収穫であり、黄金であり、喜びである。鍛えぬかれた思考と骨の折れる仕事の報酬だ。研究をするのは実用のためではない。謎を解く喜びがあるからだ……我々はその途方もない冒険に興奮し、そして夢中になる」

三人の火山学者はヘリコプターに乗って泥流をたどり、セントヘレンズ山の北側で唯一の目印であるタートル川を遡っていった。火山は相変わらず水蒸気を上げ、遠方の森林は燃えつづけている。山の周辺ではあらゆる種類のヘリコプターが生存者を探して飛び交っているが、発見されるのは死体ばかりである。熱い火山灰に埋もれて解けた氷がところどころで水蒸気爆発を起こしてヘリコプターを脅かす。そして、爆発の後には幅三〇メートルほどのクレーターが残される。

スワンソンの一行は火山の北面を見て、まず、その変容ぶりに目まいのようなものを感じた。地平線から地平線まで灰色一色の世界。大地の凹凸は、まるで古代ローマの壁に刻まれたレリーフのように見える。ティンバーライン駐車場やスピリット湖のような一般的な目印になっていた特徴のある地形は消失し、または見分けがつかないほど大きく変貌してしまった。ヘリコプターは、外皮を剝がれてなぎ倒された無数の樹木が巨大なヤマアラシの針のように大地を覆う上空を何キロメートルも飛んでいった。至るところに動物の死体が転がり、もがいている瀕死の動物も見える。三人は、コールドウォーターⅡを探してしばらく飛びつづけたが、見慣れた目印は　つも見当たらない。こんなに火山に近い場所で生きのびられた者などいるはずはなかった。

この日は朝からきれいに晴れていたが、ヘリコプターはある地点で突然雲に覆われてしまった。パイロットはゆっくりと下降し、低い雲を突き抜けて、地表が見えるところまで降りていった。そこはセントヘレンズ山の北側の麓であり、ヘリコプターは北に向かって進んでいる。そこで、岩屑なだれの跡をたどって下っていこうということになった。しばらく飛んでいくと、不思議なことに高度計は下降ではなく上昇を示している。彼らは、岩屑なだれの道をたどって谷の方角に降りているはずなのに、上昇している。これは地質学的に考えられないことである。これでは重要なことが覆されてしまう。

何年か後に、この時のことを説明しようとしたスワンソンは、いまだにそれを信じられないという様子だった。「地面すれすれに飛んで丘の頂に上り雲を突き抜けると、そこは火口の真北で、岩屑なだれの一部がコールドウォーター・リッジを乗り越えた場所であることが分かった。岩屑は、丘陵の鞍部を上り、その背を乗り越えていった。つまり、三〇〇メートルも駆け昇って丘を乗り越え、北方の次の谷に流れ落ちていったのだ。タートル川渓谷を埋め尽くした堆積物と同じものが、丘を上っていったのである」

それは、この噴火の威力を物語る衝撃的な証であった。何百万トンもの岩屑はセントヘレンズ山の斜面で加速されて、本当に丘を上ってしまったのである。

三人の地質学者はスピリット湖にも当惑させられた。上空から見ると、まるでナベに泥を詰め込んでその上に材木をばら撒いたように見える。湖は火砕流によって根こそぎ吹き飛ばされ、湖水は追い出されて泥流になったのだろう。彼らは最初こう推測したが、しばらくすると、湖は相変わらず湖であることが分かった。泥と考えていたものは、実際は湖面に浮かぶ土砂であった。地滑りによって湖底が高くなったスピリット湖は、二日前に比べると水位を六〇メートルも上昇させ、北方に移動していたが、相変わらず存在していたのである。

セントヘレンズ山の西側に青い自動車を見つけたチームは、着陸しようとしたが、回転翼が大量の火山灰を巻き上げるために近付けなかった。近くにいた州兵のヘリコプターが巻き上げ装置を使ってレスキュー隊員を降ろしたが、隊員は中に死体があるという印の旗を自動車に突き刺した。死体はドン・スワンソンの友人と親しい学生であることが分かった。アイダホ大学地質学部のジム・フィッツジェラルドという学生で、噴火の豪華ショーを一目見たいとやってきたのである。昨日彼は、まさに爆風の及んだ領域内にいた。ジムは爆風の中を一〇分間くらい生きていたようだ。灰に残された足跡は、彼が自動車から一〇〇メートルほど歩いたことを示している。恐らく、高温の火山灰が厚く積もっているためにこれ以上歩けないと判断したのだろう。帰りの歩幅が大きいことから推察すると、彼は車に駆け戻ってそこで窒息死したようである。喉には灰がぎっしり詰まっていた[21]。

　窒息死した人は全部で一七名、テントの中で倒木に押し潰された人は二名、自動車の中で岩石に窓を打ち破られて死亡した人は一名である。この自動車は、火山から一三キロメートル離れたところに駐車していた。一九キロメートル離れたところでも三名が焼死している。実際、犠牲者の大部分は焼死だった。ところが、熱風の通過は一瞬の出来事だったので、三〇〇℃の高温でも髪の毛を焦がされただけで生き延びた者もいる。

　スワンソンはその日のフライトを次のように述懐する。「火山には巨大な穴があいていたので、大規模な地滑りか連続的な地滑りがあったことはすぐに分かった。眼下には、山頂がどんなふうに吹き飛んで渓谷を埋める堆積物になったのかを物語る事実が転がっている。これらの事実を組み合わせる仕事は根気のいる仕事だが、その日が終わるころにはかなりいいところまで進んでいた。前日までの小さな地滑りや水蒸気爆発とは違って、マグマが関与する強烈な活動があったのだ。これがその日に得た最大の収穫だった。また、爆風域を囲む大雑把な線を描き、さらに一、二日かけて修正してみたところ、爆風によって広大な地域が荒廃したことも分かった。これは前代未聞の大災害である。こうして一挙にいろいろなことが分かった。我々研究者の間には、各人が観測したことを次の数日間で統合し、修正し、細かい肉づけをしようという計画があったが、大まかな構想はその日のうちに出来上がっていた」

　夕闇が迫り、一二時間以上もヘリコプターに乗っていたスワンソンとリップマン、ムーアはようやくバンクーバーに戻った。デンバーの防災チームはヘリコプターを使いたくて一日中無線で連絡していた。彼らの専門は、地表の堆積物から地質学的事象を読み取ることである。だから、彼らの観測は大きな成果をもたらしてくれるはずだ。とは言っても、五月一八日に起きたことを整理するには長い時間を要するだろう。ただ、前日のような大事件の後でも、防災チームと観測チームが依然として協力し合っていないことだけは明らかだった。

バージニア州レストンの地質調査所本部から、五月一八日の噴火についてあらゆる側面から調査する総括的研究記録を作成するようにとの命令が、ボブ・ティリングによって出された。セントヘレンズ山調査に参加した地質調査所のメンバーは、全員論文を作成すること、それらを総合して地質調査所の出版物にすることが要求されたのである。数名のＨＶＯ卒業生はこれに難色を示した。彼らの発見はもっと権威ある科学雑誌で発表したいと言うのだ。ティリングは、どこで発表しようと自由であると述べ、ただし、次のプロジェクトの助成金は論文をどこで発表したかによって決定されるとつけ加えた。こうして異論を唱える者はいなくなった。

フィールドノート
一九八〇年五月一八日　噴火の目撃者

セントヘレンズ山の噴火は観測の行き届いた、なおかつ目撃者の多い噴火の一つである。地質学者は目撃者の一握りにすぎず、大部分は単に噴火を見たくてやってきた人々である。このような何百という人々が五月一八日にその願いを叶えられた。

噴火から数日以内に、地質調査所は火山の近くにいた人々の目撃証言や写真を収集しはじめた。こうした人々の話はほとんどがニュースから得られたものである。彼らが見、聞き（または聞かない）、感じたことは、この大混乱の心臓部を覗く特別な窓を提供してくれた。

日曜日の朝早く、州政府の地質学者、ドロシー・ストッフェルとキース・ストッフェルは、民間飛行機を雇ってワシントン州ヤキマ近郊から飛び立ち、火山北面の約三三〇〇メートル上空を飛んでいた。ストッフェル夫妻が火山に近付くと、それは山頂の火口から一筋の水蒸気を立ち上らせるだけで、「落ち着いている」ように見えた。夫妻とパイロットは、スピリット湖の上空を通過して山頂に直接向かうコースをとったが、その時、一本の新しい亀裂が山体膨張部の上を通って東西に一・五キロメートルほど伸びているのに気づいた。[2] 亀裂は、赤外線写真に収められた一連の高温の地点に正確に沿っているのだが、この時点では、まだ赤外線フィルムは未処理のまま棚に眠っていたのである。

午前八時三二分、大地はガクンとひと揺れすると三～五秒間震動した。山頂から膨張部の上端までが数秒間波打ち乱れた。北側斜面はまるで「定常波」のようだったと一人は述べている。[3] 波打つ斜面から立ち昇る火山灰で、山の北面が数秒間ぼやけて見えた。

地震で山が揺れてから一〇秒後、飛行機がちょうどクレーターの北側外縁にさしかかったとき、[4] フローティング・アイランド、ゴートロックス、シュガーボウル、二つの氷河、その他の北側の地形がすべて「一つの巨大な地塊となって一斉に動きはじめた。その動きは、これまでに見たこともない奇妙なものだった。地塊全体が波打ち乱れたかと思うと、頂上の北側がそっくり北方に滑りはじめたのである。私たちは、この信じられないほど巨大な地塊がスピリット湖に向かって滑っていくのを見つめていた」[5]

この火山は有史時代で最大の地滑りを起こした。マンハッタン島全体に四〇階の高さまで積み上がるほど大量の物質、つまり樹木、岩石、氷、泥が滑り落ちた。地滑りは、時速一五〇キロ以上のスピードでスピリット湖目指してまっしぐらに駆け下りたのである。湖畔の別荘もロッジも、一分以内に厚さ六〇メートルの土砂に埋まってしまった。

同じ頃、セントへレンズ山東側一五キロメートルほどの地点、ベアメドウという見晴らしのきく場所で、写真家のガリ・ローゼンキストと彼の友人のウィリアム・ディレイが火山を見ていた。ローゼンキストが三脚にカメラを取りつけたちょうどその時、ディレイが「火山がぼやけて見える」と言った。ローゼンキストが写真を撮ってカメラから離れるやいなや、ディレイが叫んだ。「山が動いている！」ローゼンキストは急いで駆け戻ってカメラにぶつかったが、とにかく北側斜面に焦点を合わせた。カメラに三〇秒間収められた前代未聞の光景は、二二枚の写真となって地質学者に提供された。[6]

山の北側では、楕円形の膨張部と、そこから山頂までの間の地塊が、同時にしかも異なるスピードで落ちていった。地震発生から三〇秒後に膨張部は一〇〇〇メートルほど滑り落ち、山頂部は五五〇メートルほど落下した。[7]セントヘレンズ山のおよそ三立方キロメートルが移動したのである。[8]最初は時速一六〇キロで落下していた地塊は、一一秒後には時速二四〇キロに加速していた。

「バンクーバー、バンクーバー、これだ！」デイブ・ジョンストンは無線機に叫んだ。彼の声は興奮していたが、慌ててはいなかった。メッセージは地方のアマチュア無線家に記録されたが、バンクーバーの地質調査所フィールドワーク本部には届かなかった。[9]返答がないのでジョンストンはもう一度無線を送り、さらに声の調子を上げて「バンクーバー、こちらジョンストン！」と言った。

その時、火山の教科書を書き換えるようなことが起こった。地滑りがスピリット湖に突進しはじめてから一分後に、一〇〇〇万トンのＴＮＴ爆弾より強力なエネルギーをもった噴火が二つ発生したのである。一分余り前は山頂のクレーターであったところから、真っ黒い噴煙が垂直に噴出し、膨張部分が滑り落ちた跡の窪みからは黒い噴煙が横方向に、つまり真北に向かって噴射されたのだった。[10]デイブ・ジョンストンはこの恐るべき砲身を凝視していた。

この瞬間、セントヘレンズ山で作用した自然の猛威のカタログに新しい品目が加えられた。それは横なぐりの爆風である。噴火は、森林を剝ぎ取り競技場ほどもある地塊をもぎ取って空中でバラバラに解体し、一五〇℃の荒れ狂う黒煙をつくり出した。この全エネルギーが時速一〇〇〇キロのスピードで谷を越え、ジョンストンめがけて突っ込んでくる。[11]今、全風景が一変しようとする瞬間、恐らく彼の耳には何も聞こえなかっただろう。地震から七八秒後に、石と氷と樹木の破片のハリケーンがコールドウォーターⅡをズタズタに引き裂いてしまったのである。

爆風が突進してくるとき、退役海軍無線技師のジェラルド・マーチンは、放送でこの光景を描写していた。ワシントン州危機管理局のボランティア観測者として、無線装置を備えたキャンピングカーの中で仕事をしていた彼は、近くで爆風に襲われたデイブ・ジョンストンのキャンプの状況を冷静に描写した[12]。

「今、火口から巨大な噴火がありました。西側にもう一つ口が開きました。西側全体が、北西部が滑り落ちてきます。なんと、ついに噴火したのです。北西部と北部が吹き飛ばされて、丘を越えてこっちにやってくる。逃げなきゃ」彼の言葉は別のアマチュア無線家に記録された。

「皆さん、あっ、南（コールドウォーターⅡ）の方でキャンパーと車が呑まれてしまった」

「こっちに来る。もう逃げられない[13]」マーチンは正しかった。彼も犠牲者の一人になったのだ。

ストッフェル夫妻を乗せた飛行機のパイロットは、急速に拡大する黒雲を見て機体がじきに巻き込まれると悟った。彼は飛行機を急傾斜させ、スロットルを全開し、速力を上げた。飛行機は時速三七〇キロで急降下したが、黒雲は超音速で拡大して追いついてくる[14]。絶望的だったが、降下中に機首を南に向けると、高温のガスと岩石と氷の雲の下から飛び出すことができた。

火山から半径三〇キロメートル以内にいた人々に爆音は聞こえなかった[15]。ハリー・トルーマンに何か聞こえたとしたら、それはほんの一瞬だったろう。噴火から一分以内に、ハリーも三階建てのロッジもセントヘレンズ山北側斜面にあった物質に押し潰されて、六〇メートルも地中に埋まってしまったのである。

地滑りはスピリット湖の湖水を押し出し、何トンもの水が二五〇メートルの高波となって北方にうねり出し、大部分は引き返して、粉々に砕かれた森林の破片を丸ごと持ち帰った[16]。新しいスピリット湖の水面は抜き取られた木々や泥の厚い層で覆われていた。

明るい灰色の火砕流が「まるでビーカーから溢れ出す煙のように[17]」山頂に湧き出したかと思うと南側斜面を流下しはじめ、林野部の植林職員をめがけて突進してきた。監督のキャシー・アンダーソンは、噴火が始まったのを見るとすぐに、三名の職員に各自のトラックで予定の避難路を逃げるようにと無線で連絡した。一人の監督から避難路が分からないという連絡を受け、アンダーソンは火山の方向に取って返して彼を連れ出した。車を走らせていると黒雲が山の斜面を下りはじめ、「物凄いスピードで……岩石を前方に放り投げながら[18]」駆け下りてきた。

林野部の三台のトラックが合流すると、アンダーソンはヘリコプターが着陸できそうな広い場所を見つけた。そこで無線を使って、バンクーバーに空からの救出を依頼した。返答を待つ間に、噴火する火山の側では誰もがそうであるように、職員たちも言い争いでパニックに陥りそうになった。彼らの周囲では、六メートルもの立木が強風になぎ倒され、稲妻が大地を撃ち、強烈なガスの臭いが立ち込める。火山灰の雲がこの小さな避難隊に襲いかかったとき、アンダーソンはヘルメットを着けるようにと命じた。雲から落下する岩石で頭を砕かれるかもしれない。やっと届いたバンクーバーからの返事は、そこまで無事にたどり着けるヘリコプターはないというものだった。彼女たちは自力で脱出しなければならない。三台のトラックの乗員は、後ろから迫る火砕流に追いつかれることを恐れ、土石流で行く手の橋が壊されていないかと案じながら山を下っていった[19]。

火山の北側斜面では、二本の真っ黒な噴煙がたちまち一つになって地滑りを追い越していった。爆

大噴火：1980年5月18日午前8時22分のセントヘレンズ山。山体膨張部が滑り落ち、巨大地滑りと岩屑なだれが発生した。軽石や火山灰が大量に噴出され、山頂から400メートルまでの部分が崩壊し、吹き飛ばされた。岩屑なだれは60平方キロメートルに広がり640平方キロメートルの大地が損傷を被った。ラハール（火山泥流）によって水系に堆積した物質は約1億5000万立方メートル。死者は57名。（写真：オースチン・ポスト）

風が猛烈なスピードで、樹木の枝も樹皮もきれいに刈り取り、岩石が弾丸のように立木に当たって七、八センチもめり込んだ。爆風によって木々は根こそぎ掘り起こされて吹き飛ばされ、広範囲に及ぶ大地が剥ぎ取られて岩盤を露出させた。

目撃者の話によると、爆風の雲に先駆けて衝撃波が立木を襲い、ドミノ倒しのようになぎ倒していった。ごっそりとすくい取られた木々は「高さ一五〇〇メートルの」緑色の壁のように立ち上がり、たちまち火山灰の雲にのみ込まれてしまった。森林のすべての立木、氷河、大石、草地、大地が、ことごとく空中に巻き上げられてのた打ち回っていた。

そして、いみじくもデイブ・ジョンストンが警告したように、爆風は谷を下るだけでなく、時速一〇〇〇キロ以上のスピードで険しい丘を駆け上り、致命的な岩屑を黒いしぶきのように撒き散らして、すべての谷を跳び越えていった[20]。

この地方一帯を猛スピードで駆け抜けた強風と火山灰の雲はキャンプファイヤーの炎を真横にたなびかせ、あるキャンパーの下げ髪を一五秒ほど水平に持ち上げた。噴火から時速三〇キロから一六〇キロの速度で遠ざかっていたあるドライバーの話によると、火山灰の雲は直径一、二メートルの泡をぶくぶくと立てる「墨インクの滝」のように見えた。この雲に呑まれた者はまず冷たさを感じ、次に猛烈な熱さを感じた瞬間に、喉の内部を焼かれてしまったという。髪の毛がチリチリと焦げる音や、樹木から樹脂がジュージュー吹き出す音を聞いたという者もいる。医者の診断によると、マイクロ波火傷のような傷を負い、衣類は無傷という犠牲者もいた。雲の内部はフラッシュライトでさえ三〇センチも届かないほど濃密である。火山灰が砂のようにピシピシと歯にぶち当たり、耳にも口にも入り込んでくる。

火山から二五キロメートル離れた地点で、恐怖におののく一団がすんでのところで火山灰の雲に巻き込まれそうになった。雲は一団を襲う寸前で突然立ち止まり、一瞬「立ち上がった」かと思うと、時速七、八〇キロの速さで火山の方角に引き返していった。

彼らには何の音も聞こえなかった。火山灰の雲が、音を逃さないほど濃密なうえに速度が速いからだろう[21]。火山から三〇キロメートル以内の「無音ゾーン」では聞こえなかった爆音も、カナダのような遠方では聞こえたのである。

とは言っても、地滑りの音はした。その轟音を聞いたのは、噴火の朝、ジェラルド・マーチン無線技師のキャンピングカーの西側で伐採をしていたジェームズ・シマンスキーたち四名の作業員である。まるで貨物列車が森林を驀進してくるような「砕き、踏み潰し、すり潰す」恐ろしい音が聞こえた。男たちは丘陵の火山とは反対側の麓で働いていたので、爆風の影響をもろに受けることはなかった。突然あたりは真っ暗になり、息ができないほど熱くなった。口も喉も焼けただれ、誰もがひどい火傷を負った。物影が見える程度に空気が澄んだのはそれから約一時間後のことである。彼らはその時見た光景に仰天した。周囲の森林は跡形もなく消えている！　立木がわずかに残るだけで、あたりは一面の灰である。「別の惑星にいるようだった」とシマンスキーは語る。四人が救い出されたのはそれから九時間後のことで、重度の火傷を負いながら生き残れたのはシマンスキーだけだった。

セントヘレンズ山から北に二五キロメートル離れたところでは、林野部の技師、キャシー・ピアソンが三人の友人とキャンプをしているときに、火山灰の雲が突進してきた。「死ぬかと思ったわ。雲がぐんぐん大きくなって、物凄い稲妻が走り、信じられないような光景なので、みんなもうだめだと思っていた。暗紫色の雲がうなりながら突進してきて、本当に恐ろしかった[22]」

北側斜面のキャンピングカーは、拡散する噴煙から落ちてくる木々に押し潰された。空気は突然熱くなり、炉の中のようになった。人々はそれを吸い込んで火傷し、喉に詰まった火山灰は指で掻き出さなければならないほどだった。

地滑りと爆風の直後に支えを失った山頂は、火口の中に陥没した。午前八時三八分、プリニー式噴煙が、まるで火山の北面全体、つまり山頂からスピリット湖だった場所までの区域から噴出するように上昇しはじめた。火口内に陥没した外縁は爆発によって粉砕され、空中高く吹き上げられた。

セントヘレンズ山に接近していた民間機のパイロットは、この光景を見て恐れおののいた。カリフラワーのような形の暗灰色の雲が、飛行機の高度一万メートルまで一気に上昇し、さらに一万八〇〇〇メートルに達すると頭頂部が平らになり、差し渡し五万六〇〇〇メートルの傘を持つキノコ雲になっていった。キノコ雲の傘は急速に拡大して、別の定期旅客機を呑みこんだ。その直後、別の民間機のパイロットから岩石が降ってきたという無線が入った。濃い噴煙と猛烈な降灰のために、火山から二〇〇キロメートル離れたところでさえ陽光はまったく届かなかった[23]。

噴煙の柱は、実際はその中心が火山の北面にあったのだが、太さが直径二万四〇〇〇メートルもある。噴煙は六分間で一万六〇〇〇メートルも上昇した[24]。強烈な雷光が噴煙を上下に走り、ピンクや緑の光を放った。この煙雲がある目撃者の上を通過すると、この証人の話では、一八〇メートルの上空に球電〔雷雨のときにまれに現れる光の球で、空中を浮遊する〕がいくつも発生し、「小型トラックほどもある大球電が……大地を弾むように転がりはじめた」

噴煙にはありとあらゆる種類の破片が含まれ、午前九時頃にはこのような物質が雲から落下しはじめ、最も重い物質が火山に近い場所に、残りは風下に運ばれていった。火山から六四〇キロメートルほど離れたモンタナ州ミスーラでは、午後三時に大量の火山灰が降りはじめた。

火山に近い噴煙の内部は一寸先も見えないほどの暗闇で、その中に人がいたら雨あられと降りつける破片の音が聞こえただろう。噴煙の中で呼吸をするのは難しい。角氷大の氷河のかけらが地面を激しく打ちはじめたかと思うと、ゴルフボール大の火山灰が降りつける。火山から六・五キロメートルの地域には、半ドル硬貨のサイズの泥が数分間雨のように降り注いだ。

火山は今や、広島の原子爆弾なみのエネルギーを持って噴出しつづける。[25] そして、噴火はそれ以後も九時間持続するのである。

火山から遠く離れた地域でも、大気中に熱と電気が充満した。五〇キロメートルほど遠方のアダムス山では、ピッケルを持ち上げた登山者が感電した。同じくアダムス山上にいた一二名の登山隊は、気温が数分間だけ四、五℃上昇したと話している。[26]

噴火開始から一〇分後に、最も激烈な現象であった地滑りと爆風は終了した。マローンの地震計は、単に特別という程度のレベルに落ち着いた。[27] しかしこの一〇分間に、山の北面の大部分が二五キロメートル近く滑り落ちてしまった。新しく形成されたスピリット湖は古い湖より水位が約六〇メートルも高くなり、[28] 水面には、枝をもがれ樹皮を剝がれた木々が分厚く積もって浮かんでいた。コールドウォーターⅡの下の丘では、爆風が丘の麓に回り込んで、二〇〇度角の弧状に森林をなぎ倒した。コールドウォーターⅡに残るものと言えば、背後の谷にばら撒かれたデイブ・ジョンストンのトレーラーハウスのアルミニウム破片だけである。この区域は完全に破壊されてしまい、科学者の遺体はどこにも見当たらなかった。

破壊された区域は東西に三七キロメートル、火山から北に二九キロメートルである。爆風ゾーンで

爆風でなぎ倒された木々。900万立方メートル以上、つまり住宅約15万戸分の材木が損傷した。（写真：ライン・トピンカ）

も内側の、約一〇キロメートル以内の区域では、ほとんどの生物が絶命した。[29] 約六〇〇平方キロメートルの区域が爆風の深刻な被害を被ったのである。[30]

火山から北にほぼ一キロメートルまでの森林が幅広い扇状に吹き飛ばされてしまった。サンフランシスコ市全体が一〇分間できれいさっぱり吹き飛ばされて原野になったようなものである。セントヘレンズ山の北側一一キロメートルから二二キロメートルまでの区域では、立木が枝をもがれ樹皮を剝ぎ取られた。爆風で倒れた木の切り株には長いささくれが立ち、まるでインディアンの帽子の羽飾りのように見えた。

この「倒木区域」には二つのパターンがある。火山に近い区域の倒木の向きは、火山を中心点に規則的な放射状を描いている。火山から遠く離れた区域では、地形に

コールドウォーターIIでデイブ・ジョンストンのトレーラーハウスを掘り出そうとするリック・ホブリット。（写真：ダン・ミラー）

よって倒木の向きが異なる。これは、爆風が川のように丘の麓に回り込んで渦を巻いた場所もあるという証拠だ。[31] このために火山の方向に倒れた樹木もある。[32]

伐採宿舎の側に駐車していたブルドーザーの網目の箱型運転室に残された証拠は、岩石を吹き飛ばす強風の威力を如実に物語っている。ぐにゃりと曲がった運転室には、飛んできた岩石や木片がぎっしり詰まっていた。

二二キロメートルに及ぶ倒木ゾーンを越えると、爆風はエネルギーの大半を失ったが、それでも立木を焦がし、風上側の樹皮を剥ぎ取り、樹木に石を数センチめり込ませるくらいの力は残っていた。[33] また、降り注ぐ高温の岩屑や稲妻によって森林火災が発生し、その被害は遠方にも及んだ。

最初の地滑りと爆風から数時間もすると、岩屑から滲み出した水分が斜面を流れはじめた。この泥水は新しい流路を切り開き、他の水流や支流と合流して褐色のどろどろした巨大な泥流に発展していった。
最大の泥流は、この火山の過去の歴史とは違って高地から発生したのではなく、地滑りによって埋められたノースフォーク・タートル川の水分の多い岩屑から発生した。[34]
セントヘレンズ山東側中腹の川から流出した大量の泥は、最初の噴火から約三〇分後にスウィフト貯水池に流れ込み、水位を二メートルほど上昇させた。しかし、クランデルとマリノーの警告のおかげで貯水池の水位はすでに九メートル下げられていたので、泥流はそこで食い止められて、下流に被害を及ぼすことはなかった。[35]
午前一〇時二〇分、保安官代理から無線連絡が入り、水と材木と建物の入り混じった高さ三・五メートルの土砂がサウスフォーク・タートル川を下っていくという。この泥流で自動水位計が壊れてしまったために、正確な水位は分からないが、最近の洪水の最高記録である六・七五メートルを越えていたことは確かである。通常の水位より一六メートルも高くなった地点もあった。[36]
最大の泥流がノースフォーク・タートル川を下りはじめたのは昼過ぎであり、ピークに達したのは夕方だった。[37] 泥流が通った後には、九五キロメートル下流のコロンビア川に至るまでの流路に、五〇〇〇万立方メートルの堆積物が残った。[38] 岩屑なだれ、爆風、降灰は火山の北側の地域を破壊したが、ラハールは火山周辺のほとんどすべての水路を駆け抜けたのである。[39]
二二億立方メートル以上に及ぶ岩石、火山灰、軽石、雪、氷といったあらゆる種類の破片が渓谷を埋め尽くした。火山に最も近い部分では一二〇メートル、最も遠い部分でも四五メートル堆積した。[40]
正午頃、デイブ・ジョンストン捜索でヘリコプター上にいたハリー・グリッケンは、無数の灰褐色の泥流が岩屑なだれの堆積物を押し退けながら移動していくのを見た。[41] これら小さな泥流が窪みにたまって成長し、さらに大きな流れになって次の窪みまで流れていく。泥流は、このプロセスを繰り返しながらぐんぐんと成長した。[42]最大のラハールが岩屑なだれの最先端を越えたのは午後一時半頃である。[43]

人々は、ロッキー・クランデルとドン・マリノーがカスケード山脈の何百年あるいは何千年も前の堆積物から調べ出そうとしてきた地質学的事象を目の当たりにした。今、そのプロセスがリアルタイムで展開しているのだ。

泥流は橋床や橋桁を押し流した。[44]樹木、鋼鉄の角材、ハイウェイの一部、建物などがどろどろのコンクリートのような混合物に混じって回転しながら、時速三〇キロのスピードで下流に突進してくる。[45]鋼鉄製の橋が何キロメートルも下流に押し流された。[46]泥流に閉じ込められたある夫婦は、材木を満載したトラックが流されていくのを見た。[47]泥流は、最高潮に達すると急速に引いていき、後に残った何キロメートルにも及ぶ濁った流れには無数の丸太が浮かんでいた。[48]

その日が終わるころには、セントヘレンズ山は四〇〇メートルも低くなっていた。[49]えぐり取られたように見える北面の傷口からは、相変わらず火山灰の煙が立ち昇る。釣りを楽しんだ渓流は、火山の北面に一〇〇メートル近くも積もった砕屑物の下に埋もれてしまった。昨日まで美しかったスピリット湖の渓谷は今では不毛の荒地と化し、スピリット湖自体も黒ずんだ水面に倒木のクズを浮かべて、まるでふつふつと水蒸気を上げるドブ池のようになった。湖の周辺には生き残った木々が樹皮を剝がれてまばらに立っている。広範囲に及ぶ大地がえぐられて岩盤を剝き出しにし、大量の降灰が見渡す限りの世界を灰色一色に塗りつぶした。

夕方までに一三〇名の生存者がヘリコプターなどによって救出された。[50]キャシー・アンダーソンと植林の職員は脱出に成功した。ハリー・トルーマンと、スピリット湖畔の別荘所有者にとってかけがえのない家屋は地下に埋没した。カリフォルニア州ホーソンのフレッド・ロリンズとマージャリ・ロリンズは、噴火を見ようと火山から二五キロメートルのところで停車したのだが、噴火で死亡した五七名に仲間入りしてしまった[51]。崩壊した道路は三〇〇キロメートル以上、鉄道は二五キロメートル以上、家屋は二〇〇戸、橋は四三本である[52]。一〇〇〇人の人々が住居を失い、森林で働く何百名もの人々が一斉に職を失った。数週間もすると、日曜日に起きたこの噴火は神の御業と言われるようになった。これが平日に起きていたら、森林で働く労働者が何百名も命を落としていたはずである。

山体はその体積の四分の一を失った[53]。地滑りと噴火によってセントヘレンズ山から取り除かれた物質は、フットボール場全体を九六〇キロメートルの高さまで埋め尽くすほどの量である[54]。これだけの物質が、かつて火山の北東の裾に刻まれていた深い峡谷の上に積もり、そこは、滑り落ちた北側斜面の地塊のためにコブだらけに見える広大な平地になってしまった。噴火によって、山頂には長さ約三キロメートル、幅約一・五キロメートルの天然の円形競技場がつくられた。火山に残されたものは、馬蹄形をした抜け殻そのものだったのである。

一九八〇年五月一八日以前は、大噴火によって起こり得る最も破壊的な現象は火砕流と考えられていた。セントヘレンズ山では火砕流も発生した[55]。火砕流の多くは、噴煙から落下する重い物質で形成された[56]。したがって、このような物質は火口から駆け下りるとおよそ八キロメートル以内で止まっている[57]。ところが、人的および経済的被害を含めて全損失を総計すると、火砕流に先駆けて発生した地滑りや爆風、そして泥流の方が遙かに破壊的であることが分かった。

この爆風によって、過去が将来を知る重要な手がかりになるという多くの火山学者の信念は砕かれてしまった。セントヘレンズ山は、前もって詳細な一代記を著された数少ない火山の一つである。このために、地質学者たちはこの火山のことなら何でも知っているという間違った確信を持ってしまった。過去は未来を正確に予知するという信念が、クランデルやマリノーだけでなく多くの火山学者の核心に存在したために、想像力が制限されてしまったのだ。四万年にわたる噴火の歴史を調査し尽くしたのだから、可能な振舞いはすべて知っていると思い込んでしまったのである。ところが、予想外の事象が二つも発生した。火山を崩壊させた岩屑なだれと、その結果発生した強力な横なぐりの爆風である。これが、デイブ・ジョンストンを始め多数の人々の命を奪ってしまった。

地質調査所は地質学的記録に基づいて危険地帯を設定したが、そこで死亡したのは五七名中たった二名にすぎなかったのである。

地質学者の中に、強力な横なぐりの爆風を火山の深刻な破壊力の一つとして問題視していた者はほとんどいなかった。というのは、セントヘレンズ山がそのような現象を起こしたのは、過去四万年間でたった一回にすぎず、それもどちらかと言えば小規模だったからである。夏の終わりにマリノーが上院の委員会で説明したように、今回の「横なぐりの爆風は、この火山の地質学的歴史に記録された同種の爆風の約三倍も遠方に及んだ」のである[58]。また、火山噴火というものは、あのプリニー式噴火のように、本質的には垂直噴火であるという固定観念もあった。横なぐりの爆風はセントヘレンズ山でも珍しいが、どの火山の記録にもめったに見られない現象である。

彼らの信念は部分的には正しかった。降灰の分布、泥流、洪水、火砕流については正確に予知されたのである。このような現象はすべて、クランデルとマリノーのハザードマップにぴったり一致していた。ところが大噴火の後、セントヘレンズ山に関する地質調査所の失敗、特にクランデルとマリノーの噴火予知の失敗が取り沙汰されるようになり、一度は二人の長期予測を賞賛した『ニューズウィーク』誌が、セントヘレンズ山の噴火を予知できなかったのは「恥ずべき失敗である」と批判した。シアトルのスティーブ・マローンのグループも深い挫折感を味わっていた。彼らはワシントン大学のクラスメートであったデイブ・ジョンストンを失ってしまった。彼を失った痛みは挫折感によって増幅された。この二ヶ月間、綿密な観測さえあればどんなにかすかな信号でも噴火前に必ず検出できると信じて、何時間もぶっ通しで働いてきたのに、それが間違いだったのだ。セントヘレンズ山は何一つ信号を発してくれなかった。彼らの科学の基本的な信念は、今では瓦礫の一部になってしまったのだ。

いや、発したのかもしれないが、それは違った種類の信号だった。地質学者は噴火の数時間前に表れる前兆を探し求めていたが、信号は四月末に、最初の地震、小規模の水蒸気爆発、火山北面の変形として発されていた。それが噴火の警告であり、それ以後の変化はすべて地質学的時計の針の刻みだったのだろう。

マローンは、他の日もそうだが、五月一八日の晩は繰り返しテレビに出演せざるを得なかった。その時、自分が口ごもりながらほとんど支離滅裂なことを言っているのに気づいた。あるインタビューの後で、プロデューサーが「何であんな人を出演させたんだ?」と言っているのを耳にした。研究室では、誰もがアドレナリンを使いすぎた後遺症に悩んでいた。ひどい虚脱感に陥っていたのである。何週間も持久力を越えて彼らを働かせつづけたエネルギーは消え失せてしまった。もはや走り回る者はいない。口数も少なくなっていく。もう何もしたくない。

「まるで魂が抜けたようだった。やる気が、何かすごいことができそうだという期待感が、完全に失せてしまった」とマローンは言う。

出来たての溶岩ドームから水蒸気を噴出する「新しい」セントヘレンズ山。（写真：ライン・トピンカ）

五月二〇日の夜、トム・カサデヴァルはダン・ミラーやリック・ホブリットと共に、コールドウォーターⅡの野外調査を済ませて帰ってきた。彼は衣類、地図、写真などをカバンに詰めると、シカゴに住むデイブ・ジョンストンの両親を訪問した。翌日、カサデヴァルは、ジョンストン夫妻に、台所でセントヘレンズ山の地形図とコールドウォーターⅡで前日撮影したポラロイド写真を見せながら、デイブの身に起きた事件は恐らく一瞬のことだったと説明した。夫人のアリスは、息子が苦しんだのではないかと聞いた。いや、そんなことはない、と彼は答えた。岩屑なだれの犠牲者を調査したところ、彼らを死に追いやった外傷の大部分は、噴煙に先駆けて突進する圧縮された空気の衝撃波によるものだったのだ。
その晩、トム・ジョンストン氏は疲れきった若い地質学者をデイブの部屋に案内し、そこで寝るようにと言った。カサデヴァルがドアを閉めると、そこには、セオドア・ルーズベルトの言葉を書いた紙が画びょうで留められていた。言葉は若者の手による几帳面な活字体で筆記されている。デイブが一〇代のときに書き写したものだ。カサデヴァルはそれを読み、彼もまた書き写した。それはデイブだけでなく、セントヘレンズ山で苦労した地質調査所の科学者全員に当てはまる言葉であった。

それは勘定高い批評家ではない。強者がどんなふうにつまずき、行為者はどこで実行するとうまくいくかなどと論じる者ではない。賞賛に値するのは、闘技場でホコリと汗と血にまみれて傷だらけになる男、勇敢に戦い、間違いと失敗を繰り返し味わう者、熱い情熱につき動かされ、価値あることに自己を燃焼させる者、最良の場合は最後に偉業達成の喜びを知り、最悪の場合は敢然と立ち向かいながらも失敗する者である。したがって、彼らは勝利も挫折も知らない臆病な徒輩とはまったく別の世界に住む。

それからの数ヶ月間、セントヘレンズ山は煙を上げて揺れつづけ、時には大きな噴火をすることもあった。国じゅうの地質学者が身近に個性的な実験室があることに気づき、そこを研究の場にする権利を主張しはじめた。
ピート・リップマンは別だった。彼は、研究チームのスタッフが十分に間に合うようになると荷物をまとめて去っていった。デイブ・ジョンストンを火山の虜にした最初の人物であるこの男にとって、セントヘレンズ山は働くには辛すぎる場所であった。リップマンは一五年間決して戻ろうとしなかった。戻ったのは、米国林野部のデイブ・ジョンストン・ビジターズセンターが開設されたときだけである。

セントヘレンズ山の噴火によって、地質調査所の多くの科学者は火山に対する認識を変えることになった。その一人であるＨＶＯ卒業生のダン・ジュリジンは、後に次のように語っている。「火山が実際は非常に危険な場所であるということ、それを実感として痛いほど強く思い知らされた。それはハワイの場合とは違う。ハワイの噴火も危険だが、スタッフは皆、噴火に居合わせたくてうずうずしていた。火口に近付き、溶岩流からサンプルを採取し、できるだけ接近してできるだけ多くの経験をしたいと願っていた。ところが、セントヘレンズ山ではそれが危険であり、実際に死ぬこともあり、危険を緩和する努力こそ本当の責任であるということを骨身にしみて悟らされた。我々がセントヘレンズ山にいるのは、科学的好奇心を満足させるためだけではない。人々の生命と財産を守るためでもある。これは重要な教訓だった」

第二部　一九八〇年〜一九八九年　学びの時

フィールドノート
一九八〇年八月　ＦＰＰ実験

五月一八日以後の数週間、地質学者たちは夢遊病者のような状態で働いていた。何週間も長時間働きつづけて疲労困憊し、壊滅的噴火を目撃した興奮のために全エネルギーを使い果たし、デイブ・ジョンストンと五六名の死を悼んで悄然としていた。体内に吸い込まれた火山灰の細粒が健康に及ぼす影響を調べるために疾病管理センターからやってきた科学者は、地質調査所から来た連中は、皆労災事故に遭うのを待っているようなものだと警告した。こんな状態では、ぼんやりしてヘリコプターの回転翼に巻き込まれる科学者が出ても不思議ではないと。

そこで、ダン・ミラーは豚の丸焼きパーティーを決行することにした。これは、八月七日の再噴火以来ずっと温めてきた考えである。セントヘレンズ山麓の水蒸気を上げる地面の熱で、豚を丸焼きにしようというのだ。科学者であるからには、系統的に実行しなければならない。記録をとり、すべてを文書にする。火山周辺ではレポーターたちがあらゆる無線通信を傍受しているので、この作戦には敵を欺く名前が必要である。こうして、それは「ＦＰＰ温度実験」と呼ばれることになった。ＦＰＰとは Front Page Palmar（一面記事パーマ）の略語で、これは、ことあるごとに新聞で意見を述べて、

豚の丸焼き実験。（写真：ダン・ミラー）

地質調査所の科学者を悔しがらせてきた地元の地質学教授につけられたあだ名である。ミラーは、豚と一緒にパーマも丸焼きにしようというのだ。

ミラーはまず、八月初めにちっちゃな鶏で試してみることにした。熱い火山灰から立ち昇るイオウの臭いがどんな風味づけになるか、気になったからだ。そこで、二羽の鶏をアルミホイルで包み、火砕流の跡に穴を掘って埋め、半日置いてから取り出して試食してみた。「実にうまかった」とミラーは言う。

そこで、いよいよ五〇ポンドの生まれての子豚を注文し、一週間以内で準備万端を整えた。実験の日が来ると、子豚の腹に生カキ、鶏肉、新鮮なローズマリー、丸ごとのレモンとニンニクの球根を詰めて、針金で縫い合わせた。さらに、表面にスパイスを振りかけてほうれん草の葉で覆い、それをハワイ火山観測所から取り寄せたバナナの葉でくるみ、最後に黄麻布と亀甲金網でしっかりと包み込む。そして、金網に鉄棒を通して子豚を担ぐと、ヘリコプターに載せて危険区域に運んでいった。

ミラーやその共犯者たちが適当な調理釜を見つけるには手間取らなかった。そこは、五月一八日の火砕流に穿たれた大きな爆裂火口〔爆発によって生じた火口。普通大きな火山の側面の亀裂帯に沿って発生する〕である。ヘリコプターはクレーターの側に着陸し、二人の地質学者が子豚をぶら下げてクレーターに下りていった。底にたどり着くと穴を掘って子豚を投げ込み、ビールを一二本振りかけてから土で埋めて、ハワイ式の詠唱と称するものを唱えた。そして、去る前に、火山灰層の温度測定に利用する熱電対を刺し込むと、全員ヘリコプターに乗ってそれぞれの仕事に戻っていった。正午に調理釜に戻って子豚の温度を調べると、それは室温より少し高い程度で、子豚は生のままである。午後六時のパーティーにスケジュールを合わせた科学者は大勢いる。ミラーは心配になってきた。

そこで、高温の場所を探す偵察隊が組織された。偵察隊は、噴火口の縁の大きく欠けた部分から伸びる高温の斜面にますます接近しなければならない。たちまち、火砕流周辺の温度に関する報告が無線で飛び交いはじめた。あるチームが深さたった一五センチの地中で三〇〇℃もある場所を見つけた。偵察隊の隊長は、通信を傍受されていることも忘れて無線でミラーに叫んだ。「豚のヤローを持ってきてくれ！」

ミラーと共犯者は豚を掘り出し、鉄棒にぶら下げて肩に担ぐと、爆裂火口の斜面を登りはじめた。二人が歩き出すと、豚担ぎパレードの後ろ棒を担いでいたミラーは、自分がえらく損な立場にいることに気づいた。カキやレモン、ニンニク、ビールも含めてすべての汁が黄麻袋から滴り落ち、ミラーの服に染み込んでブーツの中まで伝ってくるのだ。こうして、別の場所に運んだ子豚を埋め直して夕方掘り出してみると、今度は温度が九五℃である。ミラーは豚が焼き上がったと判断した。そこで、ヘリコプターに載せると無線のスイッチを入れて報告した。「バンクーバー、こちらファイブ・シックス・ヤンキー。FPP温度実験は完了。ベーコンを持って帰るところだ」

二〇分後にヘリコプターは、バンクーバーの飛行場でやんやとはやしたてる科学者の集団の中に悠々と凱旋した。その日は休日ではなかったが、それに近いものだった。飛行場の隣の公園で催されたパーティーは夜遅くまで続いた。ミラーはそのレシピを何年も保存し、『グルメ』誌に寄稿しようと考えたが、結局はしなかった。FPP実験が、政府の科学者による税金の無駄遣いと批判されたら面白くない。高温の火山灰で計画的に豚をローストし、掘り出して賞味したというのは、恐らくこれが初めてだろう。ミラーはこれにすっかり満足している。

第6章　活火山という実験室——大噴火後のセントヘレンズ山

五月一八日の大噴火から二日後、リック・ホブリット、トム・カサデヴァル、ダン・ミラーの三人は、ミラーが準備した別のヘリコプターでサウスコールドウォーター・キャニオンに向かった。あたりには、植物を蒸し焼きにする独特の臭いがたちこめている。化学ではこれを分解蒸留と言う。それは、腐った玉子と暖炉の湿った灰を混ぜたような臭いで、火砕流の顕著なしるしである。このぷんとくる臭いを一回でも嗅いだ地質学者は、以後それを忘れるようなことはない。

荒廃した地域に響くのは、捜索ヘリコプターのリズミカルなプロペラ音だけで、小鳥のさえずり、木々を揺らす風、小川のせせらぎ、昆虫のブンブンいう金属的な羽音はもう聞こえない。この日に爆風域で救出された被害者は一五名だが、発見された人の大部分は死亡していた。ある死体はカメラをしっかり握っていた[1]。検死医によると、多くの犠牲者は気管に火山灰をぎっしり詰めて窒息死していた。数百平方キロメートルにも及ぶ広域に火山灰が積もり、一般に三〇センチ程度の層をつくっていた。ヘリコプターがコールドウォーター・リッジに着陸すると、そこは木の切り株が表土もろとも根こそぎ吹き飛ばされていた。

噴火の猛威は鎮まったかに見える。もっとも、この時点では火山にどんな力が残されているのか不明である。水蒸気、厚い火山灰の雲、各所に発生した山火事の煙で、火山の北面はほとんど見えない。噴煙が一〇〇メートル以上昇ることはめったにない。地震の深さは地下五キロメートル以浅から三〇キロメートルにまで降下した。セントヘレンズ山にもう一度爆発する力が残っているのか、それは誰にも分からなかった。

大地は煙を上げている。火山に近い谷底では、地下一メートルあたりの温度が四〇〇℃のところもある。時々、泥と灰だらけの大地に砲弾でも撃ち込むように、谷底から爆発的に煙が立ち昇る。これは二次爆発である。この爆発のタネは、火山灰の下に閉じ込められた氷やタートル川の水だ。一〇〇万立方メートル以上の氷河が五月一八日の噴火で消失した。[2] これらの砕かれた氷塊は灼熱した火山灰に閉じ込められて融解し、蒸発して小爆発を起こす。ある水蒸気爆発は一五〇〇メートルも噴き上がって、上空を巡回していた林野部のパイロットをすんでのところで撃ち落とすところだった。[3]

ノースフォーク・タートル川渓谷には、今では岩屑《がんせつ》なだれの土砂が四五メートル以上も堆積している。[4] 一八〇メートル積もったところもある。火山周辺に堆積した火山灰からは水蒸気が立ち昇っていた。

スピリット湖は樹皮を剝がれた木々で一面を覆われ、その深度は一週間前の半分になった。この新しくできた湖がいつまでもその状態を維持できるとは限らないと、水文学者は言う。染み出した湖水が岩屑なだれによってつくられた土砂のダムを少しずつ切り崩し、ついには決壊させて新しい泥流となり、コロンビア川に突進するだろう。

噴火から数日以内にジミー・カーター大統領が視察に訪れ、ロッキー・クランデルの説明を聞きながら被災地を見て回った。大統領は目撃した光景にショックを受け[5]、空からの視察を終えて戻ると記者たちに言った。「ここに比べたら、月面でさえゴルフ場のようなものだ」[6]

セントヘレンズ山から遠い地域でも、一面を覆う火山灰によって作物や電線に被害が生じた。連邦航空局は、細かく砕いたガラスのように研磨力のある火山灰が飛行機の風防ガラスを傷つけ、エンジンを詰まらせる恐れがあるとパイロットに警告したが、大きな被害は報告されていない。セントヘレンズ山から一三〇キロメートル遠方のワシントン州ヤキマでは、市庁舎の屋根に積もった一七トンの火山灰を二日がかりで吸い取る作業が行われた[7]。

スワンソンたち三銃士は、セントヘレンズ山北面にぽっかりとあいた大穴を五月一九日にちらりと覗くことができたが、それ以後の数日間は、雲や水蒸気や火山灰のためにこの岩屑なだれの発生源を調査することはできなかった。五月二二日午後六時、北面を覆った厚いカーテンがようやく薄れはじめたので、地質調査所のデイヴィッド・デシアが林野部の飛行機に同乗して全景を観測し、さらによく観察するために旋回しながら下降した。デシアが見ると、セントヘレンズ山は山頂が四〇〇メートルも低くなっただけでなく、横なぐりの爆風によって、山頂それ自体が北側を開口部にする馬蹄形に変化していた。まるで誰かが北面の土を巨大なスプーンで横からすくい取り、跡に三方の壁と開口部にスロープを残したように見える。ジム・ムーアとピート・リップマンはヘリコプターでさらにクレーターに近付いて観察し、それが、古代の円形劇場に似た形の、険しい外縁を持つクレーターであると説明した。火口底の最も深い部分には、火山の喉もとを囲む半円形の噴出口があり、そこからは水蒸気が立ち昇っていた。

五月二三日金曜日、ワシントン大学の地質学者、スティーブ・マローンが大噴火以降ノームにのしかかっていた陰鬱な空気を振り払い、新しいクレーターから約一五キロメートル北西のエルクロックに設置した装置を交換しようとやってきた。この噴火で合計五つの地震計が失われた。エルクロックの地震計は、噴火のちょうど二日前にマローンが設置したものである。今、まさにその一週間後にヘリコプターから同じ地点に降りたのだが、そこは前回の美しい自然に恵まれた世界とは似ても似つかない姿に変貌していた。

「気味が悪いほど一変した世界だった。ちょうど一週間前に同じ場所に行ったときは緑がみずみずしく繁っていたのに、今は何もかもが消え失せてしまった。あるものと言えば、一面を覆う灰と、メチャクチャにぶちのめされて融けてしまった地震計のかけらだけ。自然の恐ろしさを痛感した」荒廃した土地を初めて見たマローンはこう語っている。

シアトルに戻った彼は、留守中に三・〇以上の揺れが記録されなかったことを知った。これは、この約二ヶ月間で初めてのことである。

マローンがエルクロックに再設置した地震計は、二日後の再噴火で機能しなくなった。この噴火は、五月一八日に比べると、ホブリットいわく「ムースの放屁」みたいなものだった。五月二五日午前二時三〇分、クレーターから火山灰が噴出された。噴煙は一万三五〇〇メートルも上昇し、数分後にはキノコ雲を形成した。[8]ダートマス大学の火山ガス専門家であるディック・ストイバーが測定したところ、セントヘレンズ山の噴火では最高の二酸化イオウ値が記録された。[9]それからすぐに、デイブ・ジョンストンの相棒であったトマス・カサデヴァルが、二酸化イオウと同程度の硫化水素が放出されていることを発見した。まるで、大噴火の数週間前までは閉じていたガスの噴出口が、今になって大きく開かれたようである。

翌日の大半は火山灰の噴出が続き、おまけに太平洋からは暴風雨が襲来した。「泥の雨だった」とある人は語る。泥まじりの雨がハイウェイを厚く覆い、一五台の車が多重衝突し、その他数え切れないほど多くの車がスリップして道路から飛び出した。セントヘレンズ山周辺の大掃除に州兵がバスで駆けつける途中だったが、彼らは五〇キロメートルも手前で立ち往生してしまった。

マローンのエルクロックの地震計は六月一〇日まで修理されなかった。それから二日後に火山がまた噴火したのである。

セントヘレンズ山はアメリカで最も魅力ある地質学実験室であるという名声が高まるにつれ、熱意に燃える科学者たちが続々と押し寄せるようになった。そこで、地質調査所は研究方法に規律を設けるために、バンクーバーで会議を開き、それぞれの科学者に噴火に関する個別のテーマを割り当てることにした。ホブリット、ミラーら数名の科学者に割り当てられたのは、爆風である。

火山という実験室は並大抵な場所ではない。いつも噴火の脅威にさらされている熱くて臭くて危険な作業場である。クレーターの開口部から下ってゆく斜面には火砕流の分厚い層が残されているが、それはまさに暖炉の灰といったところだ。そこは豚の丸焼きができるほどの高温で、地質学者といえどもよろけて転んでしまえば同様の運命になる。火砕流からガスが抜けて、クランデルやマリノーが調査したような硬い堆積物になるには、何世紀もの時間が必要である。岩を投げ入れてみると、それは水面に落ちたようにしぶきを上げ、見た目には硬そうな地表の下にゆっくりと沈んでいく。火山灰の中に誤って滑り落ちたある科学者は、すぐに引き上げられたが、両足全体に大火傷をした。

ホブリットは火砕流の各部分の温度を測定したいと思ったが、それにはまず、その上を歩く方法を編み出さなければならない。彼が発見したのは、火砕流の上にゆっくりと足を載せ、それを小刻みに震わせながら踏みしめていく方法である。こうすると、内部に含まれるガスが徐々に放出され、火山灰は踏み固められて硬い足場になる。この方法は、ホブリットが辛抱強く続けるかぎりはうまくいく。とは言っても、荒石でバランスを崩したり、噴火で逃げ出す羽目にならなければの話である。

セントヘレンズ山の実験室には至るところに危険が存在する。火口から噴火しなくても、谷では水蒸気爆発が発生する。時には、ヘリコプターがすっぽり収まるくらいの大きなクレーターを残す爆発もある。火砕流の上で仕事をするときは、いつ爆発するか分からない地雷原を歩いているようなものだ。おまけに、頂上のクレーターの縁から新しい火砕流が溢れ出して鉄砲水のように突進してくるのではないかという不安も抱えている。

バージニア州レストンの地質調査所本部では、セントヘレンズ山に火山観測所を常設する問題が正式に討議されていた。火山の側で働いていた多くの地質学者が観測所の常設を強く要望したのである。噴火のタイプは、この夏の破壊的なものから、クレーターの底に一連の小さな溶岩ドームをつくるものに変わりつつある。観測所の常設を主張する人々は、セントヘレンズ山によって火山噴火をより詳細に理解し、最終的には山の形成についても特別なことが分かるだろうと言う。また、火山の北面一帯は堆積したばかりの火山砕屑物で満ちている。科学者は、これまでは推察の域をでなかったプロセスを実際に詳しく調査することができるのだ。このような調査によって、他の火山に発見される古い堆積物についてもより正確な解読ができるだろう。

その上、セントヘレンズ山は次々と新しいデータを提供してくれる。地震、ガス、傾斜変化、山体変形に関するデータを一分置きに知らせてくれる。バンクーバーに毎日押し寄せるデータの洪水には、セントヘレンズ山の再噴火を知らせる信号があるはずである。ロシアや日本では噴火が予知されているが、あまり正確とは言えない。今、地質調査所には、爆発的噴火をする火山の振舞いを解読し、将来の噴火を確実に予知する方法を学ぶ絶好のチャンスが与えられているのだ。

一方、反対論者は、セントヘレンズ山はそのうちには鎮静化すると強調する。したがって、じきに重要性を失う前哨基地に高額を支払うのは、地質調査所にとって負担が大きすぎるだろうと。しかし、夏が終わるころには回答が出され、デイヴィッド・A・ジョンストン・カスケード火山観測所（CVO）の新設が決定された。この名前からも分かるように、観測所の管理責任はセントヘレンズ山だけでなく、カリフォルニア州のマンモス山やシャスタ山、オレゴン州のフッド山、リシントン州のレーニア山、ベーカー山など、西海岸の他の火山にも及ぶものである。それに、政府の者に言わせると、カスケード山脈には、噴石丘も数に加えるとおよそ四〇〇〇もの火山があるのだから、あらかじめ基本データを収集しておくのはよいことである。CVOは、アメリカ全土やアラスカ州の爆発的噴火をする火山に対応する研究の出発点になるだろう。

CVOの責任者にはHVO卒業生のドン・ピーターソンが選ばれた。ピーターソンが最初に行ったことは、ドン・スワンソンを常任のスタッフとして迎えることだった。また、CVOには、将来性のある若者を数名、パートタイムの地質学者として雇えるだけの予算も割り当てられた。このような若者は、本質的にはトム・カサデヴァルやダン・ジュリジンのように、地質調査所で数年間はフルタイムの仕事をしてきた科学者である。

デイブ・ジョンストンの個性的な助手であったハリー・グリッケンは、地質調査所で働くことを切望していたが、結局声をかけられなかった。博士号を取得するにはまだ数年を必要とする学生であったので、彼の名前は噴火の事後調査の仕事から外されてしまったのだ。

シアトルでは、ワシントン大学のスティーブ・マローンのグループが五月一八日以前の地震データを矯《た》めつ眇《すが》めつ見直していた。大災害の数時間か一、二日前に現れた兆候を見逃した可能性もあると期待しながら再調査したが、結局何も見つからなかった。

マローンを始めとするチームのメンバーは、自分たちの研究が無益に思えてならなかった。そこで、セントヘレンズ山を初対面の火山として最初から見直そうということになった。

「初心に戻って、白紙の状態でセントヘレンズ山を調査する必要があった。五月一八日以前に調べたことはすべて、無駄になってしまったのだから。そこで、最初からやり直したというわけだ」マローンは何年か後にこう述べている。

その夏じゅう、火山は地震計を騒がせつづけた。クレーターの外縁が崩れて大石が床に落ちることもあれば、水蒸気爆発で地震計が震えることもある。

マローンのグループが集中して観測するようになった揺れは一・〇〜三・〇と小さく、四・五や五・〇という以前のような揺れではない。このような震動は、四月や五月初旬の揺れに比べると「小さい」ものだが、普通なら十分に関心を持たれる揺れである。このことにマローンは気づいたのだ。セントヘレンズ山の地震を新しい目で見直したおかげで、以前に比べればきわめて小さい放出エネルギーでも、実は相当なものであると分かったのである。

この新しい地震データに埋もれているうちに、マローンのグループはある信号に気づきはじめた。五月二五日の小噴火前に収集したデータを調べてみると、そこに火山性微動のようなものが認められた。それは、ノイズの中に現れたきわめて微妙で小さなパターンである。そこで、新しいデータに同じパターンを探してみると、あったではないか。それからの数日間、マローンのグループはその振幅の小さい高調波微動を監視しつづけた。すると六月二日月曜日の夜にそれは消失したが、六月三日午前二時に再び現れて、次第に強くなってくる。マローンはバンクーバーに電話をし、現在彼らが観測しているパターンは五月二五日の噴火前のデータに似ていると報告した。[10] そこで、伐採作業も科学者のフィールドワークも中止になったが、噴火は起きなかった。マローンの噴火予知は外れたのである。翌日は、伐採業者も地質学者も、そして報道関係者も再び危険地帯に入っていった。

六月一二日の午後、マローンは同様の信号に気づいたが、今度はもう少しはっきりしている。午後遅くには火山性微動のレベルが高くなってきたので、マローンはバンクーバーに通知をした。その日の当番だったダン・ジュリジンの話によると、バンクーバーはワシントン州危機管理局と林野部、それにウエアハウザー社に何らかの「差し迫った」活動が予測されると伝えた。マローンの電話から二時間以内の午後七時五分、セントヘレンズ山は高さ四〇〇〇メートルもの噴煙を噴き上げた。この噴火の直後に微震は停止した。それから一時間以内に微震が再発して午後九時一一分には再び噴火した。この時は高度一万メートルまで噴煙が上昇し、火砕流が発生してスピリット湖に下っていった。

「みんな急に元気づいて、『我々のやっていることに価値はあるさ』と言い合った。その上興味深いデータ、つまりデジタルのデータを収集していたので、おかげで素晴らしいデータが揃うことになった。我々がこの種のことをこの方法で記録したのは初めてである。とまあいろいろあったわりで、とにかく、実際に人々に危険を知らせて、よいことをするというのは実に気持ちがいいものだ。人の役に立つのだから。科学的な仕事にも感情は伴うというわけだ」マローンはこう述懐する。

バンクーバーでは、マローンの発見した噴火予知術が活用されるまでにいくらか時間がかかった。HVOの火山専門家に言わせると、数時間前に爆発的噴火を予告するのはくじを当てるようなもので、当たり外れがあるのが普通である。六月三日のマローンの予知がずれたことも信頼性の回復を難しくしていた。しかもその当時、地質調査所にはマローンとの間に信頼のおける連絡網が確立されていなかった。彼の言葉が地質調査所の上層部に伝わらないこともあったのだ。ある時マローンが噴火の警告を伝えると、その電話を受けた地質学者は数日前にバンクーバーに雇われたばかりの新米だったために、それを上司に伝えなかった。ところが、火山は予告どおりに噴火した。またある時は、ミーティング中のために、地質調査所にはマローンの電話を受ける者が一人もいなかった。そこで、マローンは林野部に電話をして間もなく噴火すると告げ、そして噴火したのである。

とは言っても、夏が終わるころには、少なくともドームの形成や破裂をもたらす噴火に関しては、地震のパターンによる予知が信用されるようになった。しかも、この地震の情報は地質調査所にとって特に重要になってきた。というのは、かつてはセントへレンズ山の心臓部であったぽっかりと口を開いた馬蹄形の円形劇場、つまりクレーター内で調査が始まったからである。

クレーターでの調査は火砕流平原での仕事より危険で困難である。まず、クレーターでは濃い霧が発生しやすい。高度一八〇〇メートルの冷たくよどんだ空気が、クレーターの底から湧き上がる湿ったイオウの煙と混合すると、数分で視界がきかなくなる。クレーターで働いている地質学者には足元さえ見えなくなる。こんな一寸先も見えない状態のときに、この円形劇場内に落石の音が響きわたると、まるで全部の方角から地滑りが迫ってくるような轟音がする。[11]

クレーターで働くときのもう一つの問題は、火口底が裂けてたびたび溶岩が流出することである。灼熱した溶岩に踏み込みでもしたら大変だ。静かに立っているだけでも危険である。クレーターの外縁から崩れ落ちた大量の土砂が底の中央まで転がってくる。また、成長したドームがソフトボール大や自動車大の岩石を噴き出し、クレーターの内部に雨あられと降らせることもある。したがって、毎日、緊急時に潜り込める避難場所を確認してからでなければクレーターでの仕事は始められなかった。

現場に行く途中でさえ安心はできない。クレーターでの仕事で最大の危険は、ちっぽけなヘリコプターで火山周辺の上昇乱気流を突っ切ることだと言う者もいる。火山北面のクレーター開口部から下る斜面では、風が、ヘリコプターを木の葉のように舞わせてしまうほど急激に変化する。この風でヘリコプターがひっくり返った事件は二回ある。また、めったにないことだが、地質学者を運ぶために雇われたベトナム戦争の元ベテランパイロットが、悪天候のためにクレーターに迎えに行くのを拒否したり実際に行けなかったりする場合もある。こんな時、現場の地質学者は火山岩屑の荒野を歩いて下山しなければならなかった。

クレーター内で直面する最大の危険と言えば、それはガス爆発や水蒸気爆発である。この手の「小さな」噴出で被害を被るのはクレーター内にいる人だけだろうが、それにしても致命的である。

このような危険を考慮すると、クレーターでの調査にそれだけの価値があるかという問題が持ち上がった。過去に意見の衝突があったときもそうだったが、野外地質学者の論争は、言葉の泥レスリングのような凄まじさになる。ここでも、デンバーの火山災害評価チームが、新参者のクリス・ニューホールを先頭に、実際には、危険を冒すだけの利益が得られるとは限らないと主張した。問題は、このリスク対利益の論争だけではない。もしまた地質学者が死亡でもしたら、CVOの全研究プログラムだけでなく、下手をすると、地質調査所それ自体まで危なくなるという現実的な心配もあったのである。

安全を第一とする側の論者には、クリス・ニューホールと、もう一人雇われたばかりの科学者、ジョン・ドボラクがいた。どちらもクレーター内の仕事に激しく反対した。しかし、クレーターでの観測は相変わらず続けられたので、最終的には二人とも孤立したような形になった。

結局、地質調査所を去ることになったドボラクは述べている。「私は臆病だとか慎重すぎるとか、他人の仕事に口出ししすぎるとか思われていたのでしょう。結局は、ひどい目にあって追い出されたのは私で、それがずっとキャリアにつきまとっているのです」

個人的なリスクと科学的な報酬に関する論争は何ヶ月も続いた。ドン・スワンソンは、五月一八日以前もそうであったように、チームにはできるだけ現場に近付いて調査するよう指導した。これがハワイ方式の研究である。彼もCVOの責任ある科学者も含めてHVOの卒業生は、これこそセントヘレンズ山で調査する最も効果的な方法であると信じていた。スワンソンは、他人にクレーターで働くことを強要するつもりはなかったが、この研究の宝庫から締め出されるのだけは嫌だった。厳密に言うと、彼はこの論争に勝ったわけではない。ただ、この問題に皆が疲れきって音を上げるまで主張しつづけただけである。

そのうちに、新聞は彼を「ミスター・クレーター」と呼ぶようになった。後に、噴火で死亡したある地質学者に捧げる追悼文の中で、スワンソンは、科学のために危険を冒す意義についてその考えを述べている。

「火山学は火山の研究であることを忘れてはならない。純粋な科学的好奇心は、危険の軽減を願う気持ちと同様に正当な動機であり、最終的にはより価値あるものになるだろう。人は好奇心があるから物事を探究し、理解する。理解は科学の最高目標である。好奇心のある火山学者は進んで困難な環境に入り込み、そのために命を落とすこともある。危険に思われることを実行する前に、そこに潜在する利益とリスクを計算すべきだという言葉はよく聞かれる。もちろんそれは必要だが、二つの未知数で一つの方程式を解くことは数学的に不可能であり、一般に、予想される利益とリスクはどちらも未知数である。結局、それは常識に委ねられ、その常識は個人によって異なり、どんな場合にも明白と言えるものではない。だからこそ、このまま前進しよう。故人を悼むと共にその好奇心に賞賛を捧げよう[12]」スワンソンはこう書いている。

こうして、地震を観測することによって、溶岩ドームの噴火は、ほとんどの場合正確に予知できるようになり、そのリスクは激減した。とはいえ、崖崩れや小爆発の危険性は相変わらず大きかった。

スワンソンたちは、溶岩ドーム形成の研究に熱意を燃やしていた。溶岩ドームの成長は、火山噴火に一般的な、数年間続く現象である。ところが、このプロセスを近くで調査するのは、どんな場合でも危険である。つくられては吹き飛ばされるドームの材料は、それ自体では爆発しないどろどろのマグマである。マグマは練り歯磨きのように地表に搾り出されると冷却し、ドームを形成する。この練り歯磨きのチューブは地下のマグマまで続いているので、マグマは次々と補給されてドームの表面に流出し、または内部で増加していく。このためにドームは成長する。普通は、ドームの重さでマグマの上昇力が抑えられているのだが、ひとたびこれが逆転すると、ドームは爆発して粉砕し、新しいマグマと古い岩石を放出する。

時には、噴出でなくて、重力のために溶岩ドームの一部が崩れることもある。これも、場合によっては致命的な災害をもたらす。というのは、ドームが崩れると大量の火砕流が発生することもあるからだ。日本やインドネシアでは、ドーム噴火による火砕流のために何千もの人命が奪われている。したがって、どの国の火山学者にとっても、ドームの形成と崩壊に関する研究は、優先順位の高い地位にある。

セントヘレンズ山には溶岩ドームが多数存在した。大噴火前の山頂は、四〇〇年～六〇〇年前のドームであった。[13]しかし、北面のいくつかのドームは、今ではヤキマに降った火山灰や、ノースタートル渓谷の底に積もった火山岩屑の一部になってしまった。

セントヘレンズ山の新しい溶岩ドームの第一号は、一九八〇年六月一二日に噴出されたが、悪天候のために六月一五日までは観測されなかった。それは、ごつごつした灰色の突出物で、平らな火口底にできた直径約二〇〇メートル、高さ約四〇メートルのイボのようであった。ドームの表面は硬いフランスパンの皮のようにひび割れていて、割れ目からは高温の溶岩の赤い光がかすかに覗いていた。[14]溶岩が目撃されたのはこれが初めてである。六月二七日頃にこのドームは、直径約三六〇メートル、高さ約六〇メートルまで成長したが、[15]七月二二日の噴火で完全に吹き飛んでしまった。[16]最終的には新しいドームが成長し、直径約八〇〇メートル、高さ約三四五メートルになった。

一九八〇年代のセントヘレンズ山の噴火は、大半がドームをつくるものだった。火山は溶岩を搾り出し、火口底に溶岩の水膨れのようなものをつくり出す。この膨らんだ小丘は次第に硬くなっていくが、一方では、上昇するマグマに押し上げられる。そして、この押し上げる圧力が上を覆う岩石の圧力にまさるようになると、ドーンという爆発音と共に、赤や黒や灰色の岩石が炸裂する。

溶岩ドームの形成について研究できるチャンスは、成層火山のほかの多くの活動と同様にめったに得られるものではない。爆発的噴火をする火山は一般に辺鄙な場所か、いろいろな意味で近付き難いところにある。例えばカムチャッカ半島などは、冷戦という高い壁によって米国の科学者の立ち入りが禁止されていた。

セントヘレンズ山は、困難があるとはいえ、ドームの成長を研究する恰好の実験室である。近付きやすい上に、いつでも地質学者の応援を頼むことができる。何よりも重要なのは、スティーブ・マローンの予知のおかげで、相当の安全が確保されるようになったことである。

山体変形を専門とするスワンソンは、ドームの成長の研究として、ドームを中心に火口底の床に放射状に走る亀裂を調査するようになった。調査によく利用するのは、金物店で入手した簡単な道具である。亀裂の両側にコンクリート釘を打ち込み、スチールメジャーでその幅を測定するのだ。その際、幅一〜二メートルの白熱した岩脈の上に身を乗り出すこともたびたびある。この調査によって、亀裂の数や大きさ、そして、それが変形する速度が、噴火の予知に役立つことが分かった。上昇するマグマの先端がドームの下まで移動してくると、亀裂の幅は広くなる。ドームの下の圧力は増大し、最終的には不安定になる。するとじきに、マグマがドーム内に入って表面から新しい溶岩を搾り出し、丸い突出部をつくる。または、ドームが大きい場合は、それ自体が風船のように膨張する。

この仕事は、たとえ夏でも霧が長時間立ち込めて視界がきかなくなることがあるので、油断できない作業である。ところが、冬季はほとんど無謀とも言える仕事になる。火口底を走る亀裂から立ち昇る熱いガスは雪を解かす。雪が降り積もると、暖かい亀裂の上に雪の洞窟ができる。そこで、積雪した火口底で働く地質学者は、この雪の洞窟の屋根をうっかりぶち抜いて溶岩や高温のガスの中に落ち込まないよう用心しなければならない。ところが、スワンソンはひるむことを知らない。彼は亀裂の上にできた雪のトンネルに潜り込んで、滑りやすい亀裂の縁をそろそろと這って進みながら測定したのである。

スワンソンの測定に定期的に随伴していた男は言う。「逃げ出す手立てのない雪の洞穴に入って、亀裂から覗く白熱した岩石を見つめながら測定をする。亀裂の縁から滑り落ちたら一巻の終わりだ。こんなに危険な仕事がほかにあるだろうか。ドンは誰もいなくても一人でやるだろうから、べつに勇気をひけらかすつもりではなかった。ただ、亀裂の測定を長期間続けることによって、噴火直前のデータを確実に取れるようにしたかったのだ」

こうして、スワンソンはついに変曲点を探し当てた。

セントヘレンズ山は、クレーター以外でも火山学者に夢を与えてくれた。たとえば、地質学者のノーム・マクロードは、オレゴン州南西部の不思議な堆積物に何年も頭を悩ませてきた。そこはマザマ火山の跡である。マザマ山は紀元前約五〇〇〇年に噴火したが、それは七九年のベスビオ山噴火の一〇倍、一八八三年のクラカタウ山の二倍以上、一九八〇年のセントヘレンズ山の四〇倍も規模の大きい噴火だった。噴火で大量の物質が吐き出されたために、山体は地下のマグマだまりまで陥没して巨大な窪みを残し、そこに雨水がたまって、最終的には現在のクレーターレークが誕生した。

マクロードは、クレーターレーク周辺の火砕流の堆積物を研究していたときに、どうしても説明のつかないものを発見した。それはピンク色の薄い地層で、火砕流の堆積物とはかなり距離を置いたところに存在する。セントヘレンズ山の火山岩屑の上を歩き回ったマクロードは、クレーターレークの堆積物の正体を見破った。二次的な火砕流である。巨大なエネルギーを持つ熱風が急斜面を転げるように流下し、重い岩屑を落としていくとき、荒れ狂う高温の空気は、細かい粒子を空中に舞い上げてさらに遠方まで進み、なだらかな斜面を下っていくことさえある。最終的には微粒子も地面に落ちて圧縮され、薄い地層をつくる。そして、このような微粒子に混入する鉄が水分によって酸化し、赤く変色するのである。

マクロードは語る。「これが唯一の例ではありません。以前に発見して理解できなかったものが分かるというのは日常的なことでした。そして多くの場合、それが何だか分からなかったのではなく、問いを思いつかなかっただけなのです。これは重要なことで、私は〝なぜピンク色の灰がそこにあるのか〟という疑問に気づきませんでした。セントヘレンズ山が答えを教えてくれたのです」

セントヘレンズ山一帯のこのような堆積物を数年間調査したマクロードは、それらが時間の影響を早々と受けることを知った。雨に圧縮され、ホリネズミなどの動物にかき回されて、かつては行く手にあるものすべてを焼き尽くしていった恐るべき火砕流の跡も、次第に消失してしまうのである。

「私が八〇年代に調査した堆積物の多くは、今そこにありません。薄い堆積層はきわめて短命で、あっという間に拭い去られてしまいます。今戻ってみると、火砕流の跡はほとんど見つかりませんが、以前は至るところにあったのです」

かつては殺人的だった二次的な火砕流も、その痕跡は長続きしないことが分かると、デイブ・ジョンストンとロッキー・クランデルの地質学的記録の解釈に相違があったことにも頷ける。ジョンストンが心配していたのは、クランデルとマリノーのハザードマップがあまりにも調査結果に忠実であることで、彼がたまたま見つけた薄い地層によると、危険の及ぶ範囲は地図に記された危険区域をはるかに越えるだろうということだった。このジョンストンの心配を裏づける証拠が、火山性砕屑物質の中にあったのである。

「クランデルやマリノーのように、活火山での経験に乏しく火山の過去だけを見てきた者は、目に見える堆積物に縛られてしまうことがあります。確かに、彼らは軽く見積もっていました。デイブ・ジョンストンにはオーガスティンの経験があるので、薄い堆積層が見えたのでしょう。人によって見方が違うのです」後にCVOの責任者になったマクロードはこう述べている。

セントヘレンズ山周辺の破片には、噴火のメカニズムを物語る証拠も眠っている。リック・ホブリットが証拠の一片を発見し、机の中にしまい込んだ。それは岩石の破片であるが、正確には二つの岩石の破片が溶接されたものであった。

五月一八日の大爆風の原因は、潜在ドームというものにある。マグマが上昇して火山の円錐の中に貫入すると、そこで上昇を妨害される。ガスが逃げ出すとマグマは浮力を失い、マグマの中の結晶が成長して、溶岩はピーナツバターのように粘り強くなる。つまり、粘度が大きくなるのである。上昇するマグマが停止すると、その先端は固くなりはじめる。ホブリットが持ち帰った破片は、このようにして新しい岩石と古い岩石が出会った部分のものである。

上部の硬い岩石とその上の山体は、一平方センチ当たり二〇〇〇キログラム以上の力でマグマを押し下げる。[17]ところが、マグマの底部は浮力が相変わらず強く、上昇しようとして上向きの圧力を増大させる。これは、二頭のゾウがシーソーに乗っているようなものだ。ところがこのバランスが少しだけ崩れると、マグマが山体内の弱い部分に押し出してくる。こうして地表下に潜在ドームが成長し、山体は膨張した。この潜在ドームが地震によって弾けたのである。

一九八〇年の夏、ハリー・グリッケンがセントヘレンズ山に戻ってきた。噴火した火山の検死解剖をするチームの一員になることを望んだのだ。彼は、ジョンストンを殺した横なぐりの爆風を詳細に研究したいと熱望していたが、その頃には、地質調査所の科学者たちが、噴火のあらゆる側面について研究の権利を獲得していた。その上、グリッケンはカリフォルニア大学サンタバーバラ校の博士課程の学生であり、あの名高いリチャード・フィッシャーと共に研究している最中である。しかも、彼は地質調査所に雇われたわけではない。多分、変わり者という評判が定着して支障になったのだろう。

「ハリーはまったくおかしな奴だった。彼を知る者は皆、彼が優れた科学者であることに驚かざるを得なかった。あんなにだらしない変人が優れた科学者の一面を持つなんて信じられるものではない」

セントヘレンズ山で共に過ごした友人はこう述べている。

「ハリーが車を運転すると恐ろしかった。周囲に対する注意力はほとんど皆無ときている。自分の話に夢中になり、全速力で坂を下り、交差点の信号にも気づかずに突っ走る。他のドライバーに電話で通報されることはたびたびある。四コマ漫画に出てくるような奴で、一回でも彼の車に同乗したら、金輪際、ハンドルは握られたくないと思うだろう。痩せて小柄だが強靭で、しかも、きわめて繊細なところがある。まったく不思議な奴で、側にいたら、その精神に驚嘆させられてしまう。何ひとつ手がかりがなくても、一つひとつ根気よく調べてすべてを見抜き、すべてを説明してしまうのだ。ハリーは大きな会議で自分の意見を発表できるような人間には見えなかったが、実際は立ち上がって筋の通った素晴らしい発言をし、着席してからも質問に対して見事に答えていた」

壊滅的噴火を解剖する仕事から外されたことで落胆したグリッケンは、バンクーバーの仮設観測所本部をうろつき回り、そこで地滑りの専門家、バリー・ボイトに出会った。大噴火後に、ボイトの地滑りに関する論文が新たに評価されるようになり、彼は岩屑なだれの調査を依頼されて、地質調査所の非常勤職員に任命されたのだ。グリッケンはボイトに岩屑なだれの研究に参加したいと頼み込み、ボイトは、変人だが優れた科学者であるグリッケンを見込んで雇うことにした。

「グリック」（彼はこう呼ばれるのを好んだ）は猛然と仕事に取り組んだ。その当時火山で働いていた地質調査所の人々は、グリッケンのものに憑かれたような仕事ぶりは、生き残った者の罪悪感から来ているのだろうと考えた。確かに彼は、自分が初めて本当の師と仰いだ科学者の死に苦しんでいた。友人や家族には、セントヘレンズではジョンストンではなく自分が死ぬべきだったと話していた。ジョンストンは、科学に目覚ましい貢献をしてくれるはずの人物だったのだ。

グリッケンを仕事に駆り立てていたのは罪悪感だけではない。新しい情熱にも突き上げられていた。ハリー・グリッケンは地質調査所のメンバーになりたかった。五月一八日の大噴火の後、地質調査所は若い地質学者を短期間雇用したが、博士号を持たないグリッケンは除外されてしまった。そこで、デイブ・ジョンストンに捧げるためにも、そして、地質調査所にどんな貢献ができるかを示すためにも、地滑りの研究に全力を尽くそうと考えていたのである。

彼の研究ほど骨の折れる仕事は他にないだろう。火山の四分の一が岩屑なだれとなって崩落してしまった。滑り落ちた物質は幅一〇〇メートル程度の地塊となって残ったものもあるが、他は粉砕して無数の破片と化してしまった。岩屑なだれが停止すると、そこには小丘の散在する荒野が残された。このような小丘を流れ山といい、高さが六〇メートルあるものもある。セントヘレンズ山には、こうしたコブだらけの乱雑な風景が何キロメートルも遠方のタートル川渓谷まで広がっている。

ハリーとそのチームは、これらの破片を組み合わせて元の場所に戻す仕事に取り組んだ。もちろん字義どおりに復元するのではない。この火山岩屑の原野について驚くほど詳細な地図を作成し、各堆積物の出所を突き止め、それがどうやって移動し、なぜ現在の位置まで来たかを遡って調査したのである。これは、グリッケンを知る者すべてを唸らせたほどの傑出した研究であった。

スワンソンは、ハリーの仕事が「自分の知る限り、このような堆積物の研究としては完璧である」

と認めた。スワンソンの予想どおり、グリッケンはたちまち「火山性岩屑なだれの研究に関する世界的権威[18]」になり、インドネシア、ニュージーランド、グアドループ島、日本と世界各地を渡り歩き、火山堆積物を研究してその重要性を講義するようになった。

ハリーとチームの二人のメンバーは、岩屑なだれの調査によって、険しく聳える火山には平らな盾状火山とは異なる事実が隠されていることを発見した。それは、火山学者があまり考慮していなかった事実、つまり、高い火山は崩壊するという事実である。この手の岩屑なだれは日本の磐梯山にも認められる。ところが、このような斜面の険しい火山の特質はあまり重要視されず、ほとんど解明されていなかった。ところが、セントヘレンズ山の流れ山の正体が崩落した火山のかけらであると判明すると、世界中に同様の地形が発見されるようになった。西インド諸島からハワイに至るまでの地域には、このような流れ山地形が二〇〇ヶ所以上も確認された。現在では、ハワイのモロカイ島の半分以上は岩屑なだれとなって海底に滑り落ちたと考えられている[19]。

これまでに、流れ山の形成プロセスが正しく説明されたことはなかった。泥流の残留物か氷河後退の跡、または噴火による堆積物と推測されることが多かった。ところが、ほとんどの火山に流れ山地形が発見されるようになった。たとえば、カリフォルニア州のキャッスル・クラッグス・カオスは、ロサンゼルス市に相当する広さの流れ山地形であり、そこには長さ一・五キロメートルもの地塊が存在する。

セントヘレンズ山は、火山と言えども重力からは逃れられないことを教えてくれた。火山も高くなりすぎると崩壊する。セントヘレンズ山のように噴火で崩れることもあれば、噴火しなくても崩れるときはある。これによって、泥流から火砕流に至るまでの火山の脅威のリストに、さらに新しい脅威が追加された。それは岩屑なだれである。

グリッケンが研究を開始してから数年もすると、彼の岩屑なだれの研究は実に独創的であり、火山学に新しい分野を開くことが明白になってきた。しかし一方で、ハリー・グリッケンがこれからも地質調査所に雇用されないことは、誰の目にもはっきりしてきた。彼の夢は実現しないだろう。その理由は複雑だった。一つには、一九八〇年の大噴火以降、地質調査所の火山プログラムに対する予算は増大しつづけてきたが、グリッケンが研究を完了したころの一九八〇年代半ばには、状況が変化しはじめた。セントヘレンズ山は噴火周期の終焉に向かっていた。溶岩ドームをつくる噴火は少なくなり、一九八六年には完全に停止することになる。そこで、カスケード火山観測所の科学者は、セントヘレンズ山が鎮静化して次の一世紀間の眠りについたら、CVOを閉鎖すべきかどうかを検討しはじめたのである。

ところで、グリッケンにはもう一つ乗り越えなければならない障害があった。それは彼自身である。彼はユニークな性格の持ち主で、普通の人とは違っていた。相当の変わり者で、よくしゃべり、アイデアを語るときは生き生きとしているが、日常生活はずさんでいつも上の空である。グリッケンを魅力的な変人と考える人は多い。特に、若い女性の地質学者はそうである。ところが、地質調査所の古参の科学者は、皆男性だが、ボーッとした変な奴だと思っていた。まったく、ハリー・グリッケンは別格だったのである。「ハリーはハリーなの」と彼の姉は話している。

「ハリーは情熱的で、聡明で、意欲的だった。火山学に価値のあることをしたいと燃えていた。でも、自分の居場所を探そうと苦労していたのだ」CVO時代の友人、ロビン・ホルコムはこう述べている。

ハリーのアパートの煙感知器は、調理のタイマー代わりをしていた。部屋中に煙が充満すると、魚

セントヘレンズ山北西部のノースフォーク・タートル川渓谷を上流から望む。5月18日の噴火で、火山から滑り落ち、約3立方キロメートル堆積した岩屑なだれの一部が見える。この岩屑なだれは時速250キロ以上のスピードで下流へ25キロメートルほど移動した。これによって、厚さ45〜180メートルの小丘のような堆積物が残された。（写真：ライン・トピンカ）

が焼き上がるというわけだ。大学では、ある教授が自分の部屋の使用をハリーに許して数週間後に戻ってみると、彼は、ハンバーガーの食べ残しやゴミが散乱する中で眠っていた。また、ある時は、バスから降りて自分が裸足であることに気づいたが、バスは彼のブーツを乗せてすでに走り去っていた。

グリックは、自分が地質調査所のメンバーになれないと悟ると、ひどく落ち込んでしまった。同僚たちは、彼が髪をかきむしっている姿をよく目にした。そのうちに、ハリーは遍歴する火山性地滑り専門家となり、世界中を巡り歩いて助成金や奨学金の給付を受けながら仕事をするようになった。最終的には日本に居場所を見つけて、そこで研究のかたわら教鞭をとり、翻訳のサイドビジネスもして余分な金をいくらか稼いでいたようである。

一九八二年一二月末までにセントヘレンズ山は一五回噴火し、その大部分が数十分か数時間前に予告された。一九八一年四月中旬以後の七回の噴火は、三日から三週間も前に予知されたのである。『サイエンス』誌に寄稿された論文で、スワンソンらは次のように述べている。「短期的予測に利用できる最も重要なデータ」は地震から得られる。しかし、火口底および溶岩ドームの変形やガスの放出も、予知に役立つデータを提供してくれる[20]。

噴火を知らせるのは浅い地震である。このような地震は噴火の数日か二週間くらい前から発生する。そして、地震によって放出されるエネルギーは、噴火の数時間前に急増する。クレーターに設置した電子傾斜計にも、噴火の前にはドームから外方向に地面が変形することが記録された。スワンソンの調査によると、噴火の数日から四週間くらい前に、火口底に新しい亀裂が確認された。このような亀裂は、髪の毛の太さから、幅約三メートル深さ約一〇メートルのものまでいろいろあるが、どれもドームから外方向に伸びている。そして、それら割れ目の幅が噴火直前に拡大したのである。

一九八二年三月一二日、ドームや火口底の変形および地震のデータを基に「三週間以内に噴火が発生するだろう」という警告が出された。三月一五日、変形の度合がかなり増大したので、午後七時の警告では「一日～五日以内に噴火する」と改められた。さらに三月一九日午前九時には、それが二四時間以内に修正された。それから一〇時間余り後に、ドームの南面から高温の軽石の破片が、クレーター外縁を覆う雪の上に噴出された。そして、解けた雪が洪水となってタートル川渓谷に押し寄せたのである[21]。

セントヘレンズ山はほかにも大切なことを教えてくれた。一九八二年三月一九日午後七時三〇分、火山の南側を飛んでいた飛行機が、クレーターから赤く輝く物質が噴出しているのを認めた。これは、スケールこそ小さいがもう一つの爆発的噴火である。噴出した物質は大部分が火山灰と軽石で、クレーターの外に放り出されるほどではなかった。

これが夏季ならば、この噴火はドームを形成する小さな噴出と記録されたことだろう。ところがそれは冬季に起きたために、クレーターの底や外縁には雪が積もっていた。

飛び散った高温の軽石やガス、そして多分水蒸気が、クレーター内の大量の雪を解かし、水溜りを形成した。水溜りは数分以内に大きくなり、高さ約一八〇メートルの溶岩ドームを取り巻く湖に成長し、そうこうするうちに外縁の裂け目から流出しはじめた。この暖かい水は深さ約三〇メートルの峡谷を掘り、毎秒約六メートル（時速約二二キロ）のスピードで山を下っていった。洪水は、流下する途中で先の噴火の岩屑を巻き込んで泥流に発展し、二つの方向に分岐した。一方はスピリット湖に飛び込み、他方は火砕流堆積物を横切ってタートル川渓谷に到達し、クレーターから三二キロメートルのところにあるダムを決壊させたのである。泥流の痕跡線を調査したところ、タートル川の水位は、一九八〇年五月一八日の泥流が記録した最高水位の数メートル以内まで上昇したことが分かった。小さな噴火でも、深い積雪の上に高温の物質が撒き散らされると、危険な大泥流に発展することもある。

この泥流に関する論文は『サイエンス』誌に発表されたが、じきに忘れられてしまった。しかし、後に同様の事象が発生して人々の記憶に留められるようになる。

セントヘレンズ山で開発された噴火予知の方法はその確実性を高めていったが、それが他の火山にも利用できるとは言い切れなかった。一般に地質学者の間では、利用できないと考えられていたのである。

スワンソンのチームは、『サイエンス』誌に載せた一九八三年の論文で次のように述べている。「経験は不可欠なものである。繰り返されるエピソード〔地中での特別な事変、または一連の事変のこと〕の原因を知り、確信を持って予測できるような観測も可能かもしれない。しかし、最初のエピソードの原因が、来るべきエピソードのコースを正確に予知できるほど明瞭であることはめったにない」

溶岩ドーム噴火の最盛時には、CVOにデータが溢れていた。ガス、地震、傾斜変化、温度、地磁気、等々。これらのデータはミーティングで毎回報告される。ガス測定チームが測定値を読み上げると、次は山体変形チームがデータを提供するといった具合に。時には、HVOのジャガーの例にならってデータの統合も試みられたが、それには余分な時間と労力が必要だった。

そんな時、偉大な火山学者と言われる鬼才、トム・マレーがデータの収集方法にちょっとした手直しを加えようとした。彼は、コンピュータやエレクトロニクスの天才とうたわれている。マレーは、地質調査所に研究助成金を申請する際にたったひと言こう書き添えた。「任せてください」そして承認されたのである。

彼は、性質の異なる一連のデータを織り合わせて筋の通った一つの構想をつくり上げる道具を設計しようとした。ガスの測定値は山体変形に関係し、地震の強度は傾斜変化に関係するだろう。すみやかにデータを比較して時間的変化を表示する方法はあるはずである。マレーは、BOBというコンピュータプログラムを開発してこのようなことを可能にし、火山の研究に大きな変革をもたらした。

CVOの科学者ジョン・ユアトは言う。「まったく、こんなに系統的な見方ができるようになったのは、セントヘレンズ山からですよ。BOBのおかげで、各人がそれぞれのデータを同一のシステムに入力して、同じスケールで同時に見られるようになったのです。あっという間にデータが統合され、ほとんどリアルタイムで表示されます。データが時間ごとに、そして日ごとに変化していく様子が分かるのです。自分の観測データを一つのナベに投げ込んで掻き回してみると、すべてのかけらがくっつき始めるというわけです。これは、セントヘレンズ山以後の研究方法に大きな変化をもたらしました」

BOBはデータ以外の統合にも貢献した。研究チームの統合を助けたのである。

ユアトは語る。「誰もが自分だけの仕事をしていたのが、セントヘレンズ山で大きく変わりました。BOBシステムの出現で、データを一つの共通の時間枠に入れることによって、チームワークの面も一段と進歩したのです。人々は共通の目標を持ち、同じ問題を研究し、その問題を解く情報を分かち合い、事態の進行を理解し、危険に対処するようになりました。協力して働かなければならない理由があったのです。セントヘレンズ山の完新世のテフラを地図にする場合とは違います。この場合は、火山の一面だけを仲間とのんびり見ていてもよいでしょう。時間はたっぷりあり、地震活動や山体変形、ガスの地球化学的性質など心配する必要はありません。だから、やっていることに集中できます。ところが、危険が迫っていて、リアルタイムで緊急に対処しなければならないときは、一丸となって働く必要があります。一九八〇年のセントヘレンズ山ではうまく行かなかったが、今は進歩しました」

第7章　マンモスレークスの苦い経験

セントヘレンズ山の噴火が予知できるものになってくると、ダン・ミラーはカリフォルニア州に行き、そこの火山の歴史と危険の可能性を明らかにする研究を再開した。北部のシャスタ山の調査はほぼ完了したので、次は、シエラネバダ山脈の東端に長々と寝そべる複雑な火山系であるマンモスレークス‐ロングバレー地方に研究の対象を移した。

セントヘレンズ山とは異なり、これらの火山は決して見栄えのよいものではない。マンモスレークスの小さな町を懐に抱くこの〝火山〟は、実際は、シエラネバダ山脈東麓に広がる楕円形の谷である。約七六万年前、この火山は五月一八日のセントヘレンズ山噴火の二〇〇〇倍もあるような超弩級噴火によって消失した。これだけの規模の噴火は、過去二五〇万年間では他に五回数えるだけである。

「恐ろしく巨大な噴火でした。これに比べたら、それ以後に人間が見てきた噴火なぞ子供の遊びにすぎないでしょう……本当に、理解に苦しむくらい壊滅的な出来事だったのです」地質調査所のパトリック・マッフラーは言う。

あまりにも膨大な量の物質を放出したために、マグマだまりの一部が空になり、最終的には大地がマグマだまりに陥没して地表に巨大な穴があいた。この穴が地質学的にはカルデラ*と言われ、この地方ではロングバレーと呼ばれている。ロングバレーは競馬場のような形をしていて、その西端には、この地方で最もポピュラーなリゾート地が存在する。

　このロングバレーも、火山地帯の例に漏れず、地質学的マシーンによって削り出された起伏の多い美しい自然に恵まれ、登山、釣り、スキーを楽しむ長期滞在の旅行客を惹きつけている。八〇年代初期にこのような旅行客が急増し、車でたった五時間の距離にあるロサンゼルスの市民にとっては、マンモスレークス‐ロングバレー地方が休暇を過ごす恰好の行楽地になった。ミラーがワシントン州から戻ってみると、この地方は繁栄の一途をたどっていた。新築の家が一七万五〇〇〇ドルで売買され、十字路にはショッピングセンターが次々と出現し、アウトドア用品店の売上はウナギのぼりに上昇し、建設業者はコンドミニアムの需要に追いつくために夜を徹して働いていた。[1]

　一九八二年五月、ミラーは、米国のエネルギー省と地質調査所の共催による学会に出席した。シエラネバダ・インで開催されたこの会議には、連邦、州、および大学関係の地質学者が出席した。エネルギー省は、この地方に潜在する地熱に以前から関心を持っていたので、会議では地熱開発の方向性について何らかの結論が出されることを望んでいた。

　ところが、レノのネバダ大学の地震学者、アラン・ライアルの発表に、会議場は騒然となった。特に、ダン・ミラーを始めとするセントヘレンズ山噴火のベテラン地質学者はショックを受けた。ライアルは、カリフォルニア州とネバダ州の境界に沿って走る山脈の下で騒ぐ地震について、長年にわたり記録し、分類し、解読してきた科学者である。

　彼は次のように指摘する。シエラネバダ山脈の東部全体では、過去に数十年間大きな地震が記録された。それが一九七〇年代初期に異常なほど静かになった。ところが、一九七八年にマグニチュード五・四の大きな揺れがあり、それ以後は小さな揺れが何百回となく発生して状況は変化している。一九八〇年五月一五日、一連の強震がこの地方を震わせはじめ、五月二五日、つまりセントヘレンズ山大噴火のちょうど一週間後に、マグニチュード六・〇の揺れが四八時間以内に四回も発生して、マンモスレークス地方を揺り動かしたのである。これは、セントヘレンズ山の二度目の噴火から数時間後のことでもある。

火山学者にとってこの地方の調査を難しくする一つの問題は、この地方ではテクトニクス活動による地震が毎日のように発生していることである。しかし、一九八〇年五月二五日のような地震は初めてだった。その四八時間は、揺れで食器棚の扉が開いて食器が滑り落ち、食料品店の棚の缶詰は転げ落ち、建物の基礎や壁に亀裂が入り、山では雪崩や落石が発生し、大地には地割れができた。マグニチュード六以上の四回の地震だけでなく、何十回にも及ぶ四や五の地震、それに何百回もの小さな地震が発生して、この地方は震撼させられたのである。地震が鎮まるまでに受けた被害は二〇〇〇万ドルに相当する。負傷者は九名で、流産した女性もいた[2]。

当初、この地震の原因は、シエラネバダ山脈東部の丘陵地帯に沿って伸びる断層*のテクトニクス活動によるものと推定された。ところが、何十年間もこのような地震の震源を図にしてきたワイアルは、データに三つの面白いパターンが現れていることに気づいた。第一は、地震が、ロングバレー・カルデラの南方一〇キロメートルあたりからこのクレーターの南壁に向かって移動していること。第二に、この地震は次第に浅くなり、深さが地下七・七キロメートルから約五キロメートルにまで上昇したこと。そして最大の問題は、この地震が地表下のマグマの動きに調和しているということである。

ライアルの発表が終わると、セントヘレンズ山のベテランたちは互いに顔を見合わせた。誰もが事の重大性に気づいたのだ。マグマが、地下の古い通路を通って地表に前進してくるのかもしれない。その可能性はある。それが地下五キロメートル以浅の現象であれば、マグマは予測不能というマジックゾーンに入ってしまったということだ。

この学会ではほかにも収穫があった。一九八〇年の地震後に、ロングバレー・カルデラの西壁の内側にあるドーム状の区域が膨張しはじめたのだ。実際、この谷の底から四五〇メートルほど隆起した独立丘がさらに二五センチほど高くなっていたが、これは恐らく一九七九年〜一九八〇年のことだろう。[3]この隆起は、専門的には再生ドーム（セントヘレンズ山火口の溶岩ドームとは違う）と言われるが、それは太古のマグマだまりの真上にある。再生ドームの成長率は、セントヘレンズ山の標準からするとささやかなものだが、地震のデータだけでなく変形のデータまで揃っているのは、現在新しいマグマが再生ドームの下に存在し、多分古い通路を通って上昇しようとしている証拠と言えるだろう。「まったく予想もしないことだった」地質調査所のこの地域における専門家であり、最近、同調査所の防災プログラムの責任者に任命されたロイ・ベイリは言う。

学会の最後を飾る晩餐会では、ロングバレーの噴火の可能性に話題が集中した。本当に噴火するとしたら、どんな結果になるだろう。この火山が過去に最大の噴火をしたことを考えると、誰もが落ち着かない気分になる。ダン・ミラーは言う。「みんなマグマが上昇しているのではないかと心配していた。それが地下二・五キロメートルまで上昇すれば、地下水面にぶち当たって水蒸気爆発を起こし、噴火に発展するかもしれない」[4]

この地方を熟知していたダン・ミラーは、カルデラの南西部の噴火が何を意味するか容易に想像できた。セントヘレンズ山規模の噴火でも殺人的である。最悪のケースは、冬季に爆発的噴火が発生した場合である。そんな時は洪水や泥流が発生するだろう。

再生ドームからの爆発的噴火は、リゾート地の丘陵に住む人々の安全を脅かす。というのは、山を下って安全な地域に避難するには、地震地帯のほぼ真上にあるロングバレーを突っ切る道路しかないからである。このような状況で爆発的噴火が発生したら、何千人もの人々が通り抜けのできない山々と噴火する火山の間に閉じ込められてしまうだろう。

晩餐会で出席者が噴火の可能性を話し合っている折もおり、再び地震が発生して、シエラネバダ・インを含むこの地方全体の建物を揺り動かした。それは、突き上げるような突然の揺れだった。会場ではランプが揺れ、グラスの中の氷がチリンチリンと鳴った。

ライアルは会場を出て、オフィスの地震計の記録を電話で問い合わせ、戻るとロイ・ベイリを脇に呼び寄せて言った。地震は四・二の揺れといくつかの体感できない揺れであり、「それは現在地下二キロメートル以浅にある」と。

ベイリは、セントヘレンズ山のベテランたちに、後で林野部本部に集まるようにと静かに伝えた。

「皆、噴火の前兆を想像してかなり興奮していた」とベイリは語る。

林野部での会合で、ミラーたちはある事実に直面した。この火山はセントヘレンズ山とは異なり、過去の歴史をほとんど知られていない。噴火の予知に役立つような、噴火周期に関する情報はわずかしかない。何よりも当面の心配事は、上昇するマグマの熱で地下水が蒸発して危険な噴火に発展するという可能性である。そこで、地質調査所はすみやかに警告を発すべきだという結論に達した。会合は真夜中過ぎに散会したが、その晩よく眠れた科学者は少なかった。地震がシエラネバダ・インを一晩中揺らせつづけたのである。

このお隣の火山の将来を予告するのは、地質調査所にとってきわめて不案内な仕事だった。確かにこの頃には、セントヘレンズ山に関する噴火の予知は、科学の領域に近付いていた。それは、火山の振舞いの確かなパターンに基づいている。噴火は予告どおりに発生していたので、新しい予知技術はバンクーバーの信用を勝ち取っていた。とは言っても、この予知システムはセントヘレンズ山ですんなりと開発されたわけではない。バンクーバーでは、火口の仕事の危険性に関する論争が一段落すると、警告を発する時期やその内容の一言一句について何週間も口論が絶えなかったのである。

地質調査所が自然災害について住民に警告することは、法律で義務づけられている。[5] しかし、マンモスレークスはセントヘレンズ山ではない。火山の危険を経験したことのない住民は、警告を容易には信じないだろう。予知の基礎となる火山の過去の振舞いについてはデータが乏しいのだから、警告に対する風当たりは厳しいはずである。そして、地質調査所がベーカー山で学んだように、あるいは、フランスの地質学者がグアドループ島のスーフリエール山で学んだように、予告が外れた場合の損害は大きいのだ。しかし、地震と地形変化のデータは、火山が噴火に向かって進行していること、しかも、とてつもなく大きな噴火に発展する可能性もあると告げている。要するに、爆発的噴火をする火山の知識は増大しているとはいえ限られているうえに、噴火を完全には予知できないという火山の本質もあって、噴火を予知する段になると、地質調査所は苦しい立場に立たされてしまうのだ。

学会が終わるとダン・ミラーはデンバーに戻り、リック・ホブリット、ロッキー・クランデル、ドン・マリノーと共に警告文書の作成に取りかかった。彼らは、セントヘレンズ山のブルーブックを参考にして、火山の地質学的な歴史、現在の気がかりな兆候、可能性のある危険などを概説した。ロングバレーの火山系の研究に長いキャリアを持つロイ・ベイリは、この報告書作成の重要な一員になった。

この仕事には緊急の意識がついて回った。「火山活動が活発化して、報告書の完成前に本当に噴火するのではないかと気が気でなかった」とミラーは言う。文書は一週間以内に作成され、審査のために地質調査所内の科学者に発送された。所内評価は科学雑誌の論文に対する同業者の批評のようなもので、ここで文書はあら探しと酷評を受けることになる。しかし、いったんこの火をくぐり抜けてしまえば、科学的に確実な根拠のあるものとして承認され、地質調査所のお墨付きを貰えるのだ。

普通はこのプロセスに数ヶ月を要するのだが、マンモスレークスの警告は緊急事項である。そこで、五月末に向けて警告文はほぼ完成したのだが、結果的には早いと言えなくなった。『ロサンゼルス・タイムズ』紙の野心家でしぶとい科学記者のジョージ・アレクサンダーがこれを嗅ぎつけ、五月二四日の紙上で、ロングバレーに噴火の可能性を示す兆候が認められ、地質調査所はこれを危惧していると発表したのである。この話は他の報道機関にも取り上げられ、数時間以内に全国的なニュースになった。そして、それ以後は連鎖反応式に事態が進行し、マンモスレークスの町は社会的経済的に麻痺する状態に追い込まれた。

このニュースの直後から、この町には全国から電話が殺到した。市当局は地質調査所から何の通知も受けていなかったので、レポーターや業者からの問い合わせに答えようがなかった。実際、彼らがこの火山の危険性について最初に知った言葉は、『タイムズ』紙のアレクサンダーの記事だったのだ。

マンモスレークス商工会議所の所長、ジュリー・フィッツパトリックは、『ロサンゼルス・タイムズ』紙のスクープの直後でＵＰＩ通信社の記者に次のように語っている。「まったくばかげた騒ぎで、何百本という電話が殺到しました。本当にうんざりさせられるような電話もあり……噴火や溶岩流を眺めるのによい場所を教えてくれとか、町から避難しないと殺されるぞとか言うのです。この辺の住民はみんな大したものですよ。」

地質調査所が「火山に潜在する危険の警告」を発表したのは、このスクープの翌日である。それによると、この警告は地質調査所が定める三つの警告段階の最下位に属する。観測の強化を必要とするが、「危険の切迫を示す証拠は不十分」という段階である。

警告文書には、危険と推定される科学的証拠について概説されている。この地方には大噴火の歴史があるために、広く調査が行われてきた。一九七六年に、ロングバレー・カルデラの真下約八キロメートルの地中に、部分的に融解した巨大なマグマだまりのあることが確認された。最近の地震は、この地方では前例のないタイプだが、他の地方で記録された、マグマの移動によって生じる地震に類似している。その上、地震の深さは「一九八〇年六月以降次第に浅くなって」いる。一九八〇年一〇月に、マンモスレークス地方の唯一の出口である三九五号線に沿って調査したところ、一年余り前に比べると地面が約三〇センチ上昇していた。しかも、一九八二年一月には、再生ドームから約三キロメートル離れた地点に新しい水蒸気口が開けた。このような事実を総合すると、最もありそうなシナリオは、マグマの先端が「地表に向かって移動しているが、それが噴火の原因になるかどうかは不確実である」ということになる。

文書には、噴火によってこの地方にもたらされる危険が詳述された。火口から約一〇キロメートルの範囲内では、巨大な岩石が降り注ぐ。稲妻によって広大な地域に森林火災が発生する。火砕流が積雪の上を走り、高温の泥流が発生する。熱い岩石やガスで解けた雪が激流となって谷を下る。この火山性ガスによって動物や人間が窒息死するだろう。

地質調査所はとにかく義務を迅速に果たせたことを喜んだ。ところが、このポピュラーなリゾート地に噴火の恐れがあるという警告をメモリアルデーの週末前に公表したことが、まさか人問題になろうとは夢にも思わなかった。それは、警告に好奇心を持ってマンモスレークス地方にやってきた訪問客が、メモリアルデーの週末にこの地方を四回ほど揺すった中程度の地震に恐れをなして逃げ出してしまったのである。相当数の観光客が荷物を自動車に積み込んで、クモの子を散らすように逃げていった。

彼らは、町を去るときに幸運も持ち去ったようである。それからというもの、地域の景気は急落し、その原因は、政府のはしゃいだ科学者連中とあの忌まわしい噴火予告にあると考えられるようになった。ところが、当の科学者は自分たちの招いた混乱に一向に気づかないらしく、通信社の記者に次のように語った者さえいる。「三九五号が破壊されると逃げ道が断たれてしまいます。経済的社会的な意味で、その被害はセントヘレンズ山より大きくなるでしょう」[7]。メディアは状況をさらに悪化させた。ロサンゼルス・テレビ局の番組では、マンモス山のスキーヤーの映像とセントヘレンズ山の噴火シーンを重ねた場面が放映された。

マンモスレークス‐ロングバレー・プロジェクトのチーフになったダン・ミラーを始めとする地質調査所の科学者は、その夏のフィールドワークにこの地方を訪れたが、暖かくは迎えられなかった。

景気が低迷する夏の間に経済は大きく失速し、不動産市場が最大の損害を被った。もっとも、土地開発業者が抱える問題には過剰建設も一因になっていたのだが[8]。建築家の報告によると、別荘建築の計画はにキャンセルや延期の申し出が続出した。現地の建築家、アラン・オコナーは「新聞に火山の記事がでた直後の五日間で、七つの仕事が中止になった」と嘆いている。[9] コンドミニアムの売れ行きは急落し、景気の後退に伴って閉鎖する事業も現れ、求人率は三〇パーセントを維持できなくなった。事業によっては総収入の二五パーセントの低下を訴える者もあり、課税売上高は州の他の地域では全体的に上昇しているにもかかわらず、この地方では激減した。[10]

ミラーたちは、住民や州および地方の自治体に対して警告の理由を説明し、質疑に答える説明会を開催しようとしたが、うまくいかなかった。まず、町民にとっては、夏季の書き入れ時に火山集会などもってのほかである。したがって、計画は立ち消えになった。新たな集会の計画も、近隣の町で行われるという理由でお流れになった。また、州政府の役人のスケジュールは会合にかち合うことが多かった。

そこで、科学者たちは住民や業者に会えるチャンスをことごとく利用するようになった。噴火に特有の兆候や、再生ドームが二五センチ隆起した事実を示して地震が移動していることを説明すれば、住民の理解が得られ、パニックは鎮静し、災害対策計画が開始できるだろうと考えたのである。

これは完全な見込み違いだった。現地の役人は皆、軽蔑的な言葉を吐いてミラーたちに会うのを拒んだ。「あきれたもんだね。あんたたちは予算を吸い上げるためにこんなことをするんだろう」というのが開口一番の決まり文句である。視聴者電話参加形式のラジオ番組は、地質学者をこき下ろし、その動機を攻撃し、警告に異議を唱える場として利用された。結局のところ、仮に火山が噴火するとしても、それがいつなのか明言できないではないか。モーテルやレストランの窓には「地質学者お断り」という張り紙が貼り出された。[11] 集会は惨めな結果に終わることが多い。たとえば、ミラーが地方のライオンズクラブの会合で説明してスライドを映そうとすると、退場を迫るブーイングが会場いっぱいに鳴り響いたこともある。

会合では、言葉による攻撃が一段落すると、次は噴火の時を知らせろという詰問になる。「本当に噴火するのなら、その時を言い当ててみろ」

問題は、この地方の地下が地質学的に複雑であり、大部分はいまだに未解明であることだ。地下にマグマだまりが二つ存在して広い地域の火山活動に養分を供給していること以外は、ほとんど何も分かっていない。「それは新種の動物の行動を説明するようなもので、何がその獣を怒らせるのか見当がつかなかったのです[12]」とロイ・ベイリは言う。

七月に、郡議会は満場一致である解決策を可決させた。それは「地質調査所が、ロングバレー地方に潜在する危険を推測して扇動的印刷物を発行することは中止すべきである」という命令だった[13]。

ある夏の午後遅く、特に厳しい一日を過ごしたミラーは車を停めて、「ウイスキークリーク」という地方レストランに入った。メニューの注文をすると、間もなく土地の不動産業者がつかつかとやってきて「言葉に気をつけろよ。さもないと車に爆弾を仕掛けられるぞ」と言った。町の険悪な雰囲気に身の危険さえ感じたミラーは、家族の安全を気遣って、妻や二人の娘と一緒に住んでいるトレーラーハウスに戻っていった。そして、夏のフィールドシーズンが終わると、ようやく安堵の胸をなで下ろしてデンバーに帰ったのである。

一九八三年一月六日、ミラーのもとにメンローパークの地質調査所地方本部から電話が入った。ロングバレー・マンモスレークスが揺れている。五・三の強震が二回この地域を襲った。地震で飛行機の格納庫は壊れ、広い地域が停電し電話が不通になった。この強い揺れの後に、無数の微震が一分につき四〇回の割合で記録計に記された[14]。地震のエネルギーが増大しているのか、さらに、地震がテクトニクス活動によるものか、マグマによるものかについては測定記録から判断することはできないが、無数の地震があったことだけは事実である。

ミラーとドン・マリノーはメンローパークに飛び、そこで地質調査所の地震担当者と打ち合わせをした。地震計に記録されているのは、迫り来るマグマの足音と見なされる発作的な微震である。しかも、その震源は地下三キロメートル以浅にある。実際には、マンモスレークス地方の唯一の出口になる道路の下に存在するのだ。ミラーとマリノーは飛行機をチャーターしてマンモスレークスの町に直行し、そこの消防署に居を構えると、地元自治体との協議を開始した。

セントヘレンズ山の場合と同様に、地質調査所以外でも、噴火の可能性に関する予測が独自に出されるようになった。たとえば、サンディア国立研究所のある地質学者は噴火が切迫していると主張する[15]。この科学者は地震のデータに基づいて予測したのであるが、彼の解読によると、震源は、地質調査所が推定する三キロメートルよりさらに浅いところにある。しかし実際は、どちらの数値も推測でしかない。というのは、セントヘレンズ山と同様、ロングバレー地方も地下五キロメートルまでの構造が不明瞭であるために、地震の信号にどんな影響が及ぼされるかはっきりしないからである。

人々はこの地震に驚き、中には、冬季に噴火の可能性があるという地質調査所の予告を思い出した者さえいた。この山は、平日は平均一万五〇〇〇人のスキーヤーで賑わい、週末はさらに多くの人々で混雑する。地震は数週間鎮まっていたが、再生ドームを新たに調査したところ、冬の間にさらに七・五センチも隆起していた[16]。

地震の直後に駆けつけたミラーとマリノーが、地元行政や住民に危険を説いて回ると、二人の政治家が考えを改めはじめた。郡政執行官のマイケル・ジェンクスとアル・ライデッカーが地質学者のフィールドワークに同行し、その区域を見て回ったのである。[17] 二人は、火山活動の進行について、地質調査所の新しい見解を住民に伝えてくれるよう地質学者に要望した。そして、地質調査所の警告を心底から真に受けたわけではないが、万一に備えて山から逃げ出す代替ルートを建設するのは郡にとって賢明な策であると考えた。

二人の政治家はその春精力的に走り回り、山を通ってマンモスレークスの北側に抜ける人跡まれな山道を舗装するために資金を調達した。全長一〇キロメートルに及ぶ道路は一〇月に完成し、道標には「マンモス展望ループ」と表示されたが、土地では「マンモス避難路」として知られるようになった。しかし、この道路が完成したのは冬の地震騒動から数ヶ月後のことであり、経済的不安が噴火の不安を上回ったころである。町の業者は、平和な谷が爆発する可能性を再認識させるような二人の事業に激昂した。リコール選挙が行われ、地方政府では無所属であった二人は厳しい選挙戦の末に敗北した。

マンモスレークス地方は苦しい時期に突入した。町の三分の二の財政を扱ってきたマンモス銀行は、預金の減少と貯蓄引出し増加のために資金を搾り取られた。一九八三年、銀行は、基本的には貸付不履行のために五〇万ドルの損失を記録し、破産を免れるために名前を変更して株を一般に売りに出す方策をとった。[18]

地域の指導者たちはレーガン政権の黒幕に強く働きかけはじめた。この働きかけに関係したと噂される人物に、ビル・グラハムという地元の電気技術者がいる。[19] 彼はレーガン大統領の科学顧問であった。インディアナ州出身の共和党員、リチャード・ルーガー上院議員も、内務長官のジェームズ・ワットに選挙区民からのメッセージを伝える役目をした。モノ郡共和党の党首で臨時のマンモス市長であったギャリー・フリンは、この運動を手伝ったことを一九八五年に認めている。「電話をかけ、手紙を書きました。地質調査所から責任ある言葉を引き出すためにあらゆる手段を講じたのです」[20]

レーガンのホワイトハウスに圧力をかけたもう一人の人物は、マーチン・ドゥービン博士である。彼は、ジェームズ・ワット内務長官宛の手紙の中で、政界との有力なつながり（「実力者グループ」のメンバーなど）をチラつかせ、地質調査所は「予算獲得という身勝手な目的のために……脅し戦術」を採用していると訴えた。ワット長官には、地質調査所に対して「公衆に本当の事実を知らせる」[21]よう強要していただきたいと。

フリンたちの働きかけは暖かく迎えられた。レーガン大統領は前カリフォルニア州知事であり、この州には現在でも機能する彼の選りすぐりの政治ネットワークがある。事実、このレーガンの過渡期のチームの一人、ビル・グラハムはマンモスレークスの住民である。そして、レーガン大統領顧問委員会で最も気のおけない人物はワット長官だろう。米国地質調査所は内務省の機関である。地質調査所の所長もワットも、行楽地の経済を破壊する「ばかげた」火山噴火警告を何とかするようにと強い圧力を受けていた。

こうして一九八三年九月、奇妙なことが起こった。現場の地質学者にひと言の相談もなく、地質調査所所長が突如としてこの機関の三段階警告システムを廃棄したのである。所長の声明によると、科学者と自治体との間でつくられる警告は非公式のものであり、公的な布告は存在しないと言うのだ。要するに、これによってマンモスレークスの町に適用される公式の火山噴火警告は存在しないことになる。所長はこれについて、警告システムを再検討した結果、不十分であることが判明したからと説明した。確かに、地質調査所には、このシステムの徹底的な再検討に賛成する科学者が多いかもしれない。しかし、その影響を直接被る地質学者、つまりロングバレーで働いている火山学者にひと言の断りもなく廃棄するのは、無謀なやり方である。

マンモスレークスで働いていた地質調査所の一団は怒り狂った。彼らにとっては、所長が政治的圧力に屈したも同然である。そこで、命令は数年間無視されつづけた。

ところがそのうちに、より実用的な警告システムが模索されるようになった。一般の人々には最小限の不安を喚起するだけでも、緊急対策本部にとってはより効果的な自然災害対策を立てられるようなシステムが望ましい。こうして考案されたのが、客観的な基準と各段階の具体的対応策を備えた四段階警告システムである。これはジェームズ・ワットが内務長官を辞任した後に、地質調査所によって静かに採用された。

ロングバレー・カルデラの不穏な状態は一九八三年まで収まらなかったが、かと言って一年前、いや二年前よりも噴火に近付いたとも言えなかった。クリス・ニューホールは、ナパバレーでの地質調査所会議で、どこか別の場所の同様に複雑な火山系を調査する必要があると提案した。そうすればロングバレーに役立つ共通の特徴が見つかるだろう。この仕事には、ニューホールと彼のセントヘレンズ時代の同僚、ダン・ジュリジンが選ばれた。

ニューホールは、それがいかに大変な仕事になるか予想もしなかった。そこで、一九八三年の三ヶ月間をその仕事に割り当てたのだが、完了までにさらに四年を要した。二人の仕事は、世界中のカルデラの安定度を叙述する一一〇〇ページに及ぶ大論文に集大成されたのである。

ニューホールは述べる。「地質学的に若い大カルデラは大部分が不安定であり、ロングバレーで観測されたような活動は他のカルデラでもきわめて一般的であることが分かった。これは噴火しないという意味ではない。それらは乱れに対して大きな緩衝能力を有する大規模な火山系である。それをよくわきまえて噴火に対する不安を調整する必要があるということだ。このようなカルデラは不安定になりやすいが、実際には簡単に噴火するものでもない。要するに、活動を開始して噴火しそうな火山に不安定なエピソードが九回も発生すれば、何かあるだろうということである」

マンモスレークスの事件は、ダン・ミラーを始めとする地質調査所の科学者を苦しい立場に追い込んだ。セントヘレンズ山は彼らに爆発的噴火の威力を悟らせ、噴火の予知に必要な決定的前兆をより確実に検出する方法を教えてくれた。しかしはっきりしてきたのは、それぞれの火山系、そして恐らく個々の火山にも独自の代謝機能があり、したがって、どの火山も個性のある生き物として研究しなければならないことである。ハワイの火山の知識をセントヘレンズ山に移植するのが早計であったように、セントヘレンズ山のそれをロングバレーに移植するのも間違いのもとであった。セントヘレンズ山とマンモスレークスは、別の生き物である。噴火の前兆については多くのことが分かってきたが、千差万別の火山活動については一層の研究が必要である。

不安定なマンモスレークスのおかげで、カルデラに関する知識は豊富になり、より効果的な警告システムも考案された。しかし、警告の効果を上げるには、地域の指導者を最初から味方につける必要がある。恐らくこれがこの事件で得た最大の教訓だったろう。

シエラネバダ山脈地方の地震を長年観測してきたネバダ大学の地震学者ライアルでさえ、一九八五年に、「地質調査所はセントヘレンズ山で文字どおり火傷をしたので過剰に反応した」と述べている。ライアルの批判に対して、火山防災プログラムの責任者だったパトリック・マッフラーは次のように答えている。「うまくいってもいかなくても地質調査所は批判されます。しかし、何も言わないで事が起きたらどうでしょう。一九八二年の異変が本当に噴火になっていたら、警告を発した地質調査所は酷評どころか聖人に崇められてしまいます。危険の存在を人々に分からせるのが私たちの仕事ですが、危険を口にするやいなや、人騒がせな一団にされてしまうのです[22]」

最終的には、ロングバレー - マンモスレークス地方の火山活動を遠隔操作で観測する最新の観測所が設立された。この観測所の初代所長はデイブ・ヒルである。ヒルは、警告に関するあらゆる問題を分析して次のように書いている。

「火山噴火という脅威があるために、当然のことながら適切に反応するのは難しい。心配のしすぎは〝間違った避難勧告〟のもとになる（「無用」の避難が一回かせいぜい二回でもあれば、我々の信用と影響力は地に落ちてしまう）。ところが、心配することなくのんびりしすぎていると、爆発的噴火に発展しようものなら、深刻な被害と多数の死傷者を出すことになる……したがって、優れた科学、現場の経験、冷静な判断、そして、もちろん少しばかりの幸運が必要である[23]」

しかしながらこの時点で、地質調査所にとって、爆発的噴火の現場経験は圧倒的にセントヘレンズ山のものが多く、そのセントヘレンズ山も今は活力を失おうとしていた。

第8章　生きた火山の動物園

地質調査所が爆発的火山の経験を積む方法は二つある。カスケード山脈の別の火山が噴火するのを待つか、または、こちらから出向いて不安定な火山を探し出すかである。セントヘレンズ山噴火後は、国外での研究にもそれなりの特別資金と公的援助が得られるようになった。

セントヘレンズ山噴火の一年前、当時地質調査所のパートタイム職員であった若き地質学者のダン・ジュリジンは、太平洋南西部の島国であるインドネシアでの研究プログラムに着手した。インドネシアは、一二六の活火山が存在する世界で最も火山の多い国である。一九八一年、ジュリジンの研究計画は地質調査所によって正式に再開され、専門の火山学者が派遣されるようになった。この国際プログラムは、公式には、火山を観測し、危険を評価するというインドネシアの研究プログラムを助けるものであり、非公式には、火山活動についてできるだけ多くのことを学ぶためであった。

ホブリットに順番が回ってきたのは一九八二年である。彼は途中で、ラミントン火山を調査するためにパプアニューギニアに立ち寄った。この火山の一九五一年の噴火に関しては、オーストラリアの地質学者、G・A・M・テイラーが論文を著し、当時では最も正確で詳細な観測データを提供した。[1]

テイラーは、二年間の調査によって火山観測所が行う調査に匹敵するほどの仕事をし、これによってイギリス本国からジョージ十字勲章を授けられた。これは、ビクトリア十字勲章に相当する民間人の勲章である。テイラーの論文は火山学者の古典となり、絶版後はコレクターの書棚に並べられる一品となった。ホブリットはその一一六ページの論文を繰り返し読んではデータを分析し、写真を調査していた。

別に驚くことではないが、ラミントン山やその周辺に住む人々は、それが火山であることさえ知らなかった。人類学者によると、この山が二〇世紀の噴火以前に火を噴いたという言い伝えはまったく存在しない。ところが、火山は最初の活動を見せてから一週間後に壊滅的な噴火をして、約三〇〇〇の人命を奪ってしまったのである。

一九五一年一月一五日月曜日、火山に近い農園で働いていた数名の者が、樹木の茂ったラミントン山の急斜面を土砂が褐色の川のように流れ落ちるのを目撃した。その日の午後三時、火山から煙が立ち昇るのが見えた。火曜日、地震が発生し、「世界中が揺れる」ように感じた強い揺れもあった。水曜日、ある警官の記録によると、地震は七分置きに発生した。木曜日、火山の調査に行った警官の一団は、あまりにも激しい大地の揺れに恐れをなして、早々に引き上げてきた。木曜日の夜、「空全体が電気現象によって輝いて」いた。金曜日、恐らく高温の火山灰のためだろうが、夜空の星が「ぐるぐる回っている」ように見え、火山の近くでは岩石が降ってきて潰れた家もあった。土曜日、「地下で巨大な機関車が走る」ような轟音がクレーターから一五キロメートル先まで響き渡り、「無線には静電気のノイズが入った」。地震は非常に強くなり、放り出されないようにと立木に体をくくりつける人々さえいた。ところが午後八時に、地震はぴたりと止んだのである。

一月二一日日曜日、午前一〇時四〇分、ポートモレスビーからラバウルに飛ぶ途中のカンタス航空のパイロットがラミントン山の噴火を目撃した。飛行機は二八五〇メートル上空を飛んでいたが、火口から黒い塊が噴き出して、高度一万二〇〇〇メートルまで上昇した。ホブリットが特に興味を持ったのは、まるで「地方全体が噴火している」ように噴煙の基部が急速に拡大した、とカンタス航空のキャプテンが述べたことである。これは、二〇〇℃に達する高温の火山灰が巨大なハリケーンのように突進して、大地を総なめにしたということである。地上にいた者の証言によると、高温の火山灰がまるで石油火災のように渦巻き、それでいて固体物質のように突進し、火山周辺の一七〇平方キロメートルの土地を荒廃させ、触れるものすべてを焼き殺していった。

災害が去った後の死者は二九四二人で、大多数はこの火砕流の犠牲者だった。テイラーの記述によると、死体は黒焦げになり、「噴火から四八時間後に死体を判別しようとしたが、ヨーロッパ人と現地人を見分けることさえ困難だった」。人々は山から逃げ出す途中で死亡した。あるミッションスクールでは多数の児童が校舎内に避難したが、火砕流は彼らに襲いかかって死体を山のように積み上げ、校舎の壁を吹き飛ばした。生き残った四人中の一人は、火砕流に突き飛ばされて川に落ちた。彼は、水中から浮かび上がって息を吸い込んだが、とたんに喉を焼かれる痛みを覚えて、再び水中に潜った。そして、できる限り長く潜ってからまた熱いチリの空気を吸い込んだが、ありがたいことにその時はもう灼熱した空気は通り過ぎていた。

パプアニューギニアに到着したホブリットは、この地域で働いてきたフランスの火山学者、パトリース・ド・サンウールスに迎えられた。二人は自動車でこの国の人里離れた地方に赴き、かつて火山の爆風域に住んでいたという現地人を案内に雇った。三〇年前のこの地域は焦土と化していたのだろうが、ホブリットが到着すると、そこは深いジャングルになっていた。四人の男たちは道を切り開きながら進み、時々立ち止まってはホブリットが登山靴の中からヒルを抜き取るのを待った。

ホブリットはあちこちに穴を掘って堆積物を調査して歩き、ついに爆風の名残を発見した。それは、彼の予想どおりクレーターから伸びている。そして、同様の爆風の名残が火山周辺一帯にも存在することに気づいた。しかし、このような火山物質が火山から遠く離れた場所でこんなに均一に分布するのは不思議である。噴火前のラミントン山は噴火後のセントヘレンズ山のような形をしていた。頂上には外縁の一部が欠けたクレーター、つまり、三方に高い外縁を持つU字形のクレーターが存在したのである。

ラミントン山の堆積物を調査した結果、この噴火では何か特別なことが起きたと考えられるようになった。従来の見解によると、ラミントン山噴火はセントヘレンズ山と同様の「横なぐりの爆風」である。ベズイミアニ山も同種の噴火をしたと推測するゴルシュコフが、ラミントン山を同じカテゴリーに分類した。しかし、セントヘレンズ山では爆風によって生成された物質は基本的に一区画に限られているのに対して、ラミントン山の堆積物は火山周辺全体に放射状に残されている。

ラミントン山の岩石や火山灰の記録を詳しく調査しているうちに、ホブリットは実際に起きた現象を理解しはじめ、それほど強くない噴火でも強烈な噴火より危険な場合があると考えるようになった。

ホブリットの見解は、一九七六年にスティーブ・スパークスとライオネル・ウィルソンが提唱した「噴煙柱崩落説」に基づくものである。噴火に関する一般的な考え方によると、噴煙柱に含まれる物質（ガス、灰、岩石）は最初の爆発的噴射力によって上昇する。ところが噴火後間もなく、上昇する煙柱内の重い物質は、天空に向けて発射された弾丸と同様に重力の影響を受けることになる。物質は重力に引っ張られて減速し、上昇する力がゼロになるまで昇りつづける。

この点に到達すると、二つの事象のうちどちらか一方が起こる。噴煙内の空気の温度が高く、混合物の比重が周囲の大気より小さい場合は、噴煙柱はキャンプファイヤーの煙のように浮力を持って対流によって上昇する。比重が大きい場合は、噴射された灰やガスの混合物はまるでこぼれ落ちる噴水さながらに地面に落下して、岩に砕ける波のように火山周辺に高速で飛び散っていく。これがカンタス航空のパイロットが見た現象であり、彼はこれを「地方全体が噴火している」ように見えたと表現した。落下して地面に激突した火山物質は、勢いあまってクレーターの高い外壁を乗り越え、山の斜面を下って家屋も家畜も人間も焼き尽くしていったのだろう。これは、火砕サージとして知られる爆発的噴火の特別な一面であり、ビキニ環礁での大気圏核実験において見られたメカニズムでもある。

重要な点は、このように激突して四方に飛散する超高温の火山灰やガスの波は、力強い噴火よりも、むしろ弱い噴火の方が結果として発生しやすいということである。マグマ性ガスを多量に含むエネルギッシュな噴煙は、一般に、大気を十分に取り入れて浮かびやすくなるが、マグマ性ガスの少ない比較的弱い噴火は、白熱した軽石を噴出する噴泉になり、噴煙柱は崩落しやすいようである。

ラミントン火山はホブリットの現地教育では出発点にすぎなかった。それは冒険であり、火山は冒険の一部にすぎない。彼は高地の村で一晩キャンプをしたところ、財布を盗まれてしまった。翌日、客人が盗難に遭ったことに恥じ入った村人は、被疑者を探し出して後ろから撃ってしまった。また、ホブリットはいくつかの酒場で農園の経営者たちに会ったが、そこはハンフリー・ボガートの映画に登場するセットに似ていて、一分間に数回転するプロペラ型扇風機が天井に取りつけられていた。ある晩は、現地人が踊りながら熱した石炭の上に座るファイヤーダンスを見物した。「男どもは下着なんぞ着けていない。裸んぼうだったぞ」彼は後で笑いながら言った。

ホブリットはインドネシアに飛び、ジャワ島のバンドンという人口二〇〇万の都市に車で走り、その晩は第三世界の疲れきった旅行者として泥のように眠った。翌朝、ホテルから外に出るとあたりはまだ暗い。時差ボケで夜明け前に起きてしまったのかと思ったが、通行人が傘をさして走っている。次第に頭がはっきりしてくると、この地方の一九〇キロメートルほど遠方のガルングン山が噴火中であり、火山灰が降っているのだということが分かった。

その後、ホブリットはガルングン火山観測所を訪れた。彼が到着したとき火山は静かだったが、依然として活動的であることは明らかだ。地震記録計を見ると、そこには「見たこともないほど美しい火山性微動が記されている。まるで正弦波生成器でも使っているようだった」と彼は述べている。火山は次の噴火に近付いていたのである。

ホブリットは、彼の世話をしてくれる科学者をせきたてて車に乗り、火山に向かった。道中では、噴石の一撃を受けて屋根が崩れたり穴があいたりした家屋を見かけた。これ以上進めないところまで火山に近付いて車から降りると、ヒューという音が一回聞こえた。次にもう一度さらに大きく聞こえ、そしてまた一層大きくなって聞こえてきた。ガルングン山が駅を出発する機関車のようにシュッシュッと音をたてているのだ。同行のインドネシア人地質学者がホブリットを引っ張って車に押し込んだ。それと同時にガルングン山は噴火し、雨あられと降る火山礫（数秒前は溶岩だった洋ナシ大の石）が自動車にビシビシとぶち当たってきた。近くの野原では子供が凧揚げをしている。ホブリットが驚いたことに、子供は凧揚げに熱中している。世界中の火山学者を色めき立たせる噴火も、ガルングン山付近の子供にとっては見飽きた現象にすぎないのだ。

ガルングン山は、ホブリットが最初に見たインドネシアの火山だった。この国は、まさに各種の火山を集めた動物園である。実際、インドネシアは三つの大プレートが衝突して誕生した諸島である。したがって、この国にはどこよりも多くの活火山が存在し、おまけに人口密度も高いとされている。[2] インドネシアには数百の火山が存在し、そのうちの七五山はAクラス（一六〇〇年以降活動的な火山）に指定されている。それらは一六〇〇年以降八〇〇回以上も噴火し、そのうちの七四回は大惨事をもたらした。[3]

インドネシアの火山は、災害にかけては比類のない存在と言えるだろう。火山は地味豊かな土壌をつくり出す。貧困の蔓延した社会では、利用できる土地はすべて農場に利用される。人々は活火山の斜面を開墾し、それが貧困の解決策になることを期待しながら高地に進出していく。その結果、過去二世紀間に火山噴火で死亡した人々は一四万人に上る。[4]

活火山近辺に人口が集中しているインドネシアは、噴火によって記録的な数の死者を出している。その筆頭に挙げられるのがクラカタウ山だ。一八八三年、この火山は遠いトルコのイスタンブールでも聞こえるほどの轟音を上げて大爆発した。[5] この世のものとも思えない巨大噴火のニュースは、新設されたばかりの海底電信ケーブルを通って世界中に急送された。その第一メッセージは「クラカタウ山のあった場所が今は海になった」というものである。火山の下のマグマだまりが大量の物質の噴出によって空っぽになり、大地が陥没して長さ八キロメートルのカルデラを形成した。噴煙柱が海面に到達すると、高さ一五メートルもの津波が発生し、ジャワ島やスマトラ島の低地に押し寄せて、噴火による死者も含めて三万六〇〇〇人という人々を連れ去っていった。

火山噴火と世界の気候の関係が確認されたのは、クラカタウ山噴火が初めてである。この時から、世界各地の局地的な気象が遠方の火山噴火に関係づけられるようになった。気圧の変化だけでなく大量の火山灰も、地球の反対側の大気に影響した。真っ赤に燃える日没が至るところで観測され、ニューヨーク州ポーキープシー市とコネティカット州ニューヘブン市ではそれがあまりにも強烈だったために、火災と勘違いした市民が日没に消防署に通報した例もある。噴火後の数年間は、地球全体の気温が平均して〇・五℃低下したことも確認されている。

　とは言っても、クラカタウ山は人類史上最大の噴火ではない。それよりちょうど六八年前に、インドネシアのジャワ島の東にあるタンボラ山が、クラカタウ山の五倍または一〇倍の爆発力で噴火した。爆風による死者の数は不明だが、何万人かであることは間違いない。しかも、それに続く作物の不作と飢饉のために八万人以上の人々が死亡している。[6]

　この噴火は、大気中に大量の微粒子を注入して世界の気象に影響を与えたと何百年も考えられていた。ところが、その本当のメカニズムを教えてくれたのは、インドネシアの別の火山である。というのは、たとえ微細な火山砕屑物でも噴火後比較的早い時期に大気中から地上に降下するからである。一九六三年にバリ島のグヌンアグン山が噴火し、これによって、大気に長期的変化をもたらすのはチリではなく、二酸化イオウであることが分かった。噴出された二酸化イオウは成層圏に到達すると、硫酸のエアロゾルとなって長期間そこに滞留した。このエアロゾルが、太陽光を散乱させて成層圏の温度を上昇させ、赤外線を吸収して地球大気下層部の温度を低下させたのである。[7]

「私がインドネシアに行ったのは、学ぶためではなく、自分の知っていることを現地の人たちと分かち合うためでした。とは言っても、火山の巣窟を目にしていたのですから、それについて学ばないという法はないでしょう」ホブリットはこう回顧している。

ジャワ島のメラピ山は、ホブリットの見たところ、現在のセントヘレンズ山と同様に溶岩ドームを形成する段階にあった。ここでも、人々の居住区が火山の中腹まで進出している。メラピ山にはたび重なる恐ろしい噴火の歴史があり、言い伝えによると、あまりにも凄まじい噴火があったためにヒンズー教の首長がバリ島に移住してしまい、それ以後、ジャワ島民はイスラム教徒になったということである。[8] ホブリットが到着したころは、メラピ山は過去八〇年間に四四回も噴火していた。この峻険な火山は、ジャワ島中部の人口稠密な地域に聳えている。近年になってそれほど過激な噴火は発生していないが、ドームを形成する噴火でも決して油断はならない。山頂で成長しているドームは、高くなりすぎると一部が崩れ落ちることもある。崩れた岩石が大きい場合は火山灰の突風や高温の岩屑《がんせつ》なだれが発生して急斜面を突進し、農場を襲うこともある。このようなドーム崩壊に伴う致命的な現象は、地質学者の仲間内でメラピ式噴火として知られている。一九三〇年にこの手の噴火によって一三の村が消滅し、一三六九名の村民が死亡した。インドネシア火山調査所は、メラピ山の活動を少しでも予報できるようにと、そこに地震計網を張りめぐらそうとしている。

ホブリットが研究したもう一つの不思議な火山は、ラハールで悪名高いケルート山である。ラハールという言葉は、現在「火山泥流」の国際的な用語になっているが、もともとはジャワ語だった。ラハールはインドネシアにおける最も一般的な火山災害で、この国の火山を取り巻く低い斜面や堆積土砂平原は大部分がラハールによる堆積物である。メラピ山から東へ一五〇キロメートルほど離れたケルート山は標高一六八〇メートルで、火山としてはインドネシアで最も低く、噴火は短時間で終息する。ところが、この二つの特徴のために、ケルート山は危険な火山になる。まず人々が、肥えた土地に誘われて田畑を開墾し、ケルート山に進出していく。次に、火山の噴出時間が短いだけに、猛烈な噴火になる恐れもあるということだ。事実、短時間の激烈な噴火は平均して一七年に一回は発生している。

ケルート山のもう一つの特徴は、たちの悪い火口湖である。この湖にはいつでも二酸化イオウが少しずつ染み込んでいるために、湖水は硫酸である。悪いことに、噴火はこの火口湖の真下から噴出することが多く、溶岩や岩石、それに硫酸の混じった泥流が発生する。一九一九年の噴火は五一〇〇人以上の犠牲者を出し、一三五平方キロメートルの農場を破壊した。この災害を契機にオランダ東インド火山調査所が創設され、これが後のインドネシア火山調査所になった。また、湖の危険を緩和する方策として、湖水を吸い上げるために巨大なトンネルを掘る事業も行われた。このような努力によって湖の水位は低下し、洪水の発生回数も減少したが、次の噴火によって元の木阿弥になることもたびたびだった。一九六六年の噴火では大規模なラハールが発生し、死者は二八二名、被害を受けた村は五二村、壊れた橋は一〇本、そして、消滅した道路は五〇キロメートルと記録されている。[9]

ホブリットはジャワ島中央部のディエン山も調査した。この火山はインドネシアでさえ悪名をはせている。火道が広範囲に広がっているので、各所に浅いクレーターが口を開いている。この地方の人々は、普通の火山災害だけでなく、火山性ガスによる特別な脅威にもさらされている。マグマが地表付近に上昇すると、圧力が減少してガスが分離しはじめ、地表に漏れ出してくる。このようなガスの一部、たとえば二酸化炭素は大気よりも重いために地面に滞留し、時には山の斜面を下って低地に流れ込むこともある。一九七九年二月には、CO_2の気魂が山を下って一四九人の人々を窒息死させた。[10]

インドネシアでホブリットが繰り返し目にする地形は、セントヘレンズ山でハリー・グリッケンが研究した流れ山地形である。古い火山では年代の異なる流れ山が発見されることもあるが、それらは完全に均整のとれた左右対称の山体の麓に散らばっている。答えははっきりしている。火山は崩壊しても常に再生しつづけている。現在のセントヘレンズ山は、この再生サイクルの出発点にいる。今から数千年もすれば、完全に均整のとれた山体として白い雪の冠を被り、裾には風化した不思議な流れ山をちりばめて静かに立っていることだろう。

ガルングン火山には、「ガルングンの一万個の丘」として知られる地形が山の一方の面全体に広がっている。ガルングン山にもセントヘレンズ山と同様に、外縁の一部欠けたクレーターがあり、セントヘレンズ山の巨大岩屑なだれと同様に、その崩壊した山頂と外縁が一万個の丘の材料になった。しかし、ホブリットが驚いたのは、この国の人口問題がこの火山の中腹まで人々を追い上げていることである。クレーターの縁の割れ目まで進出して居住し、農地を耕している者さえいる。ある村は最近の噴火で消滅した。その村落跡を調査すると、耐火レンガの破片やその他村民の生活を示す人工物が発見された。ホブリットが穴を掘って調べてみると、そこには火山岩屑の薄い堆積層が発見されただけである。この地域が強力な爆風を被ったのは間違いないのだから、不思議なことだ。

「村は跡形もなく消えていたが、家屋の屋根に使われていた耐火レンガの破片があったので、そこがその堆積層であることは確かだった」とホブリットは語る。ホブリットたちは、強力な噴火が必ずしも分厚い堆積層を残すとは限らないと考えるようになった。現在では、激烈な噴火による堆積物で「縦横比の小さい」ものも知られている。この場合の縦横比とは、堆積層の厚さとそれが及ぶ面積との比である。広範囲に及ぶ薄い堆積層が発見されたのは、噴出された物質の量は中程度かもしれないが、その噴出力が相当に強烈だったということになる。ホブリットは、この壊滅した村の薄い堆積層について次のように語っている。「きわめて強大な噴火は、その堆積物が広い面積を覆う割には厚みの薄い層を残すということ、これはセントヘレンズ山以後の研究者が肝に銘じて認識させられた事実だ。それがなぜ重要かというと、過去の堆積物を調査して火山の歴史を読み取ろうとするとき、分厚い堆積層に隠れて見落とされがちな薄い層が、場合によっては火山に潜在する危険に関して重大なことを教えてくれるからである」

実際、ホブリットの一行が発見したように、八キロメートルも遠方の丘陵を一挙に焼き払うほど強力な噴火でも、やがてはすべての手がかりが消え去ることもある。このような痕跡は、米国太平洋岸の地域に比べると、インドネシアのように風化作用が激しく土壌中の生物が豊富な地域の方が早く消失する。とにかく、ホブリットにとってはっきりしてきたのは、火山岩屑は噴火の記録を正直に残してはいるが、このような記録が物語のすべてを語るわけではないということだ。土壌は風化されてしまうために、火山の一撃が届いた範囲を間違って見積もる可能性は大きい。残された過去の痕跡は、その火山が通った全コースを物語るとは限らないのである。

インドネシアを去るときまで、ホブリットは選りどり見どりの各種の火山に囲まれてその振舞いを研究した。数ヶ月間に、噴火、流れ山地形、地震、ベースサージ〔噴火時に噴出物が地表に沿って乱流状態で流下する現象。一般に、ベースサージは火砕流や火砕サージと違って低温〕、ドーム崩壊などについて実地に調査した。このたった一回のフィールドシーズン中に目にした火山と噴火のタイプは、恐らく地質調査所のどの火山学者よりも多いだろう。火山岩屑の記録を鵜呑みにしてはならないことも学んだ。そして、恐らく何よりも重要な成果は、エネルギーの低い噴火が極度にエネルギッシュな爆発より危険な場合があるという事実を、自分の目で確かめたことである。

第9章　アルメロの悲劇とその後

南米コロンビアのネバド・デル・ルイス山はアンデス山脈の北端に位置する火山である。この火山は独自のやり方で、米国地質調査所の火山プログラムにセントヘレンズ山と同程度の衝撃を与えた。とは言っても、この火山の噴火は、あの五月一八日の大噴火に比べたらキーキー声を張り上げる程度のものにすぎない。事件は一九八四年一一月に、火山の噴出口が異常に活発化しているという登山者の報告から始まった。冠雪した頂上付近の山小屋で地震が体感され、一二月末には積雪の上に火山灰の細粒が降り積もり、雪の表面はイオウで黄色くなった。[1] ルイス山は、一〇〇年ぶりに体内の火をチラつかせはじめたのである。

ルイス山がもたらした災害は火砕流や横なぐりの爆風ではなく、泥流である。この山は赤道から北緯たった五度のところにあるが、標高五三〇〇メートルの高山である。この高度の山頂は雪や氷の大マントに包まれ、言い換えるなら大量の水を貯蔵している。過去にも、泥流が突然山から滑り下りてきて家屋や農場を襲い、町全体を埋め尽くしてしまった例はある。この山がもたらした一八四五年の泥流は大惨事になった。コロンビアの博物学者、ホアキン・アコスタは、パリ科学協会の機関紙にラグニジャ川のラハールについて報告し、次のように記述している。

「ネバド・デル・ルイス山で発生した大量の泥流がラグニジャ川を下り、瞬く間に川床を埋めて樹木や家屋を覆い、または押し流して人も動物も呑みこんでしまった。ラグニジャ川の上流や峡谷の住民はことごとく死亡した。下流では脇の高地に逃れて助かった者も何名かいるが、その他の人々は泥流に取り巻かれた小さな丘の上に取り残され、救出されることなく死んでいった」

アコスタがこの記述を著してから一〇〇年も経過すると、泥流で荒廃した地域は繁栄していた。ルイス山から一〇〇年置きに襲来する泥流は、この上なく肥沃な土地を残していく。一八四五年の泥流の記憶が薄れて豊かさを追い求める気運が強くなると、人々はこの新しい大地に水田やコーヒー畑を開墾し、家を建て、かつての泥流の上に次々と町を発展させていった。

これは火山周辺ではよく聞く話である。どの土地でも、人々は危険な火山に一歩一歩と近付いて、中には活火山の斜面に居住する者さえ出てくる。火山が彼らを惹きつけるのは、そこが地味豊かな土地であり、貧しい農民には、身の安全を賭けても挑戦してみたい経済的発展の機会が与えられるからである。または、シアトル南部の地域のように、景色の美しさに惹かれて人々が移り住み、一九八〇年代半ばにアルメロ町が経験したような泥流の上に社会を発展させていく。

アルメロは、太平洋に注ぐラグニジャ川の湾曲部に沿って二股に分かれて広がる豊かな農村であった。アルメロの二万九〇〇〇人の住民は、約五〇キロメートル遠方のルイス山から一八四五年に流れてきた泥流の上に住んでいた[2]。

一九八四年一一月に火山が目覚めた最初の兆候があってから数ヶ月後、この火山はイオウの噴煙を噴き出したが、ハザードマップの作成、火山活動の観測、災害対策などに関してはほとんど何の手も打たれなかった。三月末に、国連災害救済機構の地震学者が国連のパリ自然災害部隊に電話をして嘆いている。「最近の火山活動に対しては何一つ対策が立てられていない。ボゴタ大学にもコロンビアの地球科学・鉱山・化学研究所（ＩＮＧＥＯＭＩＮＡＳ）にも火山学者はいないようだ」

この状況は夏が来るまで一向に変わらなかった。五月にエクアドルの科学者が、国連と世界火山観測所協会の代表として調査に訪れた。彼は、「火口の活動は安定しているが、異常な状態にある」と報告し、次のように嘆いている。「いかなる観測も行われていない。持ち運びのできる地震計は、もし彼らが持っているとしたら、相変わらずボゴタにある」五月末に、コロンビアのＩＮＧＥＯＭＩＮＡＳが、米国地質調査所に観測装置と技術者の派遣を依頼した。ところが折悪しく、その時の地質調査所は、ハワイとセントヘレンズ山で噴火が続いていたために依頼に応じられなかった。六月に、地質調査所からジオフォーン〔小型の地震計〕とケーブルが送られたが、この測定器に習熟した技術者は依然として派遣されなかった。地質調査所のラテンアメリカ問題副主任は、国連災害救済機構に宛てた書状に、「これは明らかに研究の機会である。ハワイ観測所もカスケード観測所も人員を割くことができないのは不幸なことだ」と書いている。

国連の嘆願に応えて、スイス政府が火山学者を一人と地震記録計を三台提供することになった。六月下旬、国連はコロンビア政府に書状を送り、火山学者、装置、教育プログラムの揃った火山対策パッケージが出来上がったと知らせた。これで、コロンビア政府から正式な請願書が届けばすべて揃うことになると。不幸なことに、コロンビア政府の返答を伝える書状は数ヶ月間行方不明になっていた。それでも八月下旬に、二つの別々のグループによって、初歩的な地震計のネットワークが配置された。とは言っても、データは分析のためにボゴタ大学まで人の手で輸送されるために、このプロセスには早くても数日を要した。

九月一一日午後一時三〇分、ルイス山で強烈な水蒸気爆発が発生し、七時間継続した。午後半ばには、小さなラハールが火山の西側斜面を二〇キロメートルほど移動した。この時は、東側斜面の町、アルメロには被害が及ばなかった。ところが、この被害の小さかった出来事がマニザレスの住民を、地方新聞に言わせると「パニックではないにしても相当の恐怖」に陥れてしまった。人口約三五万というマニザレスの全市民が恐怖に怯えたために、それは政府にすみやかに行動を起こさせる触媒になった。マニザレス市は全国の注目を一身に集め、火山の西側に位置していたために、東側の小さな町から政府の関心をそらせてしまった。ところが、この東側の町に、過去に最悪なラハールを経験したアルメロがあったのである。

九月一一日の噴火は、米国地質調査所にもある程度の行動を起こさせた。バージニア州レストンの地質調査所本部の所長がコロンビアに特派されたのである。ダレル・ハード所長はルイス山の研究で学位を取得している。九月二〇日からの一週間、コロンビアで他の地質学者や民間防衛隊と一緒にルイス山の過去の噴火を調査し、今後の動きを知る手がかりにしようとした。これは、紛れもなくクランデル - マリノー型の研究である。彼らが穴を掘って調査した結果、マニザレス市の川は、ルイス山の頂上から押し寄せる泥流の被害をほとんど受けていないことが分かった。九月二三日、ハードはマニザレス市で市民の不安を和らげるための講義をした。マニザレス市のように火山の西側に位置する人口稠密地帯が泥流の被害を被る可能性は、きわめて小さいと述べたのである。ところが、この言葉を聞いた人々は、それがさらに広い地域に適用されるものと解釈してしまった。

ハードがコロンビアを去る九月二七日になっても、観測網やハザードマップ作成に関する問題は一向に解決されなかった。ルイス山の上にも周囲にも、無線でデータを送信できる地震計は依然として設置されず、相変わらず毎日人の手で回収されていた。地震情報はINGEOMINASに収集され、次にボゴタ国立大学に郵送されて解読される。その時でさえ、民間の防災委員会が自由にデータを見ることはできなかった。この委員会は、火山観測を援助し、噴火に備えるためにマニザレス市で組織されたものである。実際、INGEOMINASは一〇月七日まで何一つ地震情報を公表しなかったのである。

一〇月七日にようやく発表された非公式のハザードマップには、ラハールを始めとする噴火災害を受けやすい地域が示されていた。ハザードマップが常にそうであるように、これも種々の不安を掻きたてるもとになった。すでに未発表の段階から、危険区域に関する無責任な情報は「経済的損失をもたらす」という苦情がマニザレス商工会議所から寄せられていた。この地方の大司教は「火山を利用したテロリズム」だと非難し、『ラ・パトリア』誌は表紙の火山に関連した特集記事で、ハザードマップが「不動産価格の下落」を招くだろうと述べている。ボゴタ市当局もそれが「大げさだ」と批判した。

一〇月七日にINGEOMINASはハザードマップ付きの予備的な災害予測を発表し、火山の東側の川をラハールが下る可能性は一〇〇パーセントとした。そして、泥流の規模は噴火の規模によって異なるが、「アルメロ町民を二時間以内に避難させることは可能である」と断言している。

この報告書は混乱を招いた。アルメロ町民は、マニザレス市民に報告されたように危険の心配はまったくないのか、それとも、どんな噴火でも必ず泥流に襲われるのか分からなくなってしまった。そして、二時間前には警報があって避難できるからと安心する者もいれば、間違った警報で集団避難をさせられるのではないか、というよりも、担当官が慎重すぎて早めに警報を出すのではないかと心配する者もいた。

その間もルイス山は不気味に活動しつづけていた。

はるか遠くからこの混乱ぶりを見ていた米国地質調査所はついに、遠隔測定のできる地震計を六台と〝火山学のインディー・ジョーンズ〟として知られる地震学者のデイブ・ハーローをルイス山に送ることを申し出た。ハーローはベトナム戦争の元海兵隊員である。地質調査所に就職すると基本的には中央アメリカの危険な火山で働いてきたので、一九八〇年代半ばには、地質調査所で爆発的噴火をする火山の経験が最も多い地震学者になった。

地質調査所は、国務省の対外災害援助局（ＯＦＤＡ）にこのプロジェクトの資金を要求した。プロジェクトの予算縮減を求める国務省との間で数週間討議が行われたが、その月の終わりにようやく折り合いがついて、ハーローは一一月七日にコロンビアに出発することになった。

ところが、予想外の事件が勃発した。ハーローが出発する前に、コロンビア国民は、ゲリラがボゴタ市の最高裁判所に乱入して占拠するという事件に震撼させられたのである。コロンビア大統領はこの過激な反逆者との交渉を拒否し、政府軍に裁判所の奪回を命じた。政府軍は武器や弾薬を使用し、装甲車や武装部隊を動かして急襲を繰り返し、ついに最高裁判所を開放した。しかし、この紛争の死者は一〇〇名に及び、それには一一名の最高裁判事も含まれていた。[3] この騒動のために、米国国務省は、ボゴタ市から北西にたった一七〇キロメートルしか離れていない火山に米国政府の科学者をわざわざ派遣することはないと、計画を中止してしまった。[4]

ＩＮＧＥＯＭＩＮＡＳはアルメロ町民が二時間で無事に避難できると保証したが、この判断の基準になったはずのハザードマップは、アルメロ町民の避難場所を示していなかった。事実、危険区域外とされる最も近い地点でも、一・五キロメートルは離れていたのである。二万九〇〇〇人の町民を一・五キロメートルも避難させるのは容易なことではない。仮に警報が間違っていたら、それによって生じる政治的経済的損失は甚大である。しかし、ハザードマップは、アルメロ一帯の地域が一八四五年のラハールによっておよそ厚さ八メートルの泥の下に埋まったことを示している。これは否定できない事実である。したがって、慎重のあまり早すぎる警報を出したとしても、その方がまだましである。

最大の問題は、まず、二時間で全住民を避難させられるとしても、その指揮を誰がとるのか、第二は、避難勧告が出されたら実際に何をなすべきかを住民が本当に知っているのかということである。

一一月一三日、ハザードマップの改訂版が発表されるはずの前日、アルメロはついに時間切れを迎えた。午後三時過ぎ、赤十字の人々と民間防衛計画の発起人たちが火山の南部の町で会議を始めたころに、ルイス山は巨体を揺すって火山灰を噴出しはじめた。民間防衛隊の指揮者はルイス山で「穏やか」だが継続的な活動があると通知されたが、この「穏やか」が、実際は何を意味するのか誰も知らなかった。そこで彼らはこのメッセージを、アルメロを含む火山東面の川沿いの町に送り、「必要なら警報を鳴らすように」と伝えた。火山は六時間というもの灰を吐きつづけた。恐るべき泥流の影はなく、警報も発せられない。ラジオアルメロに聴き入る住民の耳に届くのは、音楽と、地元の司祭によって繰り返される「心配ない」というメッセージばかりである。

午後九時八分、ルイス山は豹変した。マグマによる噴火が始まり、熱い火山灰が噴出されはじめた。事後の分析によると、この致命的な噴火は火山の標準からすると小さな噴出だった。放出された物質は、セントヘレンズ山の五月一八日の爆風で吹き飛ばされた物質の一〇分の一にすぎなかったのだ。

　吐き出された火砕物の温度は九〇〇℃である。高温の火山灰や軽石はルイス山東面の積雪や氷河を一挙に融解させた。熱い火山灰や岩屑《がんせつ》、解けた氷雪から成る洪水が高地から流れはじめて急流になり、瞬く間に高温の濁流となって、山の急斜面を時速一五〇キロのスピードで滝のように下っていった。濁流は氷の板を剝ぎ取り、ところによっては岩盤が露出するほど大きく大地を削り取る。流れは強力で、森林の一部を掘り起こし、バス大の巨石さえ転がしていく。何もかも食い尽くすこの濁流は、近くにいる者の耳をつんざくような雄叫びを上げて突っ走った。噴火が開始して七分後に、泥流はすでにアズフラド川の上流に達し、さらにこの川を下る途中で渓谷の両側の壁や川床を削り取った。激流は、一見濁った水のように見えるが、実際はコンクリートのようにどろどろした泥塊である。アズフラド川の泥流はラグニジャ川にぶちまけられ、標高差五キロメートルの地点にあるアルメロを目指して荒れ狂いながら流下していった。

　計算によると、ラグニジャ川を突進した泥流の勢いは、世界最大のアーチ式ダムの貯水池を一挙に放水した場合に等しいものだった。泥流は、時々、橋の手前で堆積した岩屑の山に堰きとめられたが、どの橋も教会の尖塔より長い巨木や大石に何度も打ちつけられて決壊した。このように流れが堰ごとに少しずつ停滞するために、泥流はまるで波のように下流に移動していった。午後一〇時三〇分、比較的小さい泥流がチンチナ村付近の低地を襲い、一〇分以内で三本の橋と二〇〇戸の民家を破壊し、一一〇〇人の人々を押し潰し窒息死させた。

　最大のラハールは、アルメロ町からまだ一時間の距離にあった。町民はそれぞれに寝る仕度をして、町のラジオ局から流れる音楽を聞いていた。別の町のコロンビア民間防衛本部は、大規模なラハールが移動中であるという知らせを受け、アルメロ町に避難勧告を出す決定を下したが、停電その他の通信不能のためにこのメッセージは伝えられなかった。

町から数キロメートル上流では、泥流が天然のダムを強引に通り抜けようとして突き崩し、さらに多量の水と岩屑を取り込んで膨れ上がった。アルメロでは住民の不安に応えて町長がラジオで放送し、心配することはない、火山灰が降るだけだから家で静かにしているように」と呼びかけていた。

午後一一時三五分、今や高さ四〇メートルに成長したラハールの先端が、戦闘機の大隊のような轟音を上げてアルメロのすぐ上の渓谷を驀進していた。この大泥流のために大地は激しく震動し、渓谷の上にいた農夫のホセ・ロハスはベッドから放り出された。彼が懐中電灯をつかんで外に飛び出すと、巨大な水の壁が渓谷を駆け抜けてアルメロに押し寄せていった。[5]

泥流は狭い渓谷を抜けると拡散した。ラハールの高さは九メートルに低下し、スピードも時速四〇キロに減速したが、それでもアルメロのどの建物よりも高く、人が全速力で走るスピードより速かった。

一九歳のホーテンシア・オリベロスは妊娠八ヶ月の身重だったが、通りで悲鳴が上がるのを聞いて目が覚めた。母親と夫と生後一一ヶ月の娘をたたき起こすと、一家揃って通りに飛び出した。「必死で逃げ回ったけれど、泥の大波に呑まれてぐるぐる回されてしまったの。赤ん坊は夫の腕から放り出され、みんな離ればなれになってしまったわ」彼女は後でこう語っている。この若い婦人は泥流に巻き込まれて洗濯機の中の衣類のように回転した。水面に顔を出すと、街灯の明かりはことごとく消えていた。夫が、立木につかまって浮かんでいろと大声で叫ぶ。彼女は立木に抱きついたが、その直後に立木もろとも押し流されて、家族から永久に引き離されてしまった。[6]

町を拭いながら突進する泥塊は物凄い力で建物を一軒一軒打ち壊し、町で最も高く、恐らく最も堅牢な建物である教会さえも押し倒した。最初の数分間に、恐らく一万人の人々が暗闇の中でラハールに呑みこまれたようである。

泥流が町の中心地を踏み潰しながら進んでくると、ホテルに宿泊していた地質学の学生グループは通りに飛び出して、泥流にもまれる自動車のライトに照らし出された巨大な泥の壁を見た。彼らはホテルに駆け戻って泥流の攻撃に備えた。分厚いコンクリート壁の頑丈な建物は、ドシンドシンと何度も打ち叩かれてついに後部が崩壊し、続いて建物全体が倒壊した。学生たちは泥流に投げ込まれたが、普通の洪水とは違って、重い大石もコンクリート塊も大波のようにうねる物質の表面に浮かんでいた。

学生の一人は次のように語っている。「建物はセメントで出来ていたので耐えられると思っていた。大石をたっぷり取り込んだ泥流が物凄い勢いで進んでくる。まるで、トラクターが一列に並んで町を押し潰し、何もかも倒壊させながら進んでくるように。ホテルの隣の駐車場にあった大学のスクールバスが、私たちより高く持ち上げられて火を吹き、爆発してしまった。私は『ここで恐ろしい死に方をするのだ』と思い、手で顔を覆った。小さな少女の体があり、首がないように見えたが、本当は頭が泥にめり込んでいる。ある婦人が『見て、あの子の足が動いている』と言うので、私は、熱いけれど火傷するほどではない泥に足をめり込ませながら少女に近付き、引っ張り出そうとした。でも、彼女の髪の毛が何かにからまっている。ああ、こんなひどいことがこの世にあっていいのだろうか」

分厚い土砂の洪水は、うねりながらアルメロの町を約二時間かけて通り過ぎていった。驀進する泥流の高さが二メートル以下になることはなく、場所によっては四・五メートル以上にもなった。最終的に停止した泥流は柔らかくてどろどろしていた。岩石や樹木の混じった濁流に呑まれて生き残った人々は、泥に埋まって身体の自由を奪われ、首まで埋まっている人さえいた。

地質学の学生の一人は言う。「明るくなると、ぎょっとするほど広大な恐ろしい泥の海が見えてきた。方々に人が埋まって泣き叫び、助けを呼んでいる。でも、助けに行こうものならその人も泥に沈んでしまうのだ。災害は、アルメロに泥流が押し寄せたときだけでなく、泥流が去った後も続いていた」

早朝、数機のヘリコプターが救助に到着したが、眼下には厚さ三、四メートルの泥に埋もれたアルメロの無惨な姿があった。この町には四二〇〇戸の建物があったが、残ったのは数十戸の建物の壁だけである。[7]

空が白みはじめると、あちこちの丘の上で立ち往生していた生存者が一〇〇人ほど空から救助された。悪臭を放つ泥沼の中で身動きできずに生きている人々は、少なくとも一〇〇人はいる。町を覆う泥はもはや動くことがない。泥沼に足を踏み込むと吸い込まれてしまうために、救助隊がこのような人々に近付くことはほとんど不可能である。三日後もまだ生存している人々は数十名いた。一二歳の少女は叔母の骸の下敷きになり、頭だけが泥の上に出ていたが、日曜日に母親の名を呼びながら息絶えていった。同じ日に、このような泥にはまった人々の救助に三日間ぶっ通しで働きつづけてきたドクター・フェルドナンド・ポサダは言った。「ここでは、もう一度なだれが襲ってきて彼らを覆い、苦しみから開放してくれることが最高の恵みだろう」[8]

アルメロ町だけで二万一〇〇〇人が死亡し、五〇〇〇人が負傷した。死体は泥に埋まったままであり、アルメロはもはや町ではなく墓場と化してしまった。

アルメロの悲劇は火山学者に多くのことを教えてくれた。この事件を分析した者は皆、ルイス山の噴火で死亡者がでるはずはなかったという点で意見が一致した。コロンビアの政府当局は、災害の兆候を火山から多数受け取っていた。ハザードマップの作成が遅れ、十分に知らされなかったとはいえ、危険性の高い地域は地質学者によって確認されていたのである。アルメロ町が泥流に襲われる可能性は正しく指摘されていた。一一月一三日には短期警報も出されている。

ペンシルベニア州の地滑り専門家でセントヘレンズ山の地滑りの可能性を研究したバリー・ボイトは、ルイス山の失敗を分析する優れた論文を執筆した。論文の結びで、アルメロ災害の核心にある問題を明確にし、同時に、火山噴火危機において火山学者が常に直面しなければならない問題についても言及した。それは、火山の危険を予知する技術が完全ではないにしても向上したために生じた新しい問題である。そしてその問題は、科学を現実に役立てようとするときに跳び越えなければならない最大のハードルになる。

ボイトは『火山学地熱研究ジャーナル』に寄稿した一九九〇年の論文で述べている[9]。「ルイス山の悲劇は、科学的に不手際であったとか、最終決定が不適当であった、または、肝心なときに一部の通信システムが故障したとかいう問題ではない。失敗の原因は、最後の瞬間まで待ったことにある。このような差し迫った事象に対して効果的な緊急対策を望むのは難しいことだが、それでも問題は人間の本質にあるようである。それは、安全に対する過剰な確信や間違った信念というよりも、不確実な場合に行動を起こしたがらない傾向（私はこれを強調したい）、または、間違い警報によって生じる出費を避けようとする傾向にあると考えられる」

ボイトは、この行動を起こしたがらない傾向が、アルメロ町だけで二万一〇〇〇人の死者を出したと述べている。彼がここで言葉を止めておけば、論文は火山学者に歓迎されたことだろう。ところがさらに続けて、間違い警報に伴う現実の出費まで算出したのである。

それによると、避難を呼びかける費用は高くつく。略奪に対する安全策をとるのは難しい。過激な反政府組織がこの危機を利用することもある。また、間違い警報であれば、アルメロ町民は家を立ち退かされ生計を乱されたことに憤りをおぼえるだろう。「要するに、権威ある機関は対策を誤ったのではなく、早期避難や間違い警報による政治的経済的損失の責任を回避しようとしたのである」とボイトは書いている。

ボイトの論文は火山学の世界を揺り動かした。多くの者が、それを、ルイス山の危険度を適切に伝えられなかった科学者に対する告発と解釈したのである。

これからは、火山噴火について現地の責任者にアドバイスをする地質学者は、どんな場合でもロングバレー同様の苦しい立場に立たされることになった。噴火の接近を確認する技術は進歩している。しかし、自然は複雑であり、実際にいつ噴火するかを一〇〇パーセント正確に予知することはできない。予測には常に外れの可能性も含まれている。これによって、専門的アドバイスをする仕事にもう一つ新しい責任が加わることになった。つまり、科学者は、集団避難を強力に主張して何事も起きなかった場合の結果だけでなく、反対に、必要だった避難を強硬に推し進めなかった場合の結果に対する非難も甘受しなければならないということである。

ボイトは述べる。地質学者が慎重な忠告者であろうとするのは良いことである。しかし、こと火山の危険に関しては、より正確な観測をして危険を見極めるだけでなく、火山の情報に基づいて適切な行動をとるよう強力に主張しなければならない。地域の責任者にアドバイスするだけという贅沢は許されないのだ。

「ある意味でこの災害は、地質調査所や国務省対外災害援助局（ＯＦＤＡ）のような、外国に人材を派遣し、災害前の援助をする機関に、官僚的な遅れや管理者の怠慢さが潜在することを示している。いずれにせよ、このような要素が、ルイス山のハザードマップ作成や効果的な観測に遅れをもたらす一因になった」ボイトはこのように記している。

ルイス山災害を分析したボイトの論文が発表される前から、米国国務省は、その援助方針に欠陥があることを自覚していた。災害援助とは、一般に災害後の援助を意味している。これに気づいた国務省は、外国の自然災害に対して発生前の援助介入ができないものかとその可能性を探りはじめた。災害前に介入することによって、災害の規模や脅威を小さくできるのではないか。当時、国務省に対して最小の努力で最大の成果を上げよという圧力が増大していた。そこでOFDAは、海外の災害対策として事前に出費することは、災害後の人道的援助に費やされる莫大な費用の節減につながると考えたのである。

必然的に、OFDAの努力は火山に向けられるようになった。世界で最も危険な火山の大半は開発途上国に存在する。人口増加とそれに伴う土地利用増大のために、このような火山の危険性は年々大きくなっている。たとえば、フィリピンではマヨン火山で発生する洪水や泥流によって一八〇〇年代に約一二〇〇人が死亡しているが、同じ区域で常に危険にさらされている人口は、一九八〇年代末までに三〇万人以上に膨れ上がった[10]。

このような現状を考慮した国務省は地質調査所に電話をし、ノーム・バンクスを受け入れる準備はできていると伝えた。

セントヘレンズ山大噴火の七ヶ月後、一九八〇年一二月に、ハワイとワシントン州の観測所スタッフの間にメモが回った。それには、今こそ地質調査所の火山プログラムの方針を見直して、「研究可能な（そして穏当な）地域をすべて」対象にすべきであると書かれていた。ノーマン・バンクスがこれに応えて一九八一年一月にある提案をした。世界中の火山噴火危機に駆けつけて（その国から依頼があればの話だが）「森林火災にパラシュートで降下する消防士」のような働きをする火山学者チームを構成する必要があると。バンクスは、セントヘレンズ山の初期に自分の仕事をハワイからセントヘレンズ山に切り換え、最終的にはジム・ムーアを手伝って山体変形の測定に取り組んだ火山学者である。同じころに、リック・ホブリットやデイブ・ハーローのように、同様の考えを持つ科学者が何名かいたが、最初にそれを文書にして精力的に提唱しつづけたのはノーム・バンクスであった。

一九八〇年にバンクスはすでに悟っていた。地質調査所が米国内の火山にこだわりつづけるなら、米国の火山学者がセントヘレンズ山同様の貴重な経験を得られるのは五〇年後になるだろう。そんなに長い期間待たされていたら、地質調査所の現在の専門家はこの世に存在しなくなる。それでは技術の向上は望めないだろう。

バンクスの提案には二つの狙いがあった。第一の目的は、「外国からの要望があれば、不安定な火山や噴火する火山を観測して危険性を評価するために、装置を完備した経験豊富な機動チームを急送すること」である。これはまた一方で、経験を豊かにし、装置の改良や発明を促進し、火山活動の観測、解読、予知の質を高めるという利益を地質調査所にもたらしてくれる。

彼の構想によると、機動チームは一〇名の専門家と最新の観測装置で構成される。要するに、人と装置を備えた移動観測所ということである。それは自給自足型のチームで、呼び鈴が鳴ればどこにでも飛んでいく。チームにはリーダーが必要だ。リーダーにはいろいろな任務があるが、特に世界中の最も危険な火山を知っていなければならない。また、装置の開発や維持のために機械や電子工学の専門家が一人、写真家が二人、そして、現場での観測、評価、アドバイスをする「火山観測所の過去および現在のスタッフ」の一団が必要である。

バンクスは、特別機動チームの構想にもう一つの特徴を持たせようとした。つまり、調査中の火山に観測機器を丸ごと残してきて現地の地質学者を教育し、チームが引き上げた後も危険の評価、観測所の運営、データの解読をさせようというのだ。全世界に〝観測の行き届いた火山〟のネットワークをつくるというバンクスの遠大な計画は、火山学を急速に進歩させてくれるだろう。

このような緊急対策チームの立ち上げに必要な費用は、彼の概算によると二〇万ドルである。彼の提案は公式には却下されなかったが、予算に余裕があれば援助を考慮するというプロジェクトの山に積み上げられた。バンクスは科学者の御多分にもれず、他人に及ぼす影響などまるで意に介さず自分のアイデアだけを主張するタイプの人間だが、それでも機会あるごとに人々を説得しようとした。そして、その間に観測装置を揃えていったのである。

一九八一年五月、太平洋西部のマリアナ諸島、サイパン島北部でパガン山が噴火した。バンクスは地質調査所の上層部を説得して、噴火が始まって五日後に二人の同僚と共に現地に駆けつけ、火山性地震、傾斜変化、ガス噴出を測定する装置を配置した。この試みは困難を極めた。観測装置が道中で紛失したこともあれば、現地で公的手続きに手間取りチームのフライトが四日も遅れたこともある。おまけに、食料、航空運賃、現地交通費を最低予算で賄わなければならない。最大の苦労は、チームの人員不足のために、八日間で全員が疲労困憊してしまったことである。とはいえ、彼らは帰国するまでに十分なデータを収集し、パガン火山に関する論文を出版した。この論文によって、地質調査所の上層部にも緊急チームの意義を認める支持者が現れるようになった。しかし、計画実現に充てる資金の不足という現実を変えることはできなかった。そこで、バンクスは、活動再開の兆候を見せはじめた火山の話を聞くたびにその構想を説いて回った。

彼は、自分の計画を練り直しては一九八二年と八三年、八四年に火山危機援助隊（Volcano Crisis Assistance Team, VCAT）創設の資金を請求した。そうこうするうちに国務省の国際開発庁（ＵＳ ＡＩＤ）から、地質調査所の国際地質学部門が資金を準備するならプログラムを支援しようという提案があった。しかし、地質調査所にその金はなかった。そこで、バンクスは別の場所に資金を求め、ナショナル・ジオグラフィック社に一〇万ドルの助成金を願い出た。ナショナル・ジオグラフィック社はためらいながらも興味を示したが、この話も地質調査所の煮え切らない態度によって御破算になった。

そして一九八三年末、パプアニューギニアの巨大な火山系が不安定な兆候を見せはじめた。ラバウルは、規模においてカリフォルニア州ロングバレーと同程度の、たびたび噴火する大カルデラである。最後の噴火は第二次大戦中だった。現在は、カルデラの外縁に何万人もの人々が住んでいるのだから、大惨事になる可能性は大きい。

一九八四年一月、国務省ＵＳ ＡＩＤの対外災害援助局（ＯＦＤＡ）が、パプアニューギニア政府からラバウル対策の技術的援助を求める連絡を受け取った。国務省は地質調査所に連絡し、地質調査所はノーム・バンクスに対して、援助を提供する場合の費用見積りを依頼した。ところが、この火山の活動が鎮静化してくるとラバウルの不安は解消し、バンクスの提案は顧みられなくなった。

しかしながら、アルメロ災害の後でルイス山の被災者救助に三〇〇万ドルを出費しようとしていたＯＦＤＡは、二〇万ドルの火山保険というアイデアは結局賢い政策であると考えるようになった。こうして五年間の実験的実施が認められ、資金はＯＦＤＡと地質調査所が折半で負担することになり、火山災害援助プログラム（ＶＤＡＰ）として知られる機動チームが発足したのである。

このプログラムはちょうどいい時代に開始した。火山観測の機器はひたすら小型化し近代化していた。コンピュータ革命が進行して、野外地質学者にも最新の優れた観測機器を提供してくれるようになった。かの有名な地質調査所のプログラマー、ウィリー・リーは、新しいソフトウエアパッケージを開発した。この「ウィリー・リー・システム」のおかげで、現場にコンピュータを持ち込み、リアルタイムで地震データを取得して分析できるようになったのである。

ＶＤＡＰチームは、グアテマラ、メキシコ、ボリビア、エクアドル、アルゼンチン、ペルー、チリなどの火山に派遣された。

ところがそうこうするうちに、デイヴィッド・ハーローのようなレギュラーのメンバーが、このような国際的フィールドワークに参加することで、上層部の辛らつな批判を浴びるようになった。一年ごとに行われる勤務評定において、多くのメンバーが、論文の執筆よりも火山の追跡に時間を費やしているという理由で、昇進から外されたり俸給の増額を拒否されたりするようになったのだ。メンバーは、火山周辺の住民に真の利益をもたらしていると反論したが、彼らの主張は顧みられなかった。

最終的には地質調査所の「ミートボール」と「コーンヘッド」が対立するようになった。ミートボールとは無能な連中という意味だが、デイブ・ハーローに象徴されるこの手の研究者は、火山噴火の危機を放っておくことができない。ジャングルに飛んで揺れ動く活火山の上に観測網を張りめぐらし、現地の人々を指導して被害を最小にすることに喜びを感じる人種である。コーンヘッドとは世間知らずのインテリ連中という意味だが、彼らは、マグマの形成温度や溶岩の地球化学的分析といった基礎的研究を愛するアカデミックな精神の持ち主である。どの科学も共通してこの二つの文化、すなわち基礎研究と応用研究に分けられる。セントヘレンズ山でのジム・ムーアやドン・スワンソンのように、基礎研究の科学者は、自然の原理を突き止めるという純粋な喜びに駆り立てられるが、ロッキー・クランデルとその後継者を含む応用研究の科学者は、基礎研究の発見は社会に役立ててこそ価値があると信じている。

実際は、どちらも他方がなければ意味のない存在である。ところが、セントヘレンズ山における二つの文化の軋轢が不愉快なものであったように、この再燃した軋轢も、地質調査所のせっかくの火山プログラムに水を差すものになった。ただし、今回の衝突が他と異なる点は、本質的には上層部が全員コーンヘッドであるということだ。したがって、ミートボールの俸給や昇進に関する問題は、コーンヘッドで構成される評価チームの手に委ねられるために、ミートボールにとっては不利な結果になることが多かった。

またこの頃、ノーム・バンクスに発明の才はあっても経営の才はないことが露見してきた。彼がVDAPの概念を力説していた時代にも、仲違いや気まずい関係は発生している。彼のリーダーシップの取り方はきわめてまずいものだったので、その下で働く科学者は次第に不満を募らせていった。バンクスは一九九一年一月に、不承不承VDAP主任の地位を辞任した。ディック・ジャンダがその後を継いでプログラムを再開したが、最終的なVDAP主任の仕事はダン・ミラーに回ってきた。

アルメロの惨事以来、米国では、巨大ラハールの可能性が予告されると、人々はそれに耳を傾けるようになった。カスケード火山観測所から車で一時間ほど北に行ったところに、アメリカで最も危険なラハールが潜在する。それは、シアトル市とタコマ市の背後に静かに聳える山、つまりワシントン州のレーニア山の雪に覆われた斜面に眠っている。

レーニア山は米国のきわめて面白い火山の一つである。頂上付近の積雪した斜面はピュージェット湾から四三九二メートルの高さにある。そこには噴火の長い歴史があり、最後の噴火は一五〇年前に発生した。登山者が火山の上にいることを痛感させられるのは、山頂にいるときだ。水蒸気の噴出口が山頂のクレーターを取り囲むように並んでいる。大地は暖かく、この高度でも、頂上には雪のない場所や新雪に薄く覆われただけの場所がある。上昇する水蒸気によってつくられた雪の洞窟は遭難者の避難場所になる。山頂の地表の温度を測定すると八〇℃であった[11]。この熱はレーニア山の体内のマグマから供給されている。

レーニア山で大規模なラハールが何度か発生したことを最初に確認したのは、地質調査所のリック・ホブリットの上司であるロッキー・クランデルである。彼は一九五三年、地質調査所に勤めて間もないころに、レーニア山麓にあるピュージェット湾周辺の低地の地質図を作成するチームの一員になった。その際、この地域が繰り返し氷河に覆われたことを切り通しのハイウェイで発見し、たちまちその地質に強い興味を抱くようになった。

クランデルは、地質図作成の仕事に従事した最初の夏に、屋外広告板ほどの大きさの不思議な地層に出会った。それは、ホワイト川によって数千年をかけて切り通された山腹に展開している。川の流れや道路建設によって削り取られた土地は、地表を歩いている地質学者に、普通なら見えない大地の内部を見せてくれる。このように削られた土地の断面は、地質的歴史を物語っている。樹木の年輪のように大地の進化を表す地層が展開され、各層にはそれぞれの物語が書き込まれている。クランデルはこのような物語を解読する専門家になった。

クランデルが発見した断面は困惑させられるものだった。断面の上部は、周囲の大方の地形と同様に平坦である。ところが断面をじっくり観察してみると、より年代の古い、いくつかの小丘で構成される地形が下層に埋まっている。そして、何かが発生してこのような小丘の間を埋め尽くしたようである。埋め尽くした物質の厚さは、丘の頂きの上が一メートルほど、丘の谷間では一五メートルほどであった。この物質が、ちょうど池の底の大石を隠す水のように上部を平らにしているのである。

以前の地質図によるとこの地域はモレーンであり、氷河によって運ばれた土砂石の埋め立て地とされていたが、クランデルには納得がいかなかった。氷河の厚さは通常一〇〇〇〜一五〇〇メートルはある。これほど厚くて重い氷河なら、小さな丘など押し流してしまうだろう。その上、小丘を埋め尽くしている物質は、小石から家屋大までの巨礫を含む粘土である。そんな時クランデルは、彼の担当区域の隣を調査している地質学者から同様の堆積物を発見したと知らされた。そこで二人は共同調査を開始し、一般に平坦な低地は、この地方一帯にわたってこのような粘土で覆われていることを発見した。

ある夜クランデルは、妻のマッキーと三人の子供のために借りたシアトル付近の別荘で、この謎を解く可能性のある説明をリストにしていった。リスト作成は地質学者がよく利用する方法である。リストを作成したら、次は、各説明がデータに適うかどうかを検討する。可能性の小さい説明を一つひとつ除去していくと、最後に残るものが最も有力な候補になる。ところが、クランデルがこの方法を実施すると、あらゆる妥当な説明が除去されてしまった。困惑したクランデルは、その粘土がその場所に流れてきたことさえ疑った。ふと、彼の脳裏にあることがひらめいた。巨大な泥流だったのではないか。それから間もなく、クランデルと隣の区域担当の地質学者は、その泥流が実はレーニア山の崩れた山頂であったことを発見したのである。泥流は三〇〇平方キロメートルの物質を押し流し、一一〇キロメートルも移動してピュージェット湾に流れ込んだ。泥流が停止すると、かつての地形はすべてその下敷きになり、平らな表面を残すだけとなったのである。

ロッキー・クランデルが発見したレーニア山の泥流は、噴火によって発生したとは言いきれない。将来、噴火しなくても泥流は発生するだろう。そのメカニズムは、アルメロの場合やセントヘレンズ山の場合と異なっている。

火山は、時によっては、一部の地質学者が俗に「腐った岩石」と称するものをつくり出す。熱せられた酸性の水が何百年もの歳月をかけて山体に浸透し、岩石をぼろぼろにして粘土に変換してしまうのだ。最終的には、山体の相当の部分が酸性水に腐食されて粘土に変換されてしまうだろう。粘土はきわめて崩れやすいために、このような火山ではたとえ小さな噴火や地震でも泥流の引き金を引くことになる。

約五七〇〇年前のレーニア山で、酸でぼろぼろになった岩盤が、恐らく噴火か地震によって幅一・五キロメートルにわたって崩壊し、山頂から六〇〇メートルまでの部分が崩れ落ちた。雪や河水を含む暖かい粘土は火山の東側斜面を滑り落ち、アルメロを埋めたラハールの六〇倍も嵩のある泥塊に発展した。それは、時速一五〇キロのスピードで三つの谷に流れ込み、低地に流れ出して拡散し、約一二〇平方キロメートルの地域を覆った[12]。低地に到達すると、スピードは時速五〇キロ以下に減速したが、それでも大石や六〇メートルもの大木を押し流すほど強力だった。泥流は現在六つの都市が存在する土地を襲い、最後は、現在のタコマ市に近いピュージェット湾に流れ込んだ[13]。これが、オシオーラ泥流として知られる自然災害である。

クランデルのラハールの研究は、総じて地質学に、とりわけ火山学に大きな貢献をした。

レーニア山では過去一万年間に他にも六〇回の泥流が発生した。そのうちのいくつかは、一一〇キロメートルも下ってピュージェット湾に流入している。クランデルは研究を続けていくうちに、もしオシオーラ泥流が一九五〇年代半ばに発生していたら、町の人々は何も知らないうちに泥流に呑まれてしまったろうと考えた。こうして一九八〇年代末になると、地質学の世界では、米国でもアルメロの悲劇は起こり得ると考えられるようになった。

この不安が引き金となって、かの有名な米国研究諮問会が論文を発表し、次のように述べている。「山体の崩壊、氷河による洪水、ラハールは、火山体がもともと不安定であるなら、噴火がなくても発生する。レーニア山は高度の高い火山であり（標高四二〇〇メートルで、起伏量は約二九四〇メートル）、山体には、局所的に変質した構造的に弱い岩石が約一四〇立方キロメートルも含まれ、それが約四・四立方キロメートルの雪や氷に閉ざされている。そして、それらすべてがほとんど安息角〔まさに滑り落ちようとするときの角度〕で静止しているのである。したがって、地震による大地の揺れ、山体にマグマが貫入することによる地面の変形などが、火山の大規模な重力崩壊の原因になり、壊滅的な雪崩や土石流を発生させ、時には噴火を引き起こすこともある。一時的な加熱現象や豪雨も火山の積雪や氷河を解かして、洪水やラハールの原因になる。……土石流は甚大な被害を及ぼすだろう[14]」

レーニア山は標高が高く、雨の多い太平洋北西部に存在するために、大量の氷雪に恒久的に覆われている。懐には名前を持つ氷河を二六も抱えている。それらを全部合わせると九〇平方キロメートルにもなり、これは、大噴火前のセントヘレンズ山の二〇倍以上である。このような雪、氷、そしてもろくなった内部の岩石を考慮すると、レーニア山は米国の特に危険な火山の中でも別格の存在になる。

ちょっとした地震や、雪原に噴き出された火山砕屑によっても、ルイス山並みのラハールが生じるだろう。これが夜間か、火山が何日も厚い雲に覆われているようなときに発生したら、早めの警告は不可能になる。

レーニア山の過去のラハール跡にはおよそ一〇万人の人々が居住している。たとえばオーティング市などは、五〇〇〇年前に険しい谷を駆け抜けた泥流が厚さ六メートルに堆積した土砂の上に築かれている。何千人もの住民を跡形もなく埋め尽くしてしまった泥流の上を、人々は毎日行き来しているのである。[15]

一九八〇年代が終わるころには、アメリカの火山学会は大きく進歩した。地震計、山体変形測定器、火山ガス測定器によって、地下のマグマの移動を知り、それが地表に向かって上昇していることも検知できるようになった。

地質調査所には、インドネシアの火山の爆発的噴火に関する知識が豊富になった。今では、火山活動が開始すれば数日以内で、緊急対策チームが世界中どこへでも火山観測所を担いで馳せ参じることができる。リアルタイムで地震情報を提供してくれるウィリー・リー・システムのような新技術は、その能力と分析速度をますます向上させて、観測機器の性能を高めてくれた。そして、レーニア山のように静かな火山でさえ危険であることも認識されるようになった。

一九八〇年五月一八日以降のセントヘレンズ山の噴火によって、地質調査所の科学者は、噴火の時を、それが単なる溶岩ドーム噴出にすぎなくても、実際に予知できるようになった。ただし、セントヘレンズ山で開発された技術は、マンモスレークスで証明されたように、必ずしも他の火山にそのまま利用できるとは限らない。しかし、セントヘレンズ山での成功は、地質調査所内部に自信を生み出した。少なくとも火山学者たちが噴火の恐れのある火山を前にしてうろたえることはなくなった。事実、地質調査所の科学者の間には、噴火の前兆を確認できるという確信が育っていた。このような進歩は、彼らが現地で緊急対策を指導し、人々に災害を回避させるために役立つだろう。

とはいっても、それにはもう一つ克服しなければならない問題がある。それは、アルメロ災害の最大の原因、つまり、科学的な不確実さに直面すると、行動を起こす責任者の決断力が鈍るという問題だ。火山活動に科学的な不確実性はつきものである。セントヘレンズ山でさえそうである。そして、本当に危険な火山の大半は、特に米国以外の国ではほとんど理解されていないために、危険性の評価一つとっても間に合わせ仕事になってしまうのだ。

とにかく、たとえ簡単にでもその火山の歴史を把握し、測定器で活動を追跡できるようになれば、次に地質学者がすべき仕事は、地元行政の信頼を勝ち取ることである。地域の役人に、彼らの社会が直面している危険は現実であり、強力であると理解させなければならない。

これは、クリス・ニューホールがよくよく考えてきた問題だ。

ニューホールは、地質調査所が一九八〇年五月のセントヘレンズ山大噴火の後で雇用の増加を許されて採用した科学者の一人である。当時、彼は学位を取得したばかりだったが、グアテマラで爆発的噴火の経験をしていた。また、フィリピンで平和部隊として働き、現地の女性と結婚した。

新設のカスケード火山観測所に雇用されたニューホールは、ロッキー・クランデルとドン・マリノーからハザードマップ作成の指導を受けた。そこで、火山灰の堆積物解読にかけては腕利きの専門家になったが、CVOにおける彼の本当の仕事は、クランデルやマリノーがセントヘレンズ山噴火危機の際にやっていたような災害に関するまとめ役だった。ニューホールの仕事の大半は、他の地質学者から定期的にデータを収集し、その評価を統合し、火山の活動状態を、林野部、ワシントン州危機管理局、伐採業者、その他危険区域に興味を持つすべての人々に説明することである。

ふとしたことから、ニューホールもマリノーやクランデルと同様に、ドン・スワンソンとは反りの合わない関係が続いた。ニューホールがスワンソンに盾突いたわけではないが、彼には、スワンソンが繰り返しクレーターに突進するだけの価値あるデータを得ていないように思われたのだ。この点を突いたのはニューホールだけであり、他の多くの同僚と同様に、論争に負けたのもニューホールである。しかし、論争は数ヶ月も続き、CVOの雰囲気を気まずいものにした。

彼は、クランデルやマリノーから、噴火に際しては公共の安全を第一にせよと教え込まれてからというもの、アルメロの悲劇を見過ごすことができなかった。彼が思うに、避難勧告が遅れて手遅れになるのは、決定責任を持つ者が火山の危険性を理解していないからである。アルメロ町の場合も、誰かが泥流の恐ろしさを知っていたら、早めに警報を発していただろう。住民は、数百メートル登って高地に逃げられたはずである。

「当時のコロンビアは複雑な情勢で、ゲリラの活動と最高裁判所の占拠や、ルイス山が複数の自治体の管轄区域にまたがるといった事実など、明らかに警報を遅らせた理由が存在した。しかし、このようなことを全部除外したとしても、アルメロの人々は「泥流」という言葉を深刻に受け止めていなかった。要するに、自分たちに起きようとしている現実をまったく理解していなかったのだ。もし理解していたら、他の雑多な要因など問題ではなくなり、それに対処していたはずである。ところがそうしなかった。これが災害の第一の原因である。コロンビアのアルメロ町でなくても、一〇〇年以上も静かな火山の麓に住んでいれば、人々は、自分たちに襲いかかるであろう災難について、記憶もなければ意識さえ持っていないというのが普通である」ニューホールはこう述べている。

一九八七年一月、ハワイ火山観測所創設七五周年記念祭に集まった火山学者はほとんどがこのような見解を持っていた。記念祭はHVOの業績を祝うものだったが、アルメロの悲劇は、まるで親族の弔報のように祝典に暗い影を落としていた。

HVO施設に寄贈された新設の建物で、モーリス・クラフトの講演が行われた。モーリスと妻のカティアはフランスの映画製作者で写真家だが、火山学者でもある。夫妻は、世界中を回って噴火中の火山を撮影し、帰国すると講演をして次の旅行の資金を稼いでいた。彼らは公的規制を無視することもたびたびあり、噴火にいどんで可能な限り最高のフィルムをつくろうとした。吐き出されるマグマのガスで硫酸濃度の高くなった湖に、ゴムボートで漕ぎ出したこともある。夫妻は、かつてないほど迫力のある火山の影像をフィルムに収めていた。

講演のために、モーリスは最高の場面をつなぎ合わせたフィルムをつくってきた。科学者たちはモーリスの説明を聞きながら、噴火の驚異的威力を表す場面が次々と映し出されるのに見入っていた。ニューホールはフィルムを見ながら、もし、この映像を不幸なアルメロ町民が見ていたら、渓谷を驀進してくる物体の正体を理解していたかもしれないと考えた。講演が終わると、ニューホールとHVOの元所長、ロバート・デッカーが講堂の外の廊下でモーリスに近付いていった。

翌日は、ハワイのヒロに近いココナッツ島の岩石の上で討論が行われた。この時はノーム・バンクスやビル・ローズも加わり、また、CVOの広報部の職員で現在はシカゴでドキュメンタリー映画製作の勉強中であるスティーブ・ブラントリーも参加していた。

ニューホールは述懐する。「火山噴火の大災害を映し出す効果的なビデオがあれば、強い味方になるだろうというのが皆の一致した意見だった。そいつがどんなに速く、どんなに遠くまで突進し、襲われたら最後どうなるかを映像で見せるのだ。そしてビデオの後で、『これはまぎれもない事実です！』とだけ言えば、住民は、それが空想でも物語でもないことを理解するだろう」

モーリスは、収集したフィルムの一部を無料で提供することに同意した。ブラントリーと火山災害援助プログラム（ＶＤＡＰ）チームのもう一人のメンバーであるジョン・ユアトがフィルムを編集することになった。映画のナレーションは英語で行われるが、スペイン語への吹き替えも簡単である。完成までにいくらか時間を要したが、七万ドルという予算は最終的には国連を含む六つの機関からかき集められた。

フィルムは火山災害をありのままに記録したものである。アルメロの犠牲者の無惨な状態、泥流に揉まれながら流される森林の樹木、崩壊していく橋、丸ごと押し流される家屋が収録されている。また、大量の降灰による被害、たとえば、灰色一色に塗りつぶされた果樹園、葉をことごとく剝ぎ取られた立木、玄関まで灰に埋まった家々なども映し出される。噴火によって派生する津波の劇的な場面や、人間や動物を窒息死させる二酸化炭素の重い気泡が発生する場面もある。

一九九一年にフィルムプロジェクトはほぼ完了した。これは、移動観測所を完全なものにする最後の要素である。観測装置は軽量化して持ち運びが簡単になり、火山活動を示すデータは、一九八〇年のセントヘレンズ山当時よりさらに詳細に解読され統合されたものになった。何よりも重要なのは、中米や南米でＶＤＡＰチームが経験を積むことによって、地質調査所に爆発的噴火の体験を持つ科学者の一団が形成されてきたことである。今や火山の観測技術は向上し、測定値を解読する基礎となるバックグラウンドも一段と充実した。そして、クラフトの映画のおかげで、火山災害の種類や大きさを現地の責任者や住民に理解させる道具も手に入った。こうして見事に整った態勢が、間もなくピナツボ山で試されることになる。

フィールドノート
一九八九年一二月一五日　アラスカ州のリダウト山噴火

午前一〇時過ぎ、アンカレッジの町に冬の太陽が昇りはじめたころ、新設された地質調査所のアラスカ火山観測所本部で、トム・ミラーが朝番の仕事に取りかかった。セントヘレンズ山以後、地質調査所は、米国の庭先にも爆発的噴火をする火山が集合していることを認識した。それはアラスカ州にあり、アリューシャン列島に沿って並んでいる。このような山々は、爆発性のある火山のメカニズムを研究するよい資料になる。しかしまた、最近注目されるようになった旅客機に及ぼされる火山災害、つまり、火山灰がエンジンを狂わせて停止させる事故のために、このような火山の監視が重要視されるようになっていた。

アラスカ観測所では、この二ヶ月間、アンカレッジから南西一七五キロメートルの位置にあるリダウト火山の下で、次第に強くなっていく地震が観測されていた。地質調査所のチームが、それを新しく発生した地震であると確認するまでには数週間を要した。チームは、ウィリー・リー・システムに接続した地震計のネットワークをリダウト山に設置したばかりで、システムを作動させた第一日目に散発する長周期の地震を観測したのである。これは、リダウト山では常時発生しているマグマの移動に関係する地震かもしれない。あるいは、この山が過去一〇〇年間に二度ほど経験したような大噴火に発展している可能性もある。

午前一〇時一五分、地震計が突然大きく揺れはじめた。揺れの大きさから火山が噴火していることは間違いない。その日の朝、リダウト山は二回ほど噴出したが、今回の噴火はそれまでになく激しい。ミラーは電話連絡網を調べて、まず連邦航空局の現地事務所に連絡した。

一〇年ほど前のセントヘレンズ山大噴火以来、ジェット機に及ぼされる特別な火山災害が問題になっている。それは、噴火する火山から遠く離れたジェット機にも及ぶ災禍である。ジェット機が火山灰の雲に突入すると、風防は尖った砂で破損し、パイロットの航空術を助ける航空電子工学機器は過熱する。しかし、最大の問題は、ジェットエンジンが大量の空気を吸い込むために、その空気に火山灰が少量でも混入していると、高温のエンジンによって火山灰がガラスに変換し、タービンの入口を詰まらせてエンジン停止の原因になることである。このような事件に遭遇してエンジンを不能にしたジェット機の例はいくつかある。したがって、連邦航空局は、地球上で特に火山の多い一部の地域の上空を定期的に飛行している太平洋横断フライトには神経を使っていた。毎日二万人もの人々がアンカレッジの上空を通過し、または給油のために着陸しているのである。

火山が旅客機に深刻な被害を与えることは地質調査所の確信するところだったが、連邦航空局や民間の航空会社は危険をうすうす感じている程度にすぎなかった。実際、一二月一五日の事件の分析において地質調査所が驚いたのは、アンカレッジ国際空港の管理者に「これまでに火山灰による事故に出会った記憶を持つ者が一人もいなかった」ことである。[1]

午前一一時過ぎ、ボーイング７４７型機のＫＬＭ８６７便がアンカレッジ空港に降下しはじめた。

この便は、二三一名の乗客と一四名の乗務員を乗せてアムステルダムから東京に向かう途中である。アムステルダムを出発する前にリダウト火山活発化の知らせを受けた機長は、アンカレッジを回避するコースをとる万一の場合に備えて五〇〇〇ガロンの燃料を余分に積み込んだ。

この飛行機が降下しているとき、ボーイング727型旅客機がアンカレッジを離陸して五四〇〇メートル上空に上昇した。そして、そこで火山灰の雲に遭遇したので飛行場に帰還するという無線を送ってきた。

747型機の操縦士は（三名のパイロットが乗務していたが、この時機長はまだ指揮していなかった）、火山灰の雲を回避するために南東に機首を向けた。操縦席から火山灰の雲はまったく見えなかった。白みかけた朝の陽光が南方へ流れるいくつかの白い薄雲を輝かせているだけである。

午前一一時三二分、飛行機は突然陽光の中から暗闇へと滑り込んだ。窓の外に見えるものと言えば、ホタルのような〔青白い〕光だけである。コックピットに煙が立ち込め、飛行機の電子機器が故障しはじめた。操縦士と副操縦士は酸素マスクを着けて出力を全開し、雲の上に抜け出そうとした。

747型機は七五〇〇メートルの上空で噴煙柱に突入したのだった。全力上昇を開始して九〇秒後に八七〇〇メートル上昇したが、四基のエンジンが全部停止し、飛行機は落下しはじめた。

飛行機が失速すると、客室内では空中に物が浮かび、煙と強いイオウの臭気が立ちこめた。

操縦室では、操縦士と副操縦士が教科書にはないまったく新しい緊急事態と格闘していた。四基のエンジンが全部故障した状態で飛行する訓練など受けた者はいない。飛行機の製造業者に言わせると、そんな事態は絶対に起こり得ないのだ。

KLM867は高度八三七〇メートルでグライダーになった。もはや取るべき手段は何もない。操縦士にできることと言えば、とにかく故障の原因を調べてエンジンの再始動を試みるだけである。しかし、エンジンは再着火することなく、飛行機は毎分四九〇メートルの速度で落下しつづけた。高度七五〇〇メートルを過ぎて六〇〇〇メートルまで落下したとき、操縦士は再び再着火の操作を行った。高度五四〇〇メートルでも出力はなく、飛行機は、地上の最高峰からたった二一〇〇メートル上空の高度まで落ちていった。

さらに六・五分ほど落下した後に、二基のエンジンが高度五一六〇メートルで再始動し、三九九〇メートルで残りのエンジンが着火した。飛行機がアンカレッジ空港に着陸したのは、予定時刻より一五分遅れた午前一二時二五分である。飛行機を点検すると四基のエンジンの損傷はひどく、どれも交換しなければならなかった。コックピットの風防、翼の前縁、尾部方向舵、エンジンのカウリングは広範囲にわたって摩損していた。飛行中のスピードを測定するピトー静圧系統には火山灰が詰まり、エンジンオイル、油圧液、給水は火山灰で汚染されていた。一億四〇〇〇万ドルの飛行機の修理代は八〇〇〇万ドルだった。

リダウト山は噴火を続け、火山灰はカナダを越えて米国、そしてメキシコへと流れていった。一二月一七日には、リダウトの火山灰が下降中の７２７型機のエンジンを詰まらせ、一基を停止させた。これはテキサス州エルパソ付近で起きた事件である。地質学者も操縦士も同様に、噴火の影響の及ぶ範囲の広さを認識させられた事件だった。

第三部　一九九一年　ピナツボ山噴火

第10章　鍛えあげられた決断力

一九九一年の春、セントヘレンズ山でロッキー・クランデルに代理として雇われた男は、今ではバージニア州レストンの地質調査所本部にいた。彼、クリス・ニューホールは火成地熱プロセス部門の副主任になっていた。管理者としての仕事が回ってきたのである。レストンの美しい森に囲まれて、俗に「カーペットランド」と呼ばれる管理部門で働いているニューホールは、任期を務めている最中である。しかし、六ヶ月もすれば任務から開放されて本来の仕事に戻れるだろう。最近は、航空機に及ぼされる火山災害について地質調査所で初めて開かれる学会の準備で忙しい。ニューホールにこのような学会を招集する特別な権限はなかったが、彼いわく「時には誰かが会議を招集すると人が集まる」のだそうだ。学会は七月にシアトルで開催されることになり、恐らく航空機やエンジンの製造業者、民間操縦士連盟や気象観測機関および連邦航空局の代表者、そして火山灰の専門家が集まるものと予想された。

四月七日、朝の仕事に着手するとすぐ、旧友のライ・プノンバヤンから電話があった。彼は、現在、フィリピン火山地震研究所（ＰＨＩＶＯＬＣＳと呼ばれている）の所長である。プノンバヤンは、特

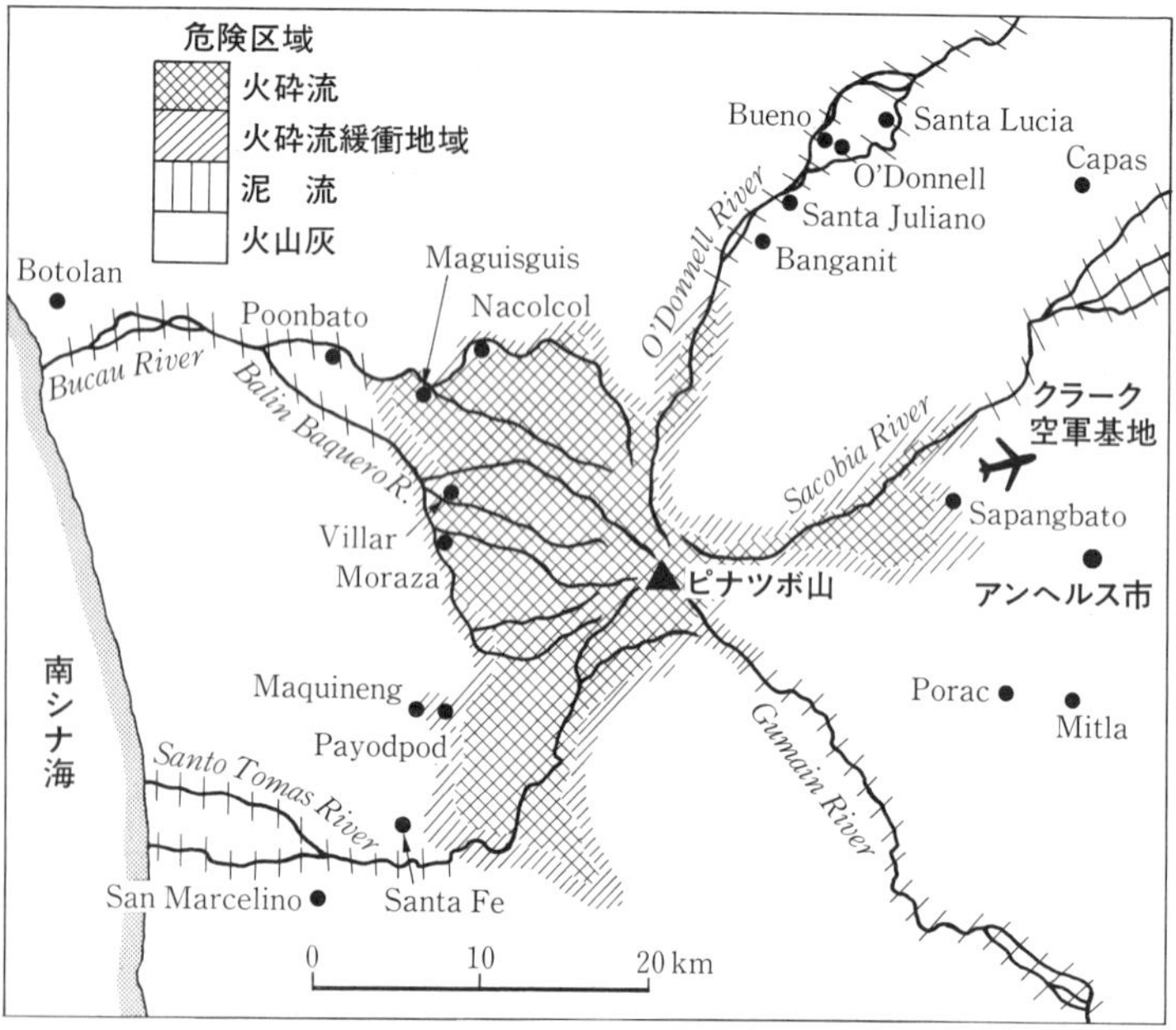

1991年5月のピナツボ火山ハザードマップ。（米国地質調査所）

に話したいことがあったわけではないが、年に数回やっているように、ニューホールの最近の活動を知りたかったのである。PHIVOLCSはいろいろな仕事に手を広げすぎていると、プノンバヤンはニューホールに言った。研究所の経験ある火山学者が多数国外に行っている。それから、マニラの南にあるタール火山がいくらか不安定だ。「ああ、そうそう、ピナツボ山も不安定な兆候を見せているよ」と、プノンバヤンは付け加えた。四月二日にピナツボ山が水蒸気爆発をいくつか繰り返し、長さ八〇〇メートルほどの亀裂が形成された。この割れ目に沿った三つの火口から水蒸気が噴出されつづけている。調査チームを派遣して地震計で測定したところ、小さな地震の中に微震が検出された。今のところ、これ以上の情報は得られていないと。

ニューホールは、一九七〇年に平和部隊としてフィリピンに配属されてからというもの、ずっとこの国に関心を持っていた。タガログ語を学び、フィリピン人の学校教師と結婚し、プノンバヤンとはほぼ二〇年来の付き合いで、たびたび一緒に仕事をしている。

二人の友情が固く結ばれたのは、一九八四年に、海上に突き出た美しい円錐形の火山、マヨン山で働いたときである。一九八四年九月初旬にマヨン山は中規模の噴火をしたが、死者はほとんどなく、火山はすぐに鎮静化しはじめた。当時のPHIVOLCS所長のプノンバヤンと、米国地質調査所から派遣されたアドバイザーのニューホールは、七万人の避難民の帰還を許可するようにと迫られた。しかし、二人は抵抗した。噴火は二週間置きに訪れる大潮と一致している。学説によると、火山活動が不安定で噴火と鎮静の間をぐらついているような場合は、小さな重力による引っ張り、たとえば二週間を周期とする潮汐作用でもバランスを崩す引き金になる。避難民の要求は強くなる一方だったが、プノンバヤンはニューホールの助けを借りて彼らを引き止めた。避難命令によって住居を退いた人々にとって、避難期間の延長ほど過酷な現実はない。噴火が完全におさまるときを見極めるのは、噴火のときを予知するのと同様に重要であるとニューホールは痛感した。避難中の人々に収入はなく、残してきた財産の多くは盗まれてしまう。しかし、二人は次の大潮のときに再噴火しないことを確認するまで待つようにと主張しつづけ、そして、それは起きたのである。マヨン山は前回にまさる強大な噴火をして三日間噴出しつづけたが、死者は一人も出なかった。

プノンバヤンからの電話の後、ニューホールはオフィスに所蔵していたピナツボ山一帯の地勢図を取り出した。ピナツボ山に関する過去の情報が少ないことは、常に気になっていた。「休眠期間が長くて情報の少ない火山ほど、潜在的な危険は大きくなる」とニューホールは言う。彼は文献を検索して、一九八〇年代初期にこの地域で地熱研究が行われていることを発見した。さらに、そのプロジェクトでこの地域の地勢図を作成した地質学者を探し当て、フロリダ州で研究中であったその科学者から他にも多くの地図を送ってもらった。

地図によると、ピナツボ山は大した山ではなかった。実際は、巨大なカルデラの内部に形成された溶岩ドームのようである。ニューホールにとって最も興味のある地形は、この山を囲む珍しい水系であった。そのパターンは、小さな支流が複雑に寄り集まって構成される樹枝状流域というものである。このようなパターンは大噴火の痕跡である場合が多い。厚さ何十メートルという火砕流の堆積物は雨によって容易に侵食され、火山灰を洗い流されて最終的には渓谷を形成する。このような表面流去によって形成される渓谷の樹枝状のパターンは、フィリピンの歴史には噴火の記録を持たないピナツボ山が過去に少なくとも一回は巨大な噴火をしたという証拠になる。大地に刻まれたパターンの大きさから、それはクラカタウ火山級の大噴火であったようだ。

さらに調査すると、この火山のなだらかな斜面と地味豊かな山麓には約一〇〇万人の人々が居住していることが分かった。[1] 事実、「ピナツボ」という言葉は「成長する」という意味である。[2] 肥えた耕地は、過去の噴火によって生み出されたのだろう。現在のピナツボ山周辺に人口が集中しているということは、仮にクラカタウ火山級の大噴火が発生したら、火山に近い人口約三〇万のアンヘレス市が被害を被ることになる。山頂から二五キロメートルの位置にある米国外で最大の米軍基地、クラーク空軍基地にも災禍は及ぶだろう。[3] また、山頂から三八キロメートル南にあるもう一つの米軍施設、スービックベイ海軍航空基地での生活も脅かされるに違いない。[4]

ニューホールの考えでは、現在の火山の活動はマグマの上昇によるものではなさそうだ。一年足らず前の一九九〇年七月、この島はマグニチュード七・八の大地震に見舞われ、新しいホテルも古い学校も倒壊して一六〇〇名の死者がでた。地震の二週間後に修道女の一団がPHIVOLCSに現れ、彼女たちの地方の火山で地震が発生し、水蒸気の噴出口が新しく口を開いたと報告した。テクトニクス活動による地震で目覚めた火山はピナツボ山が初めてではない。PHIVOLCSのチームが急いで調査したところ、特に心配すべきことはなかった。ピナツボ山がすでに暖かい火山だからというのが最も妥当な説明になるだろう。地熱開発の専門家がこの山に関心を示すのはそのためである。大地震によって、火山の火道の位置が部分的に変化し、場所によっては地下水の貯蔵所に触れるようになり、その結果、水蒸気の噴出口が新しくつくられたのだろう。

それから一年後に、同じ修道女の一団が不安定な火山に関する新情報を持って現れた。プノンバヤンが再度調査チームを派遣したところ、今度は、ピナツボ山頂から八キロメートル北西の地点を震源とする頻発小地震が確認された。四月半ばになると、ピナツボ山付近の地域は毎日三〇〜一八〇回も発生する地震で揺れつづけるようになった。プノンバヤンは山頂から半径九・五キロメートルの区域に避難勧告を出した。

四月一六日、ニューホールはピナツボ山に関する基礎調査を完了した。それをハペーンに概説したものをプノンバヤンにファクスで送信し、その中で次のように述べている。ピナツボ山が不安定であることは「特に由々しい現象であり、その解釈はきわめて難しい」。ことが重大なのは、大勢の人々に危険の可能性があるからであり、解釈が難しいのは、過去の観測例が少ないからである。熱水による現象からマグマの上昇に至るまで、多数の解釈が可能である。「ピナツボ山が噴火するとしたら、それは爆発的で重大な被害を及ぼすものになるだろう」民間および軍のパイロットには、火山灰がエンジンのタービンや燃料ノズルを融かして飛行機の出力を落とす可能性があると警告すべきである。そして最後に、「外部から資金が得られるなら」地質調査所の火山災害援助プログラム（VDAP）チームが協力できるだろうと結んだ。

ニューホールはカスケード火山観測所のVDAPに電子メールを送り、彼らが早急にできることは何かと尋ねた。返答では、持ち運びのできる地震計ネットワークと傾斜計、それに恐らくコスペックも準備できるという。ところが、肝心の資金がなかった。VDAPどころか地質調査所にさえ、観測機器を新しく購入する一〇万ドルの余剰金はなかったのである。実際、その時の地質調査所にはVDAPチームがフィリピンに飛ぶ航空運賃さえ工面できなかった。VDAPが所有する装置は基本的には米国国際開発庁（US AID）のものであり、中央および南アメリカの火山のために購入された。VDAPが南北アメリカ大陸以外の火山に対応したことはなく、地質調査所の一部の管理者に言わせると、そこはVDAPの管轄外である。そこで、問題の国の「責任ある機関」から正式に招請されない限り、VDAPチームが外国で働くことはできないとニューホールに伝えられた。

ニューホールはその旨をプノンバヤンに知らせ、プノンバヤンはすぐにVDAPの援助を要請する正式の請願書を提出した。そこで、ニューホールはこの請願書を国務省に提出して許可を要求した。ところが、VDAPの資金源である同省の対外災害援助局は、最近終結したばかりの湾岸戦争によって深刻化した問題の処理に追われていた。イラク北部のクルド人に対する人道的支援の調整に手一杯だったのだ。しかも、わずかに残った資金は、春の大洪水で人口稠密なデルタ地帯や国の大部分を荒廃させたバングラデシュに提供されることになっていた。

ニューホールはマニラのUS AIDに援助を求めて電話をしたが、快い返事は得られなかった。アメリカの外交官たちは身内の不幸を抱えていた。その多くは、昨年のルソン島の大地震に端を発する。この地震で、民間の国際支援グループの大会中にホテルが倒壊し、大使館員も何名か死亡したのである。US AIDは、当局に余分な金などびた一文もないと不機嫌に答えた。

ニューホールに対するUS AIDの返事に影響したもう一つの要素は、米国がクラーク空軍基地とスービックベイ軍事施設の借用権更新をフィリピンと交渉していることだった。米国とフィリピン政府の間で取り決められた四四年間のクラーク基地借用権が、一九九一年九月一六日で期限切れになる。米国は三億六〇〇〇万ドルで一〇年の延長を申し出たが、フィリピン政府は四億ドルを要求した。この借用料交渉は、何週間も新聞の一面を賑わせて反米感情を煽るもとになった。大半のフィリピン人は、使用料に関係なく米軍の駐留を望んでいなかったので、両者間の緊張は高まり、アメリカ人が殺害される事件も数件発生した。そのために、US AIDではフィリピンで働くアメリカ人職員を増やすどころか減らさざるを得なくなったのである。

ニューホールはフィリピンのUS AIDに要求を却下されると、クラーク基地の空軍気象予報部長に電話をした。「彼は、我々と同じ精神を持つ科学者かもしれないと期待していたが、その通りだった」とニューホールは述懐する。この気象予報部長は、一九八〇年のセントヘレンズ山噴火の際はワシントン大学の大学院生であった。ニューホールは、PHIVOLCSからピナツボ山が不安定になったことを聞き、こうして電話していると説明した。基地で何か異常に気づいた者はいるだろうか。「います」と気象予報部長は答えた。この二週間、基地からも、相当量の水蒸気が噴出されているのが見える。また、火山に最も近い基地の居住区、つまりザ・ヒルと呼ばれる家族居住区の住民が、異様な臭いを訴えた。有毒ガスの専門チームがサンプルを採って調べたところ、その刺激臭は有害ではなかった。

ニューホールの期待どおり、空軍気象予報部長に電話してから数日もすると、基地のナンバー2の階級に属する将校、ブルース・フリーマン大佐から電話が入った。フリーマンは水蒸気の噴出を気にかけていた。そして、本質的な質問を一つだけした。「いつ、こちらに来られますか」ニューホールは、地質調査所にも米国の災害援助局にもマニラのUS AIDにもその資金がないことをフリーマンに告げた。

三日後、マニラのUS AIDから簡単な文面のファクスが届いた。それは、「当局は、ピナツボ山に関する援助のために貴殿をフィリピンに招請します。……当ミッションに本機関が提供できる最高金額は二万ドルですが、全部使用する必要はありません」という文面だった。ニューホールは苦笑した。彼は一〇万ドル相当の測定機器を配備するつもりだが、恐らくそれは回収できないだろう。したがって、航空券を入手する前からすでに八万ドルの赤字ということになる。しかし、これについては後で考えることにして、VDAPオフィスに電話をし、ゴーサインが出たことを知らせた。

当時、噴火災害対策チームを構成する際に、誰もが最初に思いつく名前はデイブ・ハーローであった。ハーローほど直感の鋭い火山地震学者はほかにいないだろう。彼は、地質調査所に勤めて以来一五以上の火山を観測し、ごく初期の震動から最後の噴火に至るまで大部分の局面を経験してきた。しかし、地質調査所のように基礎研究を優先する環境ではハーローは「ミートボール」であり、火山災害の危機に際しては有能であっても重要な論文はほとんど書かないという種族に入る。昇進や報酬の増額を決めるのは、何人の命を救ったかではなく、どれだけ多くの論文を発表したかという事実である。したがって、研究論文の発表よりも不安定な火山に駆けつける仕事の方が忙しかったハーローは、一三年間ずっと同じ号俸に甘んじてきた。現在彼は、地質調査所で尊敬される地震学者（ミートボールが「コーンヘッド」と呼んでいる科学者）の下で研究しているが、この地震学者がハーローに、ピナツボ山に行ってもキャリアに利することは何もないと忠告した。ハーローにとって、今の研究がキャリアを回復する最後のチャンスである。そこでハーローは、ありがたいが見送らざるを得ないと答えた。

ニューホールが次に電話をしたのはジョン・パワーである。彼はその時、アンカレッジから一五キロメートルほど行った場所で五メートル四方の小屋に住んでいた。その小屋には水道も暖を取るストーブもない。パワーは若いが信頼のおける地震学者で、一九八九年のリダウト山噴火対策にも参加した経験がある。ニューホールからの電話が鳴ったのは、パワーが雪の吹き溜りを掘って家から道路に抜ける通路をつくっている最中だった。彼がニューホールから熱帯地方に行く気はないかと聞かれたときの気温は、零下二〇度である。何を言ってるんだ？　電話の向こうでニューホールは話を続ける。経費を節約したいので、持ち運びのできる火山観測所の設置や管理も自分たちでやれないものか。パワーは、地震計ネットワークのソフトウエアやデータ分析なら任せてほしいが、装置の設置と維持には経験のある技術者が必要だと答えた。

そこでニューホールは、カスケード火山観測所のＶＤＡＰでは最高の技術を持つと言われるアンディ・ロックハートに連絡した。ロックハートは、地質調査所に勤める前は、アラスカで金鉱の試掘をしていた地球物理学者である。彼は聡明で快活、そして電線をより合わせることにかけては達人だが、慢性鼻炎という持病を持っている。噴火の際にはたびたび悪化に悩まされ、おまけに、グアテマラに行ったときのように、腸チフスのような外来性の病気に罹ってしまうこともある。

チームの最後のメンバーは、コスペックを操作し、ハザードマップを作成するニューホール自身である。フィリピンの火山で本当に何かが起きようとしているなら、彼はそれを見過ごさないだろう。ニューホールは、航空機と火山灰の学会に関する仕事を四月二二日に同僚に譲ると、シアトルへ向かう飛行機に飛び乗った。シアトルでパワーやロックハート、それに装置の入った三五個のトランクと合流したのである。太平洋上を飛びながら、彼らはこれからの仕事について概要を話し合った。三人の考えでは、彼らの目的は、ＰＨＩＶＯＬＣＳがピナツボ山により多くの測定器を設置して火山の状態を解明できるよう助けることである。これは、空軍の意向にぴったり適うものではないとニューホールは感じた。米空軍は、自分たちのために地質学者がやってくると考えているだろう。目的は違っても必ず重複する部分はあるものだ。たとえそうでなくてもそのうちにはうまくいくだろうとニューホールは考えた。

　火山チームがマニラに到着したのは四月二三日の早朝だった。午前四時の気温は三三℃と、パワーはメモに書きつけた。米国大使館の職員が迎えにきて、防弾した数台のシボレーのステーションワゴンで科学者と装置を輸送してくれた。

　午前中に行われたＵＳ　ＡＩＤの役人との正式な会見は短くてそっけないものだった。フィリピンのＵＳ　ＡＩＤは、食料、住居、医薬品を提供する仕事で手一杯だった。彼らは、フィリピン政府から要請があればいつでも、できるだけ少ない人員で任務を遂行しなければならない。数ヶ月前の地震で職員を失った後も、業務はめまぐるしく回っている。だから、オフィスに座っている科学者を見ると、噴火しない可能性もあるちっぽけな火山のことでなぜ騒ぎ立てるのかとうんざりする。思うに、外国の火山を研究したいという科学者の情熱のおかげで、新たな重荷が自分たちの肩にのしかかろうとしているのだ。

短い会見の後、地質学者を乗せた車の一団は、大使館のプレートをつけて、マニラに近いケソン市のPHIVOLCS本部を目指してくねくねと進んでいった。この機関は、熱帯地方の熱と湿気で朽ちかけたような建物の中にあり、職員で混雑する事務所は二階にあった。中に入ると、エアコンの音がうるさくて、通りを走る小型乗合バス、ジープニーの騒音さえ聞こえないほどだ。三人のメンバーで構成されるVDAPチームはプノンバヤンのオフィスに案内された。そこは、若いフィリピン人の地質学者と技術者で混み合っている。例によってまずネスカフェのコーヒーが出され、それからプノンバヤンの机に最新のデータが広げられた。

地震のデータはきわめて面白いものだった。パワーは、地震のノイズの中にマグマの移動を示す痕跡はないものかと丹念に調べたが、見つからなかった。PHIVOLCSチームは、地図を広げて水蒸気の噴出口から五キロメートル北西の地点を指し示し、ここが震源だと言った。しかし、パワーもニューホールもそれを疑った。震源はPHIVOLCSの地震計網の真下にあり、あるべきはずの火口の下ではない。これほど強烈な噴気孔をつくり出している火山が、五キロメートルも離れたところにあるマグマによって加熱されるというのは納得がいかない。地震計の設置数が少ないために、フィリピンの科学者たちが間違って解釈していると考えた方がよさそうだ。しかも、彼らの測定には地理的な限界がある。ヘリコプターのないPHIVOLCSチームが道路を使って接近できる区域は限られている。ピナツボ山には険しい渓谷と深いジャングルがあるばかりで、道路というものはほとんどない。そのために、PHIVOLCSの測定器は火山の北西側に集中し、そこがたまたま震源と考えた地点と一致してしまったのだろう。

はっきりと目に見える印は、火山の北面上部にある長さ一・五キロメートルの渓谷に並ぶ三つの水蒸気の噴気孔である。それらはマラウノット渓谷やオードンル川渓谷の先端に位置する。どれも野球場ほどの大きさがあり、三〇キロメートル先からでもよく見えるほど大量の水蒸気を噴出している。

二つの火山学者チームは計画を練った。なすべき仕事は三つある。第一は観測を強化すること。つまり、火山にさらに多くの地震計を設置し、コスペックを使って火山性ガスの測定を開始する。第二は、ピナツボ山の噴火の歴史を掘り起こさなければならない。セントヘレンズ山でクランデルやマリノーがやったように、噴火の周期性を見極め、噴火に脅かされる地域を確認する必要がある。第三は、ピナツボ山の過去と現在のデータに基づいて予測される火山災害を、現地の役人やカトリックの修道女たち、村長、そして米空軍の将官に理解させなければならない。

チームは、ベトナム戦争の映画にでてくるような（『地獄の黙示録』など多くのベトナム戦争映画がここで撮影されたのだから、似ているのも当然だ）水田やジャングルを通って九五キロメートルの道程をドライブし、クラーク空軍基地へと向かった。基地に近付くと、地平線上に何かが突き出してきた。それは、緑の田園にぬっと頭を出した円錐形の火山、アラヤット山である。この火山は、周囲の土地より八一〇メートル高く隆起している。近隣の丘より二〇〇メートル高いだけのピナツボ山は遠方にコブのように見えるが、これもすぐに目についた。頂上から北側にかなり下ったあたりから、まるでのろしのように白い煙がもくもくと紺碧の空に立ち昇っている。

一行はクラーク空軍基地の正門を通って別世界へと入っていった。

クラーク基地は米軍の歴史に特別な地位を占めている。[6] そこは、スペイン・アメリカ戦争以来ずっと米軍の前哨地になってきた。初期の騎兵隊が、島内のどの地域より優れた牧草に惹かれてこの地にやってきてからのことである。そこが神聖な場所になったのは、第二次大戦のときだ。一九四一年一二月八日、クラーク基地は日本軍の攻撃を受けてほとんど壊滅し、二週間で撤退を余儀なくされた。近くのバターン半島では数ヶ月持ちこたえたが、四月に七万の米軍とフィリピン軍の兵士が日本軍の捕虜となり、収容所までジャングルを行進させられたのである。途中、多数の兵士が餓死し、叩きのめされ、銃剣で刺し貫かれた。九〇キロメートルを歩いてキャンプ・オードンルにたどり着いた兵士は、たった五万四〇〇〇人にすぎない。「バターン死の行進」で知られるようになったこの行進は、クラーク基地を通り抜けていった。クラーク基地が息を吹き返したのは、一九四五年にダグラス・マッカーサー将軍がフィリピンに帰還してからである。この時の誓いは、クラーク基地を二度と見捨てないというものだった。

近年のベトナム戦争では、空軍や陸軍の重要な中継基地として利用された。また一九九一年には、米軍の航空模擬戦争の舞台として特異な役割を果たしていた。近くのクローバレーの上空で模擬戦が行われたのである。この年は毎日のように模擬戦争が繰り広げられ、空軍、海軍、そして同盟国のパイロットたちが地対空ミサイルや敵機の攻撃をすり抜け、クローバレーにセットされた、丸木を積み重ねただけの飛行場や掩蔽陣地といった模型を爆破していた。この演習の舞台は米国にとってかけがえのない資産であったので、一九九一年だけでも建設契約が一億五〇〇〇万ドルに達し、クラーク基地は急成長していった。

基地それ自体の形は大雑把な三角で、西側の頂点がピナツボ山の方角にある。広い三角形の基地の東側先端には滑走路が伸びている。西側先端が基地で最も高度の高い区域になり、近隣の人々から「ザ・ヒル」と呼ばれている。ここは家族の居住区であり、約二〇〇〇戸の住宅と学校、商店などが立ち並んでいる。基地はピナツボ山から遠のくに従い、ザ・ヒルの西側先端から滑走路の方向になだらかに傾斜していく。基地の中央にはパレード広場があり、それを取り囲むアカシアの大木は高さ二五メートルに及ぶものもある。パレード広場の周辺には事務所、ゴルフ場、住宅があり、基地全体は、長さが四二キロメートルに及ぶ高さ二・五メートルのコンクリート塀に囲まれている。山からは二本の川が基地の両側を流れてくる。北側のサコビア川と南側のアバカン川だ。どちらの川にも支流があって、それらは基地内を貫いている。

第二次大戦中のアメリカとフィリピンは固い絆で結ばれていたが、最近は、クラーク空軍基地も近隣のスービックベイ海軍航空基地もこの国では安住していられなくなった。基地の使用延長の交渉が続けられる中で反米感情が煽られ、ピナツボ山と基地の間に広がるジャングルではゲリラ活動が活発化するようになった。最近、何名かのアメリカ人が基地周辺で殺害されている。ある犠牲者は、ピナツボ山周辺の地熱源を探索している最中に田舎道で射殺され、ある若い兵士は、基地の塀の外を歩いているときに後ろから狙撃された。

このような殺人や抗議の行動は、基地内部のアメリカ人とフィリピン人の間にも緊張関係をつくり出した。多数のアメリカ人家族が住み込みの現地人メイド（週給六ドル）や庭師を雇っていたにもかかわらず、大半のフィリピン人は人殺しか泥棒という固定観念を持つようになっていた。基地では「よそ者」による窃盗が多発していたので、「基地内の物は全部盗まれても、基地そのものはまだ健在」というジョークが流行したほどである。

ニューホールがこの偏見に直面したのは、クラーク基地の正門でプノンバヤンが待機を命じられたときである。ＰＨＩＶＯＬＣＳの所長が入場を許可されないのだ。フィリピン人は、公的な理由や適切な資格証明書を持たない限り、一般に入場を拒否される。フィリピンの文化や国民に対して深い思いやりを持つニューホールは、その時、ＶＤＡＰの観測所は絶対に基地内には置かないと誓った。フィリピン人の同僚たちが正門を通過するたびに不愉快な思いをさせられるのは堪えられない。その上、いざという時に発される噴火警報にはどんな政治臭もしてはならない。警報が信用されなければ、人々は死ぬことになる。

クラーク基地の正門は、二つの文化の境界にある戸口だった。一方に位置するアンヘレス市は人々が群がり躍動する第三世界の垢にまみれた都市であり、基地の隣の一区域には風俗バーや小物店、食料品の露店が立ち並んでいる。正門の反対側はアメリカの郊外そのもので、そこには基地の住民専用のバスキンロビンズやピザハットがあり、基地のテレビ局は、ニュースやスポーツも含めてアメリカの番組を放送している。

地質学者のアンディ・ロックハートは次のように述懐する。「まったくぞっとさせられた。そこは、アメリカ人が自分の記憶に頼って設計するとそうなるであろう、誰もが想像するようなアメリカで、それが広大な草原に囲まれて孤立している。基地にはゴミ一つ落ちていない。通りは恐ろしいくらいきれいに掃き清められ、誰もがきちんとした身なりをしている。町の汚点を探し回っても見つからない。まるで伝統的合衆国のテーマパークのようで、アメリカに似ているがアメリカではない。そして、正門のすぐ外には、この〝母さんとアップルパイ〟の世界にへばりつくようにして、想像できる限りの好色と淫乱にむしばまれた世界が存在している。その地帯には風俗バーやバスターハイメンズ、ネパハットが立ち並び、単なる準備運動としてセックスが行われていた」

「クリスはこれをひどく痛ましく思い、いたく恥じ入って、ＰＨＩＶＯＬＣＳのスタッフとこの基地に留まることは断じてできないと考えた。基地の男たちには、貧しい現地の女性たちが交代に提供する売春を楽しむ特典が与えられていたのだ。フィリピンを愛し、フィリピン人を愛していたクリスにとって、こんな不正を見せつけられるのは堪えられないことだった」

到着してから最初の三日間、ニューホールとそのチームは観測所を設置する場所を求めて基地の外をさ迷い歩いた。学校、ホテル、そして教会さえ覗いてみたが、適当な場所は見つからない。観測所の設置条件の一つは火山を目視できることだが、ピナツボ山は地平線に低く腰を据えているので大抵の場所が失格である。また、測定器でよいデータを取得するためには、迷電波の入らない地点が条件である。欲を言えば、信頼の置ける電源も必要だ。これは、噴火の間に周辺の施設が崩壊してしまった場合に特に重要になる。

何よりも必要なのは、ピナツボ山に接近するヘリコプターだ。この火山には整備された道路が一本しかなく、基地や噴気孔や地震群の反対側になる西側にあるだけである。クラーク基地から火山の西側まで車で往復するにはまる一日を要する。

彼らが到着するとすぐ、プノンバヤンがフィリピン軍のヘリコプターを手配してくれた。アンディ・ロックハートがこれに乗って、地震計を設置する地点を探しにいった。軍用ヘリコプターは地面すれすれまで急降下すると、まずドアのところで射撃手がマシンガンを構えてゲリラの影を探している。アンディは、これからは地震計の電池を交換に行くたびにこんな急降下作戦が展開されるのかと思い、沈んだ気分になった。

クラーク基地では空軍将校たちが気を揉んでいた。ニューホールが観測所の設置場所を基地の外に探していると知ったからである。そこで、ニューホールが三日間探し求めてどこにも適当な場所がないと考えはじめたころを見計らって、フリーマン大佐が、クラーク基地で仕事をするとしたら空軍に何を準備してほしいかと聞いた。ニューホールは、通信機能、居住施設、それにヘリコプターの使用を要求した。また、VDAPチームに提供される基地の宿舎にPHIVOLCSのスタッフも居住できること、彼らに正門を通行できる許可証と門衛兵に侮辱されないという誓約が与えられることも要求し、受諾された。

セントヘレンズ山での林野部と同様、空軍もいろいろな理由から火山観測本部を基地に置くことを望んでいた。まず、科学者が展開する重要な情報をすぐに入手できるだけでなく、科学者を監視することも可能である。上級将校の中には、無責任な地質学者が勝手に記者会見を開いて、基地全体の撤退の必要性をフィリピン人記者に伝えるのではないかと危惧する者もいた。避難すべきときが来たら、決定を下すのは空軍である。サンダルにショートパンツ姿のひげ面の男たちが「何で奴らはまだ基地にいるんだ」と記者に言うから仕方なしに決定するのではない。

ラテンアメリカで噴火危機に際してたびたび市長や地元の役人を相手にした経験のあるロックハートは言う。「(空軍の)連中は大したものだ。彼らは鍛えあげられた決断力を持っている。どこにでもいるような役人を相手に仕事をするのとはまったく違っている。役人は最初に会ってその様子を見ると、こう言ってやりたくなる。『こんな胸クソの悪い知らせを持ってきた人間に会いたくはないでしょうよ。何も分かっていないのだから』そして、そのいまいましい悪夢が今始まろうとしているので、気の毒にさえなってくる。ところが、空軍の連中ときたらこういった問題の処理には慣れている」

地質学者の一行は、クラーク基地内に簡易観測所を設置する場所をいくつか調査したが、ここでも大地に低く這う火山を見渡せる場所はわずかしかなかった。最終的な落ち着き場所は、基地中央のメリーランドストリートにある下士官用住宅で、寝室を三つ備えた二階建ての棟続きの家屋である。このアパートは驚くほどよい位置にあった。二階のベッドルームの窓から、通りの向かい側の建物の上にピナツボ山が頭を出しているのが見えるのだ。

メリーランドストリートのアパートに落ち着いて数時間もしないうちに、一台のトラックが戸外に止まって係員が「生活用品一式の詰まった箱」を運び込んできた。荷箱からはベッド、リネン類、タオル、シーツ、食器、ワイングラス、ナベ、目覚まし時計、テレビ、電子レンジなどが次々と出てくる。生活用品一式を配備する係員は到着してから五時間後に去っていった。ラテンアメリカではるかに原始的な環境に慣れてきたVDAPの男たちは、空軍基地で仕事をするのも悪くはないぞと考えはじめていた。

VDAPチームは運んできた三五個のトランクから「観測所一式」を取り出した。受信機、コンピュータ、記録計の大半は、二階の正面側の小さな寝室にしつらえた。そこはデータセンターに早変わりし、机、電波受信機、ファクス、電話、地図、科学論文、本、地震記録計がところ狭しと並べられた。窓のすぐ下にも地震計を一台設置し、ドラムに刻まれる地震活動を見ながら、窓から火山を目視して関連する変化がないかを確かめられるようにした。戸外に立てたアンテナは測定器から送信される電波を受信する。最後にニューホールが正面に貼り出した看板には「ピナツボ火山観測所――火山よ、上手に揺れて燃えてくれ」と書き込まれた。

まず着手すべき仕事は、すみやかに地質学的調査をして危険区域を確認し、噴火の周期性を見極めること、地震計の網を張り巡らせて地震の位置を詳細に記録すること、マグマの動きがあるとしたらそれを検出することである。

空き家だったアパートが、生活用品キットの到来で、その日の午後のうちに住居に変化していくのを見たアンディ・ロックハートは、空軍の財源は無尽蔵にあるのだろうと考えた。ロックハートが一番欲しいのはヘリコプターである。データを十分に収集するために地震計を広範囲に設置しようとしたら、ヘリコプターを利用する以外に方法はない。広範囲に及ぶデータが得られなければ、VDAPも地震の位置を誤認する恐れがある。フィリピン軍は、クラーク基地にいるアメリカ人にヘリコプターを提供することを躊躇している。したがって、アンディが当てにできるのは米空軍だけである。

ところが基地には、F4EファントムやF4GファントムⅡワイルドウィールズのような高性能の戦闘機が多数揃っているにもかかわらず、ヘリコプターはたった三機しかない。軍隊の奇妙な習慣によって、飛行機は空軍に属するが、ヘリコプターはどういうわけか陸軍に属するのである。例外はいくつかあり、そのためにクラーク空軍基地でも三機のヒューイが使用されている。整備のために三機のうち一機は定期的に使用できない状態にあり、基地借用の交渉に行く上級将校をスービックやマニラに運ぶ仕事は二機に託されている。したがって、地質調査所の科学者はいつでもリストの最後に回されることになる。

ニューホール、パワー、そしてPHIVOLCSの数名の地質学者はヘリコプターを待たずに、大使館から提供されたステーションワゴンで現地に走り、ピナツボ山の過去の噴火を詳細に掘り起こす仕事を開始した。クラーク基地の先端付近まで行くと、ニューホールは高さ七〇メートルの崖に挟まれた渓谷で車を止めた。車から降りた彼は、崖を見つめて息を呑んだ。それは岩石というよりも、ラハールと火砕流の堆積物が何層も重なり合った地層である。

「おーい、おい、この堆積層の厚さを見てくれよ」とニューホールはパワーに言った。

種々の火山物質の間に挟まれた火砕流堆積物。フィリピンのクラーク空軍基地の将校居住区付近で、到着間もないクリス・ニューホールが発見した。（写真：クリス・ニューホール）

ニューホールがレストンで基礎調査を行ったときも、ピナツボ山の噴火は大きいと推測していた。しかし、これだけの堆積物をつくるほど大きな規模は予想していなかった。いくつかの火砕流の堆積層は、厚さが九メートルもある。概算すると、彼の立っている地点は火山から一五キロメートルはある。これほどの距離にこれだけ分厚い火砕流の堆積層が発見されるのは気になることだ。セントヘレンズ山で流出した火砕流は火口から一〇キロメートル以上には及ばず、堆積層も薄いものだった。このピナツボ山の過去の噴火を記した証拠は、昔、巨大な噴火がいくつかあったことを示している。このような噴火で大規模な火砕流が川に流れ込み、現在の基地の北側を流れていった。ニューホールが見つめる眼前の記録によると、火砕流は現在の空軍基地である区域も襲って、すべてを焼き尽くしていったようである。

ニューホールは渓谷の壁をあちこち掘って

木炭の破片を探し出し、その一片を丁寧に包んで採取地点を地図に記入した。サンプルはバージニア州レストンの地質調査所に送られ、そこで放射性炭素年代測定を受けるのだ。数日後に、結果を知らせるファクスがピナツボ火山観測所に届いた。ピナツボ山は五〇〇年の差はあるが、だいたい一〇〇〇年の周期で噴火している。火山が最後に噴火したのは六〇〇年前のことであるから、その撃鉄が引かれるのは今という可能性もある。

ニューホールがさらに調査を進めている間に、ロックハートとパワーはヘリコプターのターミナルにお百度を踏んでいた。意地の悪い将校に、今日は先約があるから明日出直して来いと頭ごなしに言われるたびに、よれよれの服を着た二人の地質学者はまごまごして引き返さざるを得なかった。

暇つぶしと測定器類のテストのために、二人は基地の中央に地震計を設置した。四月一五日にリリーヒルと呼ばれる地点に測定器を埋めたが、ここは、第二次大戦で日本軍が最後まで踏みとどまった丘である。地図には、そこをリリーヒルにちなんでリル地点と記入した。センサー、送信機、受信機は問題なく機能したが、データに地震のノイズが混入する。その地点に戻って調査してみると、測定器から九〇メートルのところに水槽があった。水槽に水が吸い上げられるたびに大地がかすかに震動して、地震計のデータを狂わせている。そこで、リルを一・五キロメートルほど離れた別の丘に移して、クラーク空軍基地の頭文字をとり、CABと改名した。そこもいくらか環境が改善されたにすぎず、最終的には測定器の電池が切れて、ほとんど忘れられてしまった。

フィリピンの酷暑と、基地の超現実的な環境と、毎日続けられるヘリコプター担当の将校とのうんざりするやり取りが忍耐の限界を超えると、パワーはロックハートに振り向いて言ったものだ。「アンディ、今日は何がしたい？」

「そうだな、フィリピンに行ってみようぜ、ジョン」そこで二人は車で正門を出てアンヘレス市を見て回り、「これぞ愛すべきフィリピン」と言えるまで町で過ごして帰るのだった。

チームは必要な装置を多数運んできたが、地震計用の電池は別である。大量の酸を飛行機の貨物室に持ち込むのは航空会社の嫌うところであり、また、一般に、電池は現地でも入手できるからである。基地では、隊員のために政府が経営している両替所兼スーパーストアで必要な電池を購入できるのだが、何十個もの電池を買う金のないニューホールは、公用のクレジットカードを利用した。VDAPの男たちが前金をあっという間に使い果たすのは毎度のことであり、それ以後の運営費はクレジットカードで支払われ、時にはそれが何千ドルに膨らむこともある。一般に、支出額の上限を超えたという厳しい催促状が届くのは帰国後のことである。中央アメリカの火山噴火危機対策から帰ったある地質学者は、クレジットカードで支払った金額が前例にない額に達し、それが基本的には地質調査所の無利子の負債と見なされるために、俸給を差し止められたこともある。

ロックハートとパワーは、ようやくヘリコプターを優先的に利用できるようになり、あらゆる機会を利用して飛び立てるようになった。まず二人は地震計の設置にふさわしい場所を探した。最高のデータを得るためには、各々の装置を、適切な間隔を置いて全方角からピナツボ山を覆うように設置しなければならない。メリーランドストリートの事務所で地図上に最適な設置場所を記すのは簡単だが、実際にピナツボ山周辺の上空を飛ぶと、地質学を基本から勉強し直すことになる。この火山からは分厚い火砕流がすべての方角に流れ出し、圧縮されて広大なイグニンブライト〔溶結した大規模な火砕流堆積物〕の原野を形成した。このようなイグニンブライトの原野は雨や川に侵食されて、ところによっては深さ何十メートルもある険しい渓谷が彫り刻まれた。渓谷と渓谷の間の平らな土地には森林や背の高いオオガマが密生している。峻険な峰と深い谷という極端な地形に植物が繁茂しているのである。

四月三〇日、チームは最初の野外地震計を、基地からピナツボ山までの距離を三分の二ほど行ったところの丘陵に取りつけた。そこは、クラーク基地との間に電波の見通し線ができる程度の高さである。それは、ピナツボ山から真東に走る二本の丘陵の一本であり、それら丘陵の間の谷をたどっていくと、まるでクラーク基地へ伸びる通路を下りていくようである。

この丘陵は三、四メートルも伸びたオオガマに覆われていた。ロックハートとPHIVOLCSの技術者三名は、ヘリコプターが地面すれすれで停止してプロペラの風でオオガマをなでつけている間に、数個の装置入りカバンを持って地面に飛び降りた。オオガマは、ヘリコプターが飛び去るやいなやぴんと跳ね起きてしまった。地質学者たちは、シャベルを大鎌代わりに振り回して植物を切り払った。パワーはヘリコプターでいったんクラーク基地に戻り、基地に最も近い旅行客相手の露店に車で走り、土産用のブッシュナイフを買うと丘陵で働く仲間のもとに舞い戻った。こうして、数週間前はアラスカで雪掘りをしていたジョン・パワーが、今は三八℃以上の高温多湿の環境でオオガマ刈りに奮闘していたのである。

地震計を設置するのは骨の折れる仕事である。丘陵の岩棚の草を刈り払ったら、生ゴミの缶が収まる程度の大穴を掘る。野外観測機器は、風雨や破壊者の害を避けるために地中に埋めるのが一般的だ。大穴の次は、缶から無線アンテナまで伸びるケーブルを埋める溝を掘り、さらにもう一つ穴を掘ってコンクリートを注ぎ、そこにアンテナを固定する。

穴掘り作業が終わると、次は地震計の本体を地中に埋める作業である。ジオフォーンは、缶ビールくらいの大きさの、本質的には小さな発電機である。この装置内のコイルの中央には、先端に磁石をつけたバネが取りつけられ、サイロ内のミサイルのように鎮座している。大地が震動すると、地震計のケースとコイルは一緒に震動するのだが、磁石は慣性のためにその場にとどまろうとする。こうして、磁石の回りでコイルが運動することにより、微弱な電気パルスが発生する。この電圧は増幅され、マイクロチップによってトーンに変換される。そしてトーンは無線で地震記録計に送信され、記録計の針の運動かコンピュータスクリーンのドットに変換されるのである。そこで地震学者の仲間内では、火山が揺れることを山が歌っていると表現することもある。

ジオフォーンを埋める穴は、幅が狭くて、腕を伸ばすと底に手が届く程度の深さに掘るものである。この穴の底に速乾セメントを流し入れてその上にジオフォーンを置き、地質学者が一人腹ばいになって手で固定する。そして、セメントが固まるまで水準儀を使ってジオフォーンを水平に保つのである。次に、この装置にワイヤを取りつけ、ワイヤを溝に這わせてアンテナに取りつける。アンテナの先端には孔を四つあけ、そこに鉄筋を打ち込む。これでアンテナは安定し、極端な場合を除けばどんな環境でも倒れることはない。最後に設置位置に名前をつけて地図に記すのだが、その地点は、ピナツボ東部（Pinatubo east）の略語を取ってＰＩＥと命名された。

ＰＩＥが取りつけられると他の地震計の設置はすみやかに進んだ。ＵＢＯ（この地点は、地図上のPinatuboという文字のアルファベットoの中央に位置したのでこう命名された）は、五月一日に頂上から東へ八〇〇メートルの地点に設置された。そこは、かつては地熱探索計画の掘削地であったところだ。ＢＵＲは頂上の北西部に埋められ、その信号はバンカーヒル（Bunker Hill）と呼ばれる空軍前哨地を中継して送信される。五月三日には軽量コンクリートブロック製の営倉のコンクリート床にＰＰ

Oが設置された。そこは、頂上から北に一・六キロメートル、火口からも一・六キロメートルの地点にあり、パタルピント（Patal Pinto）と呼ばれるアエタ族の村の近くである。このPPOはPHIVOLCSの地質学者が震源と判断した場所の近辺にある。さらにBUGZが頂上から約六・四キロメートル行ったところに設置された。これは火山の南西部にあるために、信号は中継点を通ってクラーク基地に送信されることになる。五月一四日には、火山の東側のPIEと南西側のBUGZの中間にあるネグロンに地震計と電波中継器が設置され、こうして地震計ネットワークが完成した。

この地震計網のパターンは大雑把な円形である。PIEは時計の三時の方向、ネグロンが五時、BUGZ七時、BUR一〇時、UBOはほとんど中心に位置する。クラーク基地に置かれたCABは火山から最も遠い地震計になり、ピナツボ山の活動が激しくなったときに小さな事象を取り除く役目をしてくれるだろう。

ピナツボ山東側の四つの測定器は信号をクラーク基地に直接送信し、メリーランドストリートのピナツボ火山観測所（PVO）のアンテナがそれをキャッチする。しかし、火山北側の二つの測定器の信号は、クローバレー演習区域にあるバンカーヒルという空軍前哨地に送信され、そこから電話線でPVOに送られる。BUGZの信号はネグロン山を中継して送信される。

こうして地震計のネットワークが完成すると、VDAPとPHIVOLCSのチームは地震の位置を正確に知る仕事を開始した。PHIVOLCSチームが火山の西側に設置した旧式なシステムによると、震源は相変わらず火山の約五キロメートル北西に位置する。PHIVOLCSチームは、地元の学校に宿泊して三日記録計にデータを取り、それをフロッピーで持ち帰って結果を手作業で算出した。結果は、どれも彼らの地震計網の真下を示している。ただ、VDAPチームにはそれが信じられなかった。

地震計のネットワークが完成する前から、ＶＤＡＰチームには震源を特定するデータが揃っていたが、それによると、ＰＨＩＶＯＬＣＳチームと同じ場所、つまり山頂から五キロメートル北西の地点である。しかし、この状態をはっきり説明する証拠は得られなかった。実際、新しい地震の位置が示されるたびにますます説明がつかなくなる。

地震は、五キロメートル北西で深さ五キロメートルの地下に集中している。パワーとロックハートはその地点を「北西の雲」と呼ぶようになった。この雲の形状からすると、火山性のものではなさそうだ。噴気孔の下に観測されるような組織化されたものではなく、ハワイの火山で見られるような火口に向かって移動する地震でもない。かと言って、テクトニクス断層に沿って発生する地震を示すものでもない。一体これをどう解釈したらよいのだろう。

地震のデータから可能な解釈を絞り出すことはできない。前年の七・八の地震によって、火山の噴気孔に燃料を供給する地下の熱源が一部放出されたのかもしれない。北西の雲が噴気孔に直接関係しているとは考えられない。理論的には、ピナツボ山は地震学者が「大地震の影響が及んだ区域」と言う領域にあり、北西の雲はよく知られた断層の近くにある。とにかく、火山からこれほど遠い場所で火山活動が発生するのは不自然である。そこで、震源と噴気孔の間の距離を説明する試みが始まった。恐らく、遠方の断層のずれが火山の熱水システムを乱して、噴気孔に熱水を導いたのだろう。とにかく、地質学者たちは途方に暮れていた。

五月の第二週目に入るころまでに、メリーランドのアパートの居間で開かれる夜のミーティングでは、火山に関する断片的な構想が少しずつ形成されていった。

過去の噴火の炭素年代測定によると、ピナツボ山はいつ目覚めても不思議ではない。過去の噴火はきわめて大きく、火砕流は現在の村や町のある区域を襲い、少なくとも今のクラーク基地の正門あたりまで突進してきたようである。

しかし、現時点の活動がマグマの移動に関係するものかどうかは不明だ。激しい地震と噴気孔の活発化はマグマの活動を示すものだが、最近の大地震で火山の熱水系が乱れた結果という可能性もある。

ニューホールは、ピナツボ山の下の活動がマグマ性かどうかをコスペックで確認したかった。コスペックは五月一八日のセントヘレンズ山大噴火の予知には役立たなかったが、一九八〇年代のいくつかの火山噴火では二酸化イオウ（SO_2）を検出している。テリー・ガーラクというCVOの科学者の発見によると、セントヘレンズ山のような一部の火山、つまり彼に言わせると「湿った」火山では、マグマから放出されるSO_2は地表に届く前に水分に吸収されてしまうそうである。したがって、コスペックを使用してピナツボ山に高いレベルのSO_2が検出されればマグマ性の可能性は強くなるが、たとえ検出されなくても可能性が否定されるわけではない。

「コスペックから地震データに対応する確実なデータを得ることがどうしても必要だった。『これは昨年の大地震の単なる後遺症ではなく、火山が活動している証拠だ』と言えるように」ニューホールは言う。

ニューホールがこれに賭けた理由はいくつかある。それは、どれもVDAPチームが直面している不信感に根ざすものだ。クラーク基地の外では、プノンバヤンと一緒に地元の行政機関に出向いていって状況を説明しようとすると、必ずと言っていいくらい、この不信感にぶち当たる。実際、火山災害の可能性のある大都市、アンヘレス市の市長は、ニューホールとプノンバヤンに会うことさえ拒絶した。市長は、ピナツボ山噴火に関する不安は過剰反応だと地方新聞に語っている。

クラーク基地内でも状況は芳しくなかった。基地の司令官であるジェフリー・グライム大佐は、火山が噴火するよりもカリフォルニアの宝くじに当たる方が確率は高いと言い放った。大佐の懐疑的な態度は、部下の全員とまではいかないが大部分に反映した。グライム大佐が噴火の脅威を真剣に受けとめてくれれば、数に限りのあるヘリコプターの使用も優先的に主張できるようになるだろうに。ニューホールの希望は、火山を理解させる教育キャンペーンを大々的に実施し、基地や周辺の人々に、基地のテレビや新聞の連載を通して種々の火山災害について教えることである。グライムは別として、上級将校にはすでに火山学や火山観測に関する説明が行われていた。また、クラフトのビデオは、テレビ局に頼んでコピーをつくり、簡単な説明をつけたものが配布されたが、将校の間では地質学101号と呼ばれるようになった。しかし、グライム大佐はこれ以上の教育キャンペーンの実施を許可しなかったのだ。

グライムは避難計画の提案にも反対した。部下の上級将校には、事態が急変した場合に備えて、計画に着手する許可を要請する者もいたが、グライムはそれを即座に却下した。しかし、将校の一人であるマーフィ大佐はそれでも計画に着手し、将校をもう一人仲間に入れて避難先を探すことから始めた。最悪の場合を想定すると、ザ・ヒルの住民だけでなくザ・ヒルから八キロメートル下った基地の反対側の端に至るまで、基地の完全撤退を実施しなければならなくなる。マーフィが探し当てた避難先は、アラヤット山の裏側で、基地から一五キロメートル東に行ったところにあるパンパンガ農業大学である。アラヤット山は、周囲の土地に比べると八一〇メートルは高い。事実、この地域を視察したＵＳ ＡＩＤの役人がアラヤット山を問題の火山と見間違えたことはよくある。大学側は建物の一部の改修を条件に、空軍がそこに食料や水を貯蔵することを認めた。

ニューホールは地質調査所自体からも圧力を受けていた。地質調査所のメンローパーク研究所やワシントン州のCVOでは、フィリピンにおける冒険資金の供給に上層部がパニックを起こしはじめていた。ニューホールのもとにたびたび入る彼らからの電話は、時差のために夜更けか早朝になることが多い。どの電話も、ニューホールが地質調査所に一セットしかない持ち運び可能な測定装置を持ち去ったと文句を言う。厳密に言えば、ニューホールが使用している測定器類は、南北アメリカ大陸で利用するために米国国務省が所有しているものである。地質調査所にこんな装置は他にないのだから、今、中央アメリカに火山噴火の危険が発生したらどうする気だ、と彼らは詰問する。しかも、ニューホールの仲間は地質調査所で賄いきれないほど多額の出費をしている。どうやって返済するつもりだ。ピナツボ山の資金をひねり出すには、他の地質学者が何年も前から計画していた研究のフィールドワークを切り詰めなければならない。少しだけ熱くなった火山のために、そんな犠牲を強いることができようか。ピナツボ山は気まぐれに揺れて水蒸気を吐き出しているだけじゃないか。噴火もせずに何ヶ月間もの費用を食いつぶすことだってある。

こんな電話がかかるたびにニューホールは腹を立て、怒りを顕わにした。セントヘレンズ山対策で苦闘した地質学者と同様に、彼も仕事のペースを調節することができなかった。なすべきことはあまりにも多く、どれ一つとして重要でないものはない。チームの仕事には人々の命がかかっている。こんな時にひっきりなしにかかってくる電話は、彼にとってわずかしかとれない睡眠を妨害するだけでなく、この危機対策に真昼の蒸し暑さのようにまつわりつく暑気や人種差別、妄想、懐疑といった問題を一層耐えがたいものにしてくれる。ある時、堪忍袋の緒が切れたニューホールは言った。「ここじゃ火山のことで大変なんだ。もういいかげんにしてくれ！」

こんなわけで、ニューホールはコスペックの測定値が裏づけになるようにと念じていた。それは、マグマが不安定な火山の原因であることを確認する一つの手段である。たとえ意味のある数値が表れなくてもかまわない。コスペックの数値が否定的でも、セントヘレンズ山のように、爆発的噴火はするがコスペックには検出されないというタイプの火山かもしれないのだ。

コスペックでよい測定値を得るためには飛行機が必要である。ところが、ヘリコプターと同様に、この場合も米国空軍は頼りにならなかった。クラーク基地にはあらゆる種類の高性能ジェット機が勢揃いしているというのに、ニューホールが必要とする飛行機、つまり低速の小型プロペラ機は存在しないのだ。クラーク基地の飛行クラブにそんな飛行機が一機あったが、最近の事故で飛べなくなってしまった。そこで、海軍のスービックベイから軽飛行機を確保できることになったが、ニューホールが水蒸気を噴出する火口上を低空飛行してほしいと頼むと、パイロットは尻込みしてしまった。

五月第二週になると、ニューホールはヘリコプターにコスペックを取りつける方法を考えた。コスペックを正しく機能させるには、測定器を晴れた空に垂直に向けて目に見えないガスの雲の下を飛ばす必要がある。測定器で測った大気の紫外線スペクトルと本来の紫外線スペクトルとの強度の相違が、大気中のSO_2の量に変換されるのだ。小型飛行機なら火山周辺を数分で飛べる上に、測定器の望遠鏡を窓に垂直に設置できるので、この仕事には最適である。ところが、ニューホールが空軍のヘリコプターに装置を取りつけると、測定器はプロペラを避けるために四五度傾いてしまった。せっかくの解決策だったが、これでは役に立つどころか、肝心の信頼できるデータさえ得られない。

五月一三日の朝、ニューホールはヘリコプターの銃撃用ドアに、まるで戦車の砲塔のような二七キ

4月末にヘリコプターから見たピナツボ山北面。活動中の噴気孔と4月2日の噴出によって枯れた樹木が見える。

ロの測定器をくくりつけた。そして、パイロットにピナツボ山上空を円を描いて低空飛行してくれるよう指示した。山上を数回通過するとき針が上下するのが見えた。メリーランドストリートに戻ったニューホールは膨大な計算に取り組み、火山学者が濃度プロファイルと称するものを算出した。それによると、ピナツボ山は 日に五〇〇トンのSO_2を大気中に放出していたのである。

この数値は特に大きいとは言えないが、ニューホールにとってマグマの存在の確証になる。ピナツボ山の活動は、地震によって熱水系が乱されたからではない。テクトニクス断層から来るものでもない。赤熱したマグマの舌の仕業であり、それは、地表にガスを放出するほど近くまで接近しているということだ。

マグマがこの山の活動にどれだけ関与

し、どれだけ地表に近付いているかを述べることはできない。また、マグマが上昇して噴火に発展すると予告することもできない。しかし、ピナツボ山噴火の可能性は、SO_2の検出によって飛躍的に増大したのである。

では、噴火の可能性はどの程度あるのだろうか。その答えを出すために、ニューホールは可能性を系統立てて評価する樹形図の作成に取りかかった。五月一七日午前三時頃、メリーランドストリートのアパートの二階で記録計の部屋にこもってこの問題を考察したのである。

まず、テクトニクスとマグマ、それに熱水という三つの要因をリストにし、マグマの下に一〇〇パーセントと記入した。これについてはコスペックが片をつけてくれたのだ。そこで、マグマの幹から二本の枝を突き出させる。一本はマグマが地表に近付いて噴火する場合で、もう一本はそうでない場合だ。マンモスレークス騒動の際にニューホールが行った巨大カルデラシステムの研究に基づくと、このような活動が噴火に発展する可能性は四〇パーセントと見積もられる。次に、噴火は大きいか小さいかという問題になる。ピナツボ山周辺で実施した調査によると、噴火するなら大きくなりそうだ。そこで、大噴火の可能性は七〇パーセントと見積もられた。その噴出物が東方に流出して、クラーク基地や人口の集中したアンヘレス市のような地域に向かう可能性は、五〇パーセントである。可能性の樹形図は科学的に定量化された図のように見えるが、大部分は推測に基づいている。それでもニューホールの概算によると、ピナツボ山が一年以内に噴火する可能性は一四パーセントであり、その場合に火砕流が基地やアンヘレス市に到達する可能性は二〇パーセントであった。これで、VDAPとPHIVOLCSのチームが警告を伝えて回るのに必要な条件は得られたと判断できるだろう。

「アルメロの悲劇から、一つのこと、または多くのことを学んだとしたら、それはまず、科学や予知がどんなに正確であっても、人々を説得できない限り意味はないということだった。人々の抵抗は驚くほど強いものだ。だから最初は、途方に暮れたわけではないにしても、このような不信を本当に短時間で克服できるのだろうかと不安だった」ニューホールは言う。

火山学者はこのような状況で綱渡りをしている。地元で愛されている山が殺人鬼に変身するなんて信じられないという根強い不信を克服しなければならない。したがって、現実的な噴火対策をするには人々の不安を掻きたてる必要があるが、あまりにも早期に逃げ出すほど脅してしまうと、それ以後の警告は信用されなくなる。人々に火山災害の恐ろしさを悟らせ、噴火が迫ったと警告しながら何事も起きなければ、二度目の警告に対して人はすぐには反応しなくなるだろう。

クラーク基地の将校もそれなりの圧力を受けていた。太平洋の空軍仲間が、クラーク基地の司令官は米国から来た一握りのみすぼらしい科学者に脅されてうろたえているのではないかと疑っていた。遠方にクラーク基地から見えるピナツボ山は、地平線上に盛り上がったコブ以外の何ものでもない。遠方にある見栄えのしない小山が、どうやって基地を脅かすと言うのだ。基地の第二司令官であるディック・アンデレッグ大佐の元には、ハワイの太平洋本部の将校からたびたび電話が入るようになった。空が落ちるわけじゃあるまいし、ヒヨコちゃんは何で騒いでいるんだという内容がほとんどである。「心配してるのかね」と彼らは聞く。[8]

グライムは相変わらず抵抗しつづけたが、アンデレッグたちは心配していた。彼らは地質学者から、エンジンが火山灰を吸い込んで失速するという話を聞かされた。火山灰は、電話システム、コンピュータ、電気変圧器にも入り込んで焼き切ってしまうだろう。最大の危険は雨にある。火山灰は大量の水を吸収するので、平屋根の多い地方ではきわめて危険である。地質学者は、コップ一杯の火山灰に、別のコップに満杯の水を注ぎ入れる実験を披露した。火山灰はその水を全部吸収し、両者を合わせた重量の混合物になった。この何百万倍もの量の濡れた火山灰が屋根の上に積もった場合を想像してくださいと科学者は説明し、機会あるごとにクラフトのビデオを上映した。このような火山災害に関する講義が何回か行われると、グライムの上官であるウィリアム・Ａ・ステューダー少将は、ついにこの教育プログラムを基地全体で実施するという命令を出した。

パワーとロックハートは「基地の破壊者」と自称するようになった。彼らは夜更けにビールを交わしながら「やあ、将軍。我々はＧＳイレブンですよ。あなたの基地を閉めるために来ました」と言っていた。

これは、誰もが感じていたある種の緊張を和らげようとする冗談である。米国からの援助は期待できそうにない。それどころか、この冒険は高くつきすぎて対処できないという苦情が来る始末だ。ＶＤＡＰの任務はＰＨＩＶＯＬＣＳを助けることであるが、空軍基地に関する限り、ＰＨＩＶＯＬＣＳの科学者にできるのは草刈り程度だという現実もわかってきた。それに、空軍はアメリカの科学者との方がうまくやっていけるようである。

セントヘレンズ山でのＦＰＰ実験の伝統に則って、クリス・ニューホールは野外パーティーを開くことにした。その年の五月一八日にセントヘレンズ・バーベキューパーティーが催され、ハンバーガーやホットドッグと共にヘルシーな火山学のご馳走も供された。ニューホールの最大の関心事は火砕流だと彼は言った。

「カザイリュウってなんですか」とアンデレッグが質問する。

カザイリュウではなく、火砕流《かさいりゅう》です。ニューホールは説明する。大規模な噴火では、大量の火山灰の雲が火山の斜面を時速八〇～一五〇キロのスピードで流下する。それは一般に九〇〇℃～一〇〇〇℃の高温であるために、通過路にあるものをすべて焼き払ってしまう。普通は、深い谷がこの流れを妨害する役目をする。しかし、ピナツボ山周辺の地質の記録によると、この火山が放出した火砕流は、量においても勢いにおいてもあまりにも大きかったので、谷から谷へと飛び移り、クラーク基地にまで及んでいる。

「つまり、大噴火があれば基地の住民が黒焦げになる可能性もあるってことですか」

「その通りです」

アンデレッグは個人の日誌にこう書いている。「この問題を公的にも私的にもどう扱ってよいか分からなかった。彼らの話は恐ろしい。まったくぞっとさせられる。私個人としては、または、目下の危険という意味では大したことではないのだが、我々がこれにどう対処したらよいのか、どうやって決断したらよいのか分からなかった」

五月二〇日頃には教育キャンペーンが効を奏し、グライム大佐でさえ避難計画の必要性を認めた。アンデレッグがクライシス・アクションチームの責任者に命じられ、このチームは軍隊の訳のわからない呼び名でCATと呼ばれた。最悪の状況に備えることがグライムの命令だった。一つたりとも人命を失ってはならない。すべての財産を守らねばならない。基地の広報担当の責任者が発表する以外は、活動をひと言も外部に洩らしてはならない。航空機に関しては、この一年をかけて遂行中である縮小計画の一環として、別の場所に退避させることはできる。

CATの第一回目の避難計画会議では、住民をどこまで移動させたら安全かという質問がでた。地質学者が議卓に広げた地図を見ると、基地の西端の居住地であるザ・ヒルはピナツボ山から一三キロメートルの地点にある。そこで、火山を中心に二〇キロメートルの弧を描くと、それは駐機場や格納庫があるフライトラインを通り、二五キロメートルの弧を描くと、基地東端の塀にすれすれの区域を通った。

現在もなお掘り起こされている地質学的記録によると、基地全体が過去の火砕流の上に建設されている。しかし、最近のピナツボ山の噴火だけを見ると、二〇キロメートルの地点のフライトラインでも九九パーセントは安全である。

戦闘機のパイロットにとって、九九パーセントは決して十分な確率ではない。一〇〇パーセント全滅する確率が一パーセントあるというのは納得できない。避難者が統計的に安全ならよいというものではない。完全に安全でなければならない[10]。それには、火山から四〇キロメートル離れたところの、クラーク基地から車で二時間走った先にあるスービックベイ米海軍基地まで撤退しなければならない。基地の者は全員移動するだろう。クラーク空軍基地は再び見捨てられることになる。

米軍の間では、VDAPチームによって提起された問題が重要視されるようになったが、ニューホールの第一の目的はフィリピンの地質学者を援助することである。ピナツボ山の噴火で周期的に荒廃する土地に住みついた一〇〇万人以上の人々の安全が、彼らの双肩にかかっているのだ。

ニューホールとPHIVOLCSのメンバーにとって一番気がかりなのは、火山そのものの上に住みついている約二万人の先住民、アエタ族である。彼らは火山の上を自由に移動する遊牧民であり、家畜を飼い、木の実を採集し、守護神のアポマラリに祈りを捧げて暮らしている。

ニューホールとPHIVOLCSの地質学者が車でアエタ族に会いに行くと、アエタ族も最近の地震や、轟音を上げて時には岩石まで噴き上げる巨大な水蒸気噴出について心配していた。これは、低地人が山を掘削するからだと彼らは言う。アエタ族にとって、山に住んでいない者はすべて低地人である。そしてこの二年間、低地人の一団がピナツボ山周辺に地熱調査のための試掘井を掘っている。だから、これは山の神、アポマラリの怒りに違いない。

ＶＤＡＰとＰＨＩＶＯＬＣＳのチームはこの地域の修道院を訪れた。修道女たちの宣教活動はアエタ族の土地で彼らと一緒に働くことである。ピナツボ山の不安定ぶりを最初にＰＨＩＶＯＬＣＳに知らせに来た彼女たちに、火山の危険性を説く必要はほとんどなかった。修道女たちはＰＨＩＶＯＬＣＳを訪れた際に、地震や噴火に関するパンフレットを持ち帰り、宣教活動における一大事として勉強していたのである。地質学者と修道女の話し合いでは、アポマラリの家に住めなくなるときを予知する方法を火山学者が知っているとアエタ族に納得させるには、地質学を持ち出さない方がよいということになった。地質学はこちら側の科学的文化の物語であって、アエタ族のものではない。チームは、避難のときが来たら必ず知らせると修道女に約束し、その時はすぐ逃げるようにと念を押した。

ニューホールの一行は、アエタ族のキャンプを探して歩き回っているときに、新人民軍のゲリラに遭遇した。新人民軍は、最近のアメリカ人殺害の首謀者とされる共産主義者のグループである。ニューホールとＰＨＩＶＯＬＣＳの地質学者は火山の西側を自動車で回り、田舎道の行き止まりに来た。そこからはベルベル村に入る。彼らは、シボレーのステーションワゴンをゆっくりと走らせて村に入っていった。自動車は色つき防弾ガラスの窓で厳重に装甲され、米国大使館のプレートをつけている。一行は、村人たちにピナツボ山噴火の可能性を話し、避難勧告が出されたらすぐに山から逃げるようにと伝えた。

車に戻ろうと歩いていると、五人の男が近付いてきた。彼らは「直毛人」つまり低地人である。シヨートパンツとTシャツという農夫の身なりをしているが、自動銃を持っている。もちろん、ニューホールはこういった連中に出くわすことは覚悟していた。ところが、偶然にもこのゲリラは、PHIVOLCSの一部のメンバーと同じマニラのフィリピン大学に通っていたことが分かった。

「奴らはすぐに打ち解けてきた。私たちが軍隊のパトロールでないことは分かっていたようだが、大使館の車に乗っていたのでCIAかと思ったのだろう。彼らが話しかけてくるようになったのは、こちらが丸腰だったからかもしれない。おかげで、ゲリラにも火山に関する説明をすることができた。彼らはそれをアエタ族に説明してくれるだろう。一年前の地震と火山噴火の関係や、マグマがどんなもので、噴火にどう作用するのかという質問も出た。別れぎわに『油断するなよ。避難勧告がでたら必ず逃げるんだぞ』と言ってそこを去った」ニューホールはこう回顧している。

ニューホールとプノンバヤン、それにフィリピン民間防衛協会の会長は、ピナツボ山の噴火災害の可能性がある地方を回りはじめた。どの地方の民間防衛団にも噴火に対する緊急対策は存在しなかった。ピナツボ山が火山であることを知って驚く者さえ多かったのだ。チームは立ち寄る先々でハザードマップを広げて、ピナツボ山が噴火した場合に予想される災害の種類を地方の役人に説明して歩いた。

人口三〇万以上のアンヘレス市の市長は、市が直面している危険をあくまでも否定しつづけた。彼は、国家公務員と地方公務員の昼食会に欠席しただけでなく、秘書を通して多忙のため出席できないと伝えてきた。これに激昂した民間防衛協会の会長は、市長に誠意があるならオフィスに直接電話してくるべきだと秘書に伝えた。

五月末になると、不安定なピナツボ山とクラーク空軍基地撤退の可能性に関する記事がフィリピンの新聞紙上を飾るようになった。これに対するマニラ市民の反応は、アンヘレス市長ときわめてよく似ていた。アメリカ人の過剰反応と考えるフィリピン人が多かったのだ。

基地撤退の話は、現在進行している基地の借用権更新の交渉において、アメリカ人を有利にするための戦術だと言う者もいる。フィリピンの著名人の多くは、クラーク基地を取り戻して、太平洋のその一画を主要国際空港にすることを願っていた。こういった批評家は、仮にアメリカ人が基地を撤退するとしたら、それは借用権が更新できない場合にどんな経済的混乱が発生するかを示そうとするデモンストレーションにすぎないと勘ぐったのである。

ニューホールにとって、米国大使を説得するのは容易な仕事ではなかった。彼は、ステューダー少将とヘリコプターでマニラの大使館に飛び、ニコラス・プラット大使に面会したのである。この会見の目的は、大使に災害を宣言してもらうことである。大使の宣言があれば、ニューホールは特別資金を使用できるようになり、米国で彼の出費に気を揉んでいる地質調査所の上層部を安堵させられるだろう。また、空軍も避難準備がしやすくなる。ニューホールは、観測データによると不安定の原因はマグマにあること、そして、地質学的記録にはきわめて激烈な大噴火が記されていることを説明した。会見が終わるころになって、大使もようやく災害宣言の件を承諾した。

ところが、それは実施されなかった。大使は、ニューホールとステューダー少将との会見の後で、マニラの一〇名の米国高官によって構成される「カントリーチーム」にそのことを知らせた。するとこの会議の最中に、ピナツボ山の話と地質調査所の連中にうんざりしていたＵＳ ＡＩＤがかんかんに怒り出したのである。フィリピンＵＳ ＡＩＤの職員は、まだ発生してもいない災害を宣言しろという地質調査所チームの要求に反対した。地質調査所は研究を目的とするだけの機関ではないか。そんな警告など無視してしまいなさいと、ある高官が大使に提言した。「ピナツボ山が噴火するはずはなく、これは地質調査所の単なる理論的プロジェクトにすぎないのです」[11]と。

当時ＵＳ ＡＩＤの一人だったブライアント・ジョージは次のように語っている。「確かに、彼らは研究ばかりしているように見えました。地質調査所は研究所ですから、それも当然でしょう。研究者はそれでいい。しかし、私たちのように台風や津波など予測しやすい災害を見ている者には、ちっぽけな装置の解読ばかりしている連中が〝何か起こりそうだ〟と言うからそのとおりにしろと言われても、納得できるものではありません。私たちが彼らに辛く当たったのは、彼らの関心はすべて、研究の美しいピースをもう一片増やすことにあると思えたからです。被災者の住居や食料の供給に追われている者にとって、そんなことは何の意味もありません。研究者ではないのです。ところが彼らは、測定機器や優秀な若い人材、つまり博士号取得のために仕事をし、論文に一章でも二章でも追加しようとする若者を獲得しようと時間を費やしていました」

「クラーク空軍基地は女王のように君臨していたので、アメリカはこれを絶対に手放さないというのがフィリピン人の考え方でした。ですから、ピナツボ山噴火騒動は基地を手元に置く策略にすぎないと勘ぐられました。ＵＳ ＡＩＤを招聘してくれたフィリピン政府でさえ、これはアメリカ人の仕組んだもの、つまりはったりでしかないと考えていたのです」

ニューホールが唯一克服できたのは、空軍の不信感だった。到着したほとんどその時から、ＶＤＡＰチームは少数の空軍将校に火山観測の手ほどきをしてきた。メリーランドストリートのアパートで何時間も過ごす将校もいて、彼らは、そのうちに自分でも火山活動の信号を見つけられるようになった。地震は相変わらず「北西の雲」に限られていたが、活動は依然として活発である。恐らく現時点で最も説得力のあるデータと言えば、それはコスペックの数値の変化だけである。五月一三日にニューホールが行った最初のSO_2測定では、一日につき五〇〇〇トンという数値だったが、その一〇日後は一日につき五〇〇〇トンと一〇倍に跳ね上がっていた。

空軍に対する教育が少しずつ功を奏してきたので、ニューホールは数名の上級将校だけでなく、基地全体の人々を対象に教育キャンペーンを開始したいと考えるようになった。この点で彼を支持したのは、命令なしに避難計画を開始した異端児のマーフィ大佐である。特に、ニューホールは基地のテレビに出演してクラフト夫妻の火山災害ビデオを紹介したかった。ところが彼の要求は却下された。上級将校は階級間の正式な関係、つまり指揮系統を維持したかったのである。ニューホールのような地質学者が基地の社会に直接に接触することによって、この指揮系統を出し抜き、彼らの意に反する決定を下すのではないかと恐れたからである。

ニューホールはビデオを上級将校に見せた。ビデオは、今ではピナツボ山が本当に噴火するという可能性があるために、強烈な印象を与えた。これで、クラフト夫妻がクラーク基地に来て他のフィルムを上映してくれるなら、火山の危険性はさらに強く認識されるだろう。夫妻には恐ろしい体験談が豊富にある。たとえば、ゴムボートに乗っていたら水が硫酸に変化していたという話もある。そこで、ニューホールがクラフト夫妻の居場所を確かめると、夫妻はグリッケンと一緒に日本の雲仙岳でプロジェクトに参加していることが分かった。彼らは、雲仙岳でフィルムを撮り終わったら数週間のうちにフィリピンに来ることを承諾した。雲仙岳は溶岩ドームの崩壊によって猛烈な火砕流を放出していたのである。

ステューダー少将は、ピナツボ山がクラーク基地にとって深刻な脅威であることは認めていたが、本部の上官、つまりハワイのCINCPACOM（太平洋司令部最高司令官）が不審に思っていることにも気づいていた。ニューホールはステューダーに催促されて、フィリピンを去り太平洋軍の司令部に説明に行くことを決心した。さらに、地質調査所にも行って、相変わらず早朝に経済的苦情の電話をかけてくる不信心者を改心させなければならない。そこで、ハワイで申し開きをしたら、次にバージニア州レストンに飛び、そこに数週間留まってピナツボ山のケースを陳情しようという計画になった。彼は、VDAPの交代要員が到着して火山活動の感触をつかめるようになったらすぐにでも出発するつもりだった。

今では空軍も海軍も積極的に避難計画に取り組むようになった。このプロジェクトのコードネームは〝火番作戦〟である。しかし、軍部の中で昂揚しているこのような緊迫感を、VDAPチームは共用することができなかった。その理由はロングバレーである。

「ロングバレーの経験は、クラーク基地にいる間ずっと私たちの思考の片隅に居座っていた。活動は続いているが、長い長い時間がかかるかもしれない」とパワーは述べる。

ピナツボ山は事を起こすまでに一年も二年も騒ぎつづけるかもしれないのだ。いや、その揚げ句に噴火することなく鎮まることもある。しかし、だからと言って空軍が、専門的アドバイスをしてくれる米国の地質学者を基地に置かないはずはない。したがって、ピナツボ火山観測所には、数年とまではいかなくてもまだ何ヶ月かは地質調査所の科学者が詰めることになるだろう。

ニューホールは、ピナツボ火山観測所をできる限り長く続けるためにVDAPのボランティア科学者を交代させる必要があると考えた。そこで、多数の科学者に交代要員になることを要請したが、大多数の者は長年の夏季フィールドワーク計画を抱えていた。したがって、第三世界にある噴火しないかもしれない火山の子守り役など引き受けようとはしなかった。カスケード火山観測所（CVO）では、新所長のエド・ウルフがピナツボ山VDAPクルーの交代要員を探してくれるよう依頼されたが、彼にとってもそれは簡単なことではなかった。

ウルフはこう説明する。「皆忙しいのです。誰もが自分のプロジェクトと家族を抱えています。そういう人たちに、期限もなくあるところに行ってくれとは言えません。仕事を中断させることになるのですから。彼らはこういうことをやりたいのだが、同時に時間を無駄にもしたくないのです。本当に何か起こるのならすぐにでも駆けつけるでしょうが、不確実な場合は別のことをしたいのです。だから難しい」

爆発的火山噴火に一度も居合わせたことのないウルフは、交代要員が揃わない場合は自分が行こうと決心した。彼もまた、ミートボール対コーンヘッドの問題に直面していたのである。

「地質調査所の科学者に対する報酬のシステムは、基本的には論文の出版とその反響に基づいています。昇進したければ、科学雑誌に投稿できるような研究をすることです。それを妨害するものは、すべて昇進のスピードの妨げになるでしょう。火山災害対策に駆けつけると、大量の時間を食われるだけで豊かな研究成果が得られない場合もあるので、結局、昇進の基礎は論文の数と質になってしまうのです。彼らがピナツボ山への参加を特に躊躇していたわけではありませんが、〝この仕事で昇進はできない〟という意識が表面下にあったのでしょう」ウルフはこう述懐している。

ニューホールはもう一度、メンローパークにいるデイブ・ハーローにピナツボ山に来てくれと依頼した。ハーローは論文の出版に専念すると固く決心していたので、ニューホールからたびたびかかる電話に悩まされた。

ハーローを説き伏せようとしたのはニューホールだけではない。最近VDAPの主任を引き継いだディック・ジャンダもハーローを説得しようとした。五月一五日に、ジャンダはハーローの部門の主任にファクスを送り、なぜハーローが必要かを説明した。その手紙の件名には「再度、デイブ・ハーローの件について……」と書かれていた。ハーローにファクスしたその手紙のコピーには、さらに次のような言葉が添えられた。「火砕流の上を歩き、カルデラの縁を跳び越え、ボゴタで生き残り、荒波を鎮めることさえできる人」

ジャンダのファクスは、火山に脅かされた住民だけでなく、現場で働く科学者チームの安全のためにも、経験を積んだ地震学者が絶対に必要であるとはっきり述べていた。

「ハーローの論文の専門的価値については何も言えませんが、この諸学提携を必要とする危機的状況において、彼の判断が国際的災害対策チームを大いに安心させることは確かです」ジャンダはこう書いている。

ハーローは行きたいという衝動と戦っていた。行けば、論文出版の計画は何ヶ月も遅れることになる。そこで友人のエリオット・エンドーに相談した。エンドーは、一九八〇年にスティーブ・マローンの実験室で最初にマグマの証拠を確認した地震学者である。エンドーはハーローに、不安定な火山で働くことが彼の天命であると確信させた。こうしてハーローはニューホールに行くことを伝え、荷造りを開始したが、これが地質調査所における彼のキャリアに何一つ利さないことは覚悟していた。

もう一人、火山の層序学を専門とする地質学者が名乗りを上げた。リック・ホブリットである。また、傾斜計の専門家でVDAPの若いベテランメンバーであるジョン・ユアトもピナツボ山プロジェクトに参加することになった。CVOの電子工学専門家、トム・ミラーも早々に行くと約束してくれた。

交代の際に、彼らが四万ドル相当の測定器類を持っていくことになったので、地質調査所の管理部は慌てた。たとえその資金を工面できたとしても、(これですでに一四万ドルの出費になるのだが)その測定器類を政府の備品調達プロセスを経て再購入するとしたら、一年はかかるだろう。メキシコ、グアテマラ、コスタリカ、コロンビアからは、不安定な火山のために、すでにVDAPに援助の問い合わせが来ている。このような問い合わせが正式な要請になったら、地質調査所はVDAPが対応不能であることを知らせなければならない。

五月二一日、ニューホールはVDAPプロジェクトチーフからファクスを受け取った。そこには「資金なくしてプロジェクトを続行するのは無責任である」と書かれていた。そして、「六月初旬までに資金の妥当な保証が得られなければ、対策チームはスタッフや測定機器の組織的な回収に着手するよう通達されるだろう」と結ばれていた。

地質調査所の火山防災プログラムには、手のかかる長期対策を、他のプロジェクトに支障をきたさずに支えるだけの資金がなかった。セントヘレンズ山の場合と同様に、緊急時に利用できる余分な金などない。火山プログラムには毎年予算が割り当てられる。どのプログラムも重要であり、年間の予算を複数年にわたる研究に充当しようとする献身的な人々によって遂行される。当時の支部長のピート・リップマンは、一年以上もくすぶりつづけて噴火しない可能性もある火山のために、その一国際協力プロジェクトを支援して、一〇〇万ドルも借金したり他の研究プログラムを一律に縮小したりするような権限は自分にないと考えていた。この時は、金は何とかするからと言ってフィールド研究者たちを安心させるボブ・ティリングは、運営の上層部にいなかったのである。

デイブ・ハーローとジョン・ユアトがマニラに到着したのは五月二五日である。彼らは大使館の車でクラーク基地に向かった。道中でハーローは、窓の外に広がる水田、水牛、ショートパンツとゴム草履に円錐形の麦わら帽という身なりの農夫たちを見つめていた。彼にとって、これはベトナム戦争以来初めての東南アジア訪問である。

ＶＤＡＰチームで最初に交代されるべきメンバーは、アラスカでの研究がデッドラインに来ているパワーである。その交代さえスムーズに行かなかった。フィリピンを出発するフライトの予約は難しく、パワーが予約できた最も早いフライトは二週間後の五月二七日月曜日午前七時であった。

パワーが発つ前日の夕食時に、記録計室の装置が異常な揺れを二回記録した。地震計が周期の長い揺れを検出したのである。その地震は浅く、地質学者がマジックゾーンと呼んでいる、危険なほど地表に近いのに深さを正確に決定できないという部分にあった。記録計のドラムに記された信号は明白で、一般にはマグマの移動を意味するものである。そして、記録計に噴気孔の真下の地震が初めて記されたときに、突然、大規模な水蒸気爆発が発生してピナツボ山が震動した。

この新しい活動はすみやかに基地の作戦本部に伝えられた。すると、ハーローとユアトが驚いたことに、空軍大佐の一団が手に手に「レンガ」を持ってメリーランドストリートのアパートに駆けつけてきた。「レンガ」とは小型ラジオを意味する彼らの暗号である。

このように異常な地震が二回起きたということは、火山が新しい段階に入りつつある、つまり一年後などではなく、もう間もなく噴火するという可能性を示しているのだろうか。それとも、火山がひと月置きに揺れ動きながら変化していくいくつかの事象の第一弾なのだろうか。

パワーの疑問はもっと単純だった。

ピナツボ山チーム。クラーク空軍基地、メリーランドストリートのアパートの前で。左からデイブ・ハーロー、クリス・ニューホール、ライ・プノンバヤン、ジョン・ユアト、アンディ・ロックハート、ジョン・パワー、ジェム・アンブブヨグ（前）、セルジオ・マーシャル（後ろ）。ピナツボ火山観測所の看板には「火山よ、上手に揺れて燃えてくれ」と記されている。

パワーは述懐する。「皆はあれこれ論じ合っていた。本当に変化しているのだろうか。たった一回の地震を頼りに判断するのはよそう。私は記録計の部屋に佇んでドラムを見つめながら考えていた。〝残るべきか、行くべきか〟。そして出発を決心し、午前二時にはドライバーを起こして空港に向かった。もう少し長い間火山を観測することになると予想して。空港に向かう車の中で『八月初旬には戻るぞ』と自分に言い聞かせながら」

パワーはそれより早く戻ることになる。

第11章　君は英雄になれる

マニラの飛行場でジョン・パワーを降ろした大使館の車は、数時間前に到着したリック・ホブリットを拾うためにハイアット・ホテルに走った。ホブリットはフィリピンに着くまでの道中あまり気分がよくなかった。ひどい歯痛に悩まされた上に、家族が「また、不穏な火山のもとに飛び立つ」彼をひどく心配したからである。彼は、セントヘレンズ山やインドネシア、アラスカの噴火に関わってきたが、今回はどうもいつもと違うぞという感じがしてならなかった。家族もそれを察して、そのために出発が非常に辛いものになってしまったのだ。

フィリピンに到着したホブリットたちも、米国国際開発庁（ＵＳ　ＡＩＤ）には暖かく迎えられなかった。ニューホールのチームをフィリピンに招くよう空軍に無理強いされたときから、ＵＳ　ＡＩＤにとって、火山学者は厄介者以外の何者でもなかった。何ヶ月も前から、大使館はフィリピンにおけるアメリカ人官吏の人員削減を迫られていた。ＡＩＤのスタッフが減少するにつれ、仕事の負担は大きくなる一方である。そんな時にＶＤＡＰチームがやってきて、しかも毎日のように人数が増えていくではないか。おかげでＡＩＤは、米国人が増えている理由の説明を繰り返し求められていた。

当時ＡＩＤの災害担当官だったブライアント・ジョージは語る。「大使館では人員が削減され、重要な仕事をしていると思われる者まで削られて、その状況がフィリピン政府に報告されていました。そんな最中に、地質調査所は科学者やその他の連中を次々と送り込んでくるのです。おかげで私たちの負担はますます大きくなり、不愉快な思いをさせられる一方でした。まったくパスポートを持たずに来た奴もいるのです。信じられますか。忘れてきたのではなく、本当に持っていないのです。殺してやりたいくらいでしたよ」

五月が終わるころには、交代の科学者もそれぞれの部署についていた。またはフィリピンに向かう途中の者もいた。ロックハートはたびたび再発する鼻炎に悩まされていたが、現地に残ってハーローと一緒に地震の調査をすることにした。彼は野外での仕事を続け、電子機器を管理し、中継機のメンテナンスを続けたが、鼻炎は悪化する一方である。ホブリットは到着するとすぐ、アンディ・ロックハートの最大の心配事を解決する仕事に着手した。メリーランドストリートは火砕流堆積物の上にあるのだろうか。

基地のある場所が火砕流に襲われたかどうかを調べる手っ取り早い方法は、基地の南北両側に流れる川の土手を調査することである。そこで、ホブリットとＰＨＩＶＯＬＣＳの二人の若い地質学者がスラム街の川床や下水溝を歩き回り、切り通しの壁を削り取り、見つけた堆積物を磁力計で測定した。これは、ホブリットが何年も前にセントヘレンズ山で始めた調査である。堆積物の磁気の方向を調べて、それが火砕流だったのかそれとも熱い泥流だったのかを判断するのだ。泥流も、火砕流と同様に川沿いの町に大災害をもたらすが、それが基地周辺の地域に到着するには一時間くらいかかるだろう。ところが火砕流の場合は、噴火から数分以内に基地に到達するので逃げ出す時間はなく、したがって、離れたところにいない限り生き残れる道はない。

滑走路の南端に近い土手に沿って、黄褐色と灰色の混じった厚さ三～五メートルの堆積層が発見された。それは、プラムプディングのようにあらゆる大きさの粒子が混入する堆積層で、地質学者が「淘汰の悪い」分類と呼ぶものである。このように粒子の分級が不十分で「淘汰が悪い」ということは、堆積物の本体がラハールであれ火砕流であれ、それがその地点に到達したときのエネルギーがきわめて大きかったことを意味している。それは、過去の噴火の膨大なエネルギーを物語る証拠である。ホブリットは、その堆積物が火砕流であることを確認した。火山から驚くほど遠方に及んだ火砕流である。暗くなってチームが調査を終了するころには、現在クラーク基地に隣接する人口の集中する地域は、泥流にも火砕流にも襲われた経験があるという結論に達した。したがって、メリーランドストリートも当然火砕流の上にあると推断された。

空軍は、火山に最も近いザ・ヒルの居住区だけでなく、基地全体が噴火の致命的な奔流に襲われる可能性があると知らされた。可能性は小さいが、ゼロではない。

とはいえ五月末の時点では、ピナツボ山が近い将来噴火するという兆しは得られなかった。

地震学者のデイブ・ハーローは、この活動をマグマ性とは考えなかった。彼の推測によると、ピナツボ山の不安定さは本質的には地熱に関係する。一年前の大地震で火山の火道系が揺すられて、その結果、山頂の噴気孔から白い水蒸気の雲が噴出するようになったのだろう。五月二六日の周期の長い地震でさえ、地熱システムが活発化したことで説明がつく。

ハーローはコスペックのSO_2値をそれほど重要視していなかった。SO_2の高い数値は噴火を知らせる証拠ではあるが、だからと言って、噴火とSO_2値が必ずしも相関するとは限らない。たとえばセントヘレンズ山では、五月一八日の大噴火前のSO_2はバックグラウンドのレベル以上にならなかった。また、コロンビアのガレラス山では大量のSO_2が放出されたにもかかわらず、大噴火にはならなかった。[1]

これをはっきりさせるために、ジョン・ユアトは傾斜計を数ヶ所に設置することにした。傾斜計を設置し、地震計の消耗したカーバッテリーを交換するために、ホブリット、ユアト、ロックハート、それにPHIVOLCSの四人の科学者は、空軍の模擬戦争の舞台であるクローバレーを通って車を走らせていった。そこには、模擬戦で標的となる丸木を積み重ねてつくった空港、ジェット機、掩蔽陣地などが並んでいる。バンカーヒルには海兵隊員が常駐してマイクロ波中継基点を監視していた。いくつかの地震計から送られる信号は、この中継点を介して送信される。世界の中でも貧しいこの一角では、物を拾い集めて売ることが日常茶飯事になっている。したがって、バンカーヒルに監視兵を置かなければ、発電機から監視塔の壁のレンガに至るまですべて剝ぎ取られてしまうだろう。実際、一人のフィリピン人が五キロの砲弾を肩に担いで近付いてきたので、運転手は車を停めた。軍隊で大砲を使った経験のあるホブリットは、それが未使用の砲弾であることを見抜き、運転手に叫んだ。「奴を追い出せ！」

軍隊が退避計画を練っているので、VDAPチームもそろそろ噴火に備える独自の計画を考えるべきときが来たとホブリットは提案した。科学にとって貴重な機会である噴火の現場を観測するためには退避場所が必要である。しかしこの時も、火山が見えて測定器の見通し線を確立できる安全な場所はなかなか見つからなかった。火砕流に襲われることのまったくない場所を退避先にするには、基地から完全に外に出なければならない。これは、空軍には容認できないことだろうし、基地の外では電力の供給が保証されないので、実際問題として賢い選択ではない。

したがって、退避先は基地内にすべきである。そこで、基地内にあってピナツボ山から最も遠い地域、つまり、三角形のクラーク基地の東端に位置する滑走路周辺にそれを探すことになった。ホブリットの見たところ、火山のよく見える航空交通管制塔が最適な場所だったが、空軍が重要な拠点を地質学者に譲るはずはないだろう。

すると、管制塔の裏側で滑走路よりさらに遠方の区域にまあまあの場所が見つかった。それは、基地の東側に南北に伸びる塀を背にして建っている。ダウ総合館と言われるその建物は、ベトナム戦争の際に通信センターとして利用された。軽量コンクリートブロック造りの平屋であるこの建物は、観測所としての条件がほとんど揃っている。ダウ専用の発電機、空気濾過装置、火山に面した窓、低温に固定されたエアコンシステムなどが備わっている。チームは早速その建物の配線に着手した。メリーランドストリートから即時避難を余儀なくされたときに、通信センターをすみやかに起動して、失うデータをできる限り少なくするためである。

観測所の退避先を準備すると、他にもよいことが起きた。アンデレッグ大佐に言わせると、このような準備が、いよいよピナツボ山噴火を真剣に考えるときが来たと上級将校に認識させる最高の手段になったのである。こうして、空軍は撤退のときが来たらどうすべきかを全隊員に指示するようになった。

六月初旬になると、火山の発する信号は複雑な様相を呈してきた。地震の活動度は変化している。北西の雲は相変わらず活動を続けているが、水蒸気噴出口の下に第二の地震群が現れてきた。この地震群はあまりにも微弱であるために、位置の確認はおろか検出することさえ難しい。ところがハーローは熟練者の腕前を発揮してそれを確認し、震源を突き止めた。彼の観測によると、その微弱な地震はあるラインに沿って移動している。そのラインは、種々のデータを総合すると、噴気孔の下に口を開いた火道のようである。

噴気孔自体が変化していた。噴射の勢いは以前より強くなり、頂上から三〇〇メートルも上空に噴出することさえある。しかも、噴煙は水蒸気だけでなく岩石も含むようになり、灰色を帯びてきた。火山灰の調査によると、含まれる岩石の破片は古いものであり、新しいマグマの兆候は検出されなかった。

そして、火山から放出されるSO_2の量は激減した。五月二八日には一日当たり五〇〇〇トンであったものが、五月三〇日には一八〇〇トン、六月三日に一三〇〇トン、六月五日には二六〇トンに減少したのである。火山の性質は明らかに変化しているのだが、それは、ＶＤＡＰとＰＨＩＶＯＬＣＳのチームにとって嬉しくない変化であった。

ホブリットは言う。「火山がガスを自由に放出している限り問題はないが、放出が止まったら他に出口がないか調べる必要がある。放出が止まるのは、それがわき道にそれたからかもしれない。しかし、SO_2の高い流量が激減するような場合は特にそうだが、与圧されている可能性もある」

火山学者にとってガスの与圧は圧力鍋と同様の作用を意味する。山体の岩石の内部で圧力が増大しているのである。

SO_2の放出率が急激に低下するのは、多くの場合、ガスを流出させる導管が詰まったということである。導管が詰まるのは、ガスの分離によってマグマの粘度が高くなるからである。マグマの先端はガスが最も逃げやすく、したがって、火道を詰める栓になって下から上昇するガスの放出を妨げるようになる。すると、内部の圧力が周囲の岩石の強度を越えない限り増大していく。そのうちには、ガスを多く含む粘度の低いマグマが封印を突き破って上方に奔出することもある。こうしてマグマは上昇と停止を繰り返しながら移動することになり、これが活発化と鎮静化を繰り返す活動の原因になるのである。

火山はどれくらいの速度で大噴火に発展していくのか、とホブリットは考えた。

その答えは、地質調査所やPHIVOLCSが利用している警告システムに密接に関係するもので、その警告システムは現在空軍でも採用されている。それは、火山噴火の現場で開発された五段階のシステムである。

レベル1
　低い不安定度――差し迫った噴火の心配はない
レベル2
　マグマ関与の兆候を示す――噴火に発展する可能性が大きい
レベル3
　不安定度が高く、増大している――二週間以内に噴火の可能性あり
レベル4
　長周期地震を伴い不安定度が特に高い――二四時間以内に噴火の可能性あり
レベル5
　噴火継続中[2]

PHIVOLCSと地質調査所はレベル2の段階にあった。ホブリットに言わせると、このシステムは噴火を二週間か二四時間前には警告できるという前提に基づいている。

警告しないうちに爆発的噴火が起きてしまう可能性は、どれくらいあるだろうか。ホブリットが初めて経験した火山噴火の例を考えると、この警告システムは自信過剰のように思える。確かにこの一〇年間に蓄積された知識は多く、コンピュータのおかげでセントヘレンズ山当時には想像できなかったような能力も加わった。しかし、アラスカからインドネシアまでの地域で積まれた経験によると、どの火山にも個性があるのである。六月二日、ホブリットはニューホールに宛ててファクスを送信した。ニューホールは、太平洋司令部を説得するためにハワイに滞在中である。

「現在の警告システムには、差し迫った噴火を適切に警告できる可能性は一〇〇パーセントという暗黙の了解があるように思われます。この可能性が間違っているとは言いませんが、警告する前に、または大した警告もしないうちに噴火する可能性も少なからずあるでしょう。私の勘では、そんな可能性が一～一〇パーセントはあると推測されます。これが杞憂と言われるなら、それはセントヘレンズ山のせいなのです」

翌日、ニューホールがファクスの件でホブリットと話すために電話をかけてきた。ハーローは記録計室の内線で二人の会話を聞いていたが、その時、突然記録計が揺れはじめた。長周期の典型的なマグマ性地震がどっと記録され、そしてまた繰り返される。この活動はアパートじゅうに大声で知らされた。強い衝撃的な揺れが全観測地点を襲い、記録計にはまるで噴火のように記された。ユアトが二階の窓からピナツボ山を見ると、山上に稲妻が走った。恐らくピナツボ山は噴火しているのだろう。

ハーローが再び記録計をチェックすると、そこにはマグマ性のもう一つの証拠である火山性微動が検出された。それもすべての地点の地震計にである。この騒動のために、ニューホールとの電話は途切れてしまった。

数分もしないうちに、空軍将校たちがメリーランドストリートのアパートに駆けつけてきた。そこで、事件についてかいつまんだ説明がなされ、レベル2からレベル3に移行中と考えられると伝えられた。ハーローとホブリットは火山が復活しようとしていると警告したが、これに矛盾する見解も付け加えた。

翌朝、アンディ・ロックハートが慌ただしくホットケーキを焼いていると、電話が鳴った。アンディが受話器を取ると、CVOの同僚からの知らせである。雲仙岳〔普賢岳〕が噴火し、クラフト夫妻とハリー・グリッケンが死亡した。

三人の死亡通知は数時間以内に確認された。クラフト夫妻とグリッケン、それに四〇人の日本人ジャーナリストが、溶岩ドームを形成する噴火を見るために雲仙岳に行った。彼らが観測地点に定めたのは、雲仙岳から谷一つ隔てた高い丘の上で、ドームを見渡せる場所である。過去の火砕流は、観測者と火山を隔てる谷によってすべてそらされていた。ところが電話の前日は、ドームの大部分が崩壊して異常なほど大量の火砕流が流下した。火砕流の相当の部分を占める軽い雲が主流から飛び出して谷の絶壁を駆け上り、あっという間に一行を呑みこんだ。この雲はきわめて希薄で、厚さ数センチの火山灰を残しただけだったが、タクシーを転がすほどの力を持ち、どんな人間も一瞬にして焼き殺すほど高温だった。[3]

ホブリットはCVOにいるダン・ミラーに電話をした。彼を魅了して化学の分野から地質学へ転向させた旧友に自分の不安を話したかったのだ。「たった今、三人の友人の死亡を知らされた。こちらも噴火寸前の火山で仕事をしているのだが」ダンは手伝いを送ろうかと言ったが、ホブリットは答えた。「そんな時間はないと思うよ」

ハワイでは、ニューホールとHVOの同僚が太平洋指令部の将校に説明をしていた。よれよれの服を着て顎ひげを伸ばしたニューホールの話に耳を傾けているのは、パリッと糊のきいた制服を着込んだ空海軍司令官である。彼は、クラーク基地でした説明と同様のことを話した。ピナツボ山には大噴火の歴史がある。四月以来この火山は不安定な兆候を見せ、水蒸気の噴出や地震が多発している。五月半ばにSO_2の数値が高く上昇していったが、その後は不吉にも下降しはじめた。最近は、マグマの移動を示す信号が地震計に記録されている。このような事実はすべて、火山が噴火に向かっていることを示している。

彼の予測では、一年以内に噴火する可能性は五〇パーセント、それがクラーク空軍基地を襲う可能性は一〇パーセントである。その場合の噴火は、ハワイの火山のようにマグマがゆっくり流れるタイプではない。爆風の領域ではジャングルが引き裂かれ、火砕流が高温のハリケーンのように突進し、猛烈な泥流が建物を押し流してしまうだろう。「これは事実なのです」と彼は言った。さらに理解を促すために、サンピエール市〔西インド諸島マルティニーク島（仏領）〕を破壊した火砕流、セントヘレンズ山の横なぐりの爆風、アルメロ町の泥流を写したクラフト夫妻のビデオを上映した。ビデオが終わると、このフィルムの大半を写した夫妻は、世界中のどんな火山学者よりもよく噴火の恐ろしさを知っていたが、昨日ある火山に不意を突かれて死亡しましたとつけ加えた。

翌日の六月五日、ロックハートは、鼻炎でぐしゅぐしゅしながら、PHIVOLCSの地質学者とヘリコプターに乗ってネグロンの地震計の電池を交換に行った。その日はよく晴れていたので、噴気孔のそばを飛んで帰ることにした。噴気孔は狭くて深い谷の底に並んでいる。二日前に飛んだときは、ホブリットが噴気孔の底の不思議な地形に気づいたが、風が変わったために視界が遮られてしまった。今日、ロックハートが噴気孔の底を覗くと、そこにはスパインが見えるではないか。

スパインとは、粘度の高いマグマがまるでオベリスクのように直立して突き出したものである。これは、火山が噴火に至るまでのマイルストーンをさらに一つ進んだことを示している。専門的には、マグマが地表まで来ているので、噴火が進行中ということだ。

その晩の会議では不吉なニュースばかりが報告された。ロックハートはスパインの観測を詳述した。爆発的噴火の約半分がスパインの出現から始まったというニューホールの論文が、議論に取り上げられた。その日のSO_2値は、ほとんど存在しないと言える二六〇トンにすぎない。UBOとPIEの地震計が検知する地震の数は急増している。

これらの観測を総合すると、警告段階は二週間以内に噴火の可能性ありとするレベル3に入ったとライ・プノンバヤンは判断した。[4] 約一万人のアエタ族を避難キャンプに移動させる必要がある。米国の地質学者も、レベル3に入ったという判断に大部分が同意した。

このニュースは、状況の変化を気にして立ち寄った二人の空軍将校に伝えられた。ハーローは基地司令官のグライム大佐に電話をし、二週間以内に噴火の可能性があり、それが基地を襲う場合もあると知らせ、ステューダー少将とその参謀部には翌朝の六時一五分に説明することを承知した。ホブリットたちはもう一度スパインを観測したいと考え、作戦本部を呼び出してヘリコプターの使用を申請した。ヘリコプターには油を塗る必要があったが、申請は受け入れられた。午後一〇時二〇分頃、ホブリットが寝床に入ろうとすると、一連の長周期地震が記録計に記された。

翌朝ホブリットは四時三〇分に起床して、午前五時にフライトラインに到着した。飛行前の点検があったために飛び立ったのは午前五時四〇分である。しかし空は晴れ渡り、ヘリコプターは一〇分もしないうちに目的地に到着した。ホブリットは、ヘリコプターのサイドドアから数百メートル下の噴気孔を見下ろし、底にあるというスパインを探した。そして、スパインを見つけるともう一度観察した。ヘリコプターはさらに二回ほど噴気孔の上を通過したが、その時彼は確信したのである。アンディは間違っている。アンディが見たスパインとは実は侵食の産物であり、拡大された二つの水蒸気噴出口を仕切る壁の名残だった。それは古い岩石であって、新しい溶岩ではない。ホブリットは、ハーローがスパインの出現を根拠に警告レベルを上げる説明を少将にすることを思い出した。そこでパイロットを急かせて基地に戻り、着陸するやいなや飛び出して一番近い電話機に走り、受話器を引っつかんだ。ハーローは、司令官と三〇名の将校に簡単な説明をするために建物に入ろうとしていた。大部分の将校たちは、スパインが現れて警告レベルが上がったことをすでに知っていた。間一髪でハーローと連絡のとれたホブリットは、スパインなどなかったと告げ、「幸運を祈るよ」と言って受話器を置いた。会見の後ハーローは言った。「ろくな根拠を提供できなかった」

将校との会見ではスパインの件を引っ込めざるを得なかったが、警告段階までレベル2に後退させることはしなかった。したがって、地質調査所とPHIVOLCSのレベルは3にある。この警告システムでは各段階に一定の期間が定められていて、レベルを上げるのはいつでもできるが、下げるには二週間待たなければならない。このような方法を採っているのは、火山が直線的に活発化することはめったになく、株式市場の株価のように変動しながら進行するからである。大切なのは、日々の変動ではなく傾向である。一時的な活動の鎮静化に惑わされないために、レベルを下げるには二週間の模様見が必要なのだ。ハーローやホブリットを始めとする地質学者がレベル3に固執するのはこのような理由からである。そして、これによって避難区域を拡大することのできるプノンバヤンにとっても、悪い話ではなかった。

スパインの観測間違いは、地質学者が苦労して獲得してきた信用をいくらか失うことになった。事実、空軍は独自の警告段階を作成することになった。これは、隊員の安全や基地の撤退を、地質学に疎い素人の手に委ねようというのではない。空軍専用の警告段階を決定する理由は別にある。要するに、彼らは撤退の準備をしていなかった。何を所持してどこに避難するかを隊員に知らせていないのだ。スービック基地にも一万五〇〇〇人の客を収容するための準備などできていない。こうして、米空軍の火山警告段階はレベル2に設定されたのである。

デイブ・ハーローにとってその日は惨めな一日だった。誰もそのことには触れなかったが、ハーローのベトナム時代の記憶が蘇ったように思われた。一九六〇年代の彼は海兵隊の歩兵であり、多くのベトナム帰還兵の例に漏れず、多数の不快な思い出を引きずって帰国した。二〇年間というもの軍隊に怒りを抱きつづけてきた。その歩兵が今、少将やその参謀部を相手の説明会で、あらゆる火山学者が難しいと考える〝綱渡り〟、慎重な考察から適切な警告へと張られたロープを歩く綱渡りをしようとして努力しているのである。ハーローはベッドによろよろとなだれ込み、引きずり出した枕で顔を覆った。ジョン・ユアトがそれをからかったが、ハーローはプレッシャーを感じていた。特に基地の司令官、グライム大佐からの圧力を。

「グライムは状況の全部にうんざりしていた。ついでに我々に対しても。火山対策なんて真っ平で、科学者に基地をうろついてほしくなかったのだろう。面倒なだけなのだ」ユアトは言う。

六月七日の夜明けに昨晩の地震の記録をチェックしたハーローは、いくらか明るい気分になった。火山の下の地震が全体として増加している。火口に最も近いUBOの地震計などは、まさに跳びはねている。さらに重要なのは、火山の真下の地震回数が北西の雲のそれとほぼ等しいことである。そこにも浅い地震やそれより深い地震が集中しはじめている。ジョン・ユアトは記録ドラム室に流れ込む傾斜計の数値を見て、火山が噴出していると確信した。ハーローは地震学者であり、地震のデータに慣れ親しんできた解読のエキスパートである。たとえ観察で裏切られることはあっても、地震だけはウソをつかない。火山の感触をつかめるようになったと感じたハーローは、それが噴火に向かっていると確信した。

ホブリットとユアトは夜明けの火山パトロールに出かけ、火口が活発化してより多量の火山灰をばら撒いているようだという報告を持ち帰った。ホブリットは、パトロールから帰るとグライムの参謀の一人であるマーフィ大佐に電話した。大佐の仕事は、本質的には基地の全施設を管理することである。ホブリットが地震活動度の上昇を知らせると、マーフィ大佐は危険区域の境界を知りたがった。火砕流などの致命的流体が基地に到達する可能性は小さいが、まったく安全であるという保証はないとホブリットは答えた。マーフィが電話を切ろうとすると、ハーローが電話口に出て言った。バックアップ施設に電話が入ったらすぐに配線に着手してくれ。早い方がいいと。

グライム大佐は、メリーランドストリートで昼の説明を聞くために呼び出された。ハーローがその日のデータをざっと説明する。地震の数が増加し、地震の位置が上昇してきた。火口が活発化して、火山灰の噴出量が増大したようだ。ユアトの傾斜計によると火山は膨張している。火口から約二〇キロメートルの位置にある、基地では火山から最も遠い地点のフライトラインに火砕流が到達する可能性は、一パーセントである。ハーローは、彼らがダウ総合館に退避する準備をしているとグライムに告げた。もはや火山を無視できなくなったグライムは、ひと言「まいったな」と言った。

セントヘレンズ山以後多くの地質学者が口を揃えて言うことには、危機的状況において絶対に必要なのに手に入らないものが、考える時間である。科学者は、無数の電話、会議、フィールドワーク、指導、ファクスに追い回され、フライトの手配、心もとない測定器の修理、かさむ費用の埋め合わせに走り回るために、食事や睡眠、そして考えるための時間はほとんど取れなくなる。ところが、ホブリットは危機的状況の真っただ中にありながらどうにか時間をつくり出して考察に集中した。

彼はまず、なぜ地震の群が二つあるのか不思議に思った。これは珍しいことだ。火山性の地震は位置を移動することがある。多くの場合、火山から少し離れた場所から出発して火口まで移動していく。二つの地震の群が同時に発生しているのは普通ではない。これは、ホブリットの経験にない現象であり、彼の知る限り文献にも発見できないだろう。しかし、コンピュータ上には五キロメートルの距離をおいて、二つの信号が存在する。

この二つの地震は互いに関係しているのだろうか。一つのマグマ塊の一部なのだろうか。二つの地震群が地下の融解した岩石の両端に相当するのだとしたら、ホブリットの計算によると、ピナツボ山の真下には容量が約五〇立方キロメートルの巨大なマグマの湖があることになる。火山屋の目の子勘定によれば、噴火はマグマの約一〇パーセントを放出する。そこで、ピナツボ山の場合を噴火に換算すると、五立方キロメートルの物質が放出されることになる。これは恐るべき数字だ。セントヘレンズ山の一〇倍である。五立方キロメートルといえば、ホブリットだけでなくハーローでさえ経験したことのない大きさだ。クラカタウ山級の噴火になるだろう。しかし、これはピナツボ山の過去の噴火に矛盾するものではない。ホブリットは、アンデレッグ大佐を始めとする上級将校の出席するミーティングで、このことについて説明した。

「座って説明を聞いているうちに、ぞっとしてきました。お互いに顔を見合わせて言ったものです。『ここには火山から十分に遠い場所なんてなさそうだ』と」アンデレッグはこう述べている。

午後二時二〇分、ステューダー少将が到着し、地質調査所チームは同様の説明をした。少将はホブリットを見て言った。「君なら今の状況ではどうするかな」

これは、地質調査所の火山学者が常に回答を避けようとしてきた質問である。避難命令を出すのは、そのために選ばれたり任命されたりした責任者の仕事である。科学者は、火山の過去の振舞いや将来の予測、そして火山がいつどんなことをするかという可能性について説明し、アドバイスするだけである。指令を出すのは彼らの仕事ではない。これは、セントヘレンズ山でも、また、VDAPチームが取り組んだどの火山危機においても同様であった。地質学者に言わせると、指令を出す時期は、その地域社会が危険をどの程度受容できるかによって決まるのであり、それをよく知っているのは地元の責任者である。地質調査所の科学者が別の火山に去ってしまった後も、指令の結果の責任を取れるのは現地の決定者なのだ。

回答しないという鉄則は簡単明瞭だが、現実はそう単純に割り切れるものではない。現地で決断の責任を有する者は、緊張状態の中で長期間地質学者と苦労を共にしている、言うなれば仲間である。その仲間から「どうしよう」と聞かれて知らん顔できるものではない。また、2つ星の少将に「どうしよう」と聞かれるのはまんざらでもない気分である。

ホブリットは、自分なら基地の住民の移動を開始するでしょうと控え目に提案した。ステューダーはこれに対して何も答えなかった。

ホブリットは、まるでジェットコースターに乗っているような気分だった。事態は急速に変化していく。午後には記録ドラム室にいたハーローが「地震が浅くなっていく」と叫んだ。午後五時、火山の噴き上げた水蒸気の柱が、これまでで最高の八五〇〇メートルに達した。

ハーローは、二四時間以内の噴火を想定するレベル4に入るときが来たと言ってプノンバヤンに連絡した。ニューホールはすでにこのニュースを聞いて、プノンバヤンに火山の北西の観測地点から観測者を引き戻すようにと電話で急かせていた。プノンバヤンはPHIVOLCSチームを相変わらず観測地点に止めたが、警告段階はレベル4に上げ、避難区域を拡大した。

ステューダーとグライムは、地質調査所がレベル4に移行しつつあるという知らせを受けた。午後五時一四分にメリーランドストリートに戻ってきたグライムに、ハーローは、地震活動が持続しているのでレベル4にするつもりだと言った。グライムは自分の目で記録計を確かめたいと言い、「レベル4を宣言したら、世界は終わりってことですよ」と言った。空軍がレベル4を設定したらクラーク基地は全面撤退しなければならないからである。

将校の車が動き出したころ、地震の活動は急落し、ハーローの気持ちも落ち込んだ。「レベル3の上部にある」と彼は言った。グライムが去るとマーフィ大佐がやってきて、ハーローが前言を撤回しようとしていることを鋭く察知し、ハーローに言った。ふらふらするな、さもないと、ステューダー少将はその曖昧な言葉を理由に撤退を宣言しないぞ。しかし、ハーローが佇んでモニターを見ていると、ネットワークの地震計はすべて鎮まってしまったのである。ハーローはプノンバヤンに電話をし、地震活動が後退したので、レベル4は時期尚早かもしれないと告げた。プノンバヤンは怒った。空軍大佐がもう一人やってきて、グライム大佐にVDAPチームの必需品の世話を頼まれて来たと言ったが、地質学者を監視するために来たのは明らかである。ユアトは、傾斜変化が膨張前のレベルに戻ったことを確認した。要するに、小さな噴火があっただけという結論に達したホブリットは、ノートにこう書きなぐった。「何てことだ、曲芸をしているようなものだ」

ハーローは、グライムやステューダーに対して、自分の信用は完全に地に落ちたと感じた。前日は、ありもしないスパインに関する説明をし、今日はレベル4を主張したのに、地震活動度も傾斜変化も急落してしまった。ハーローにとって、それはもう一つの惨めな日であった。

ハーローはその日を思い出して次のように語る。「地震がうじゃうじゃ群がる実に大きな群があり、それがマグマ性であることは明らかだった。本震・余震とはまったく違う揺れで、ゆっくりと始まり次第に強くなっていく。そこで、グライム大佐とステューダー少将に連絡したのだが、彼らがやってくるころには終わってしまった。終わってしまったのだ。すべてがバックグラウンドレベルに戻っていた。これは、何かが起きて皆が興奮し、そして冷めるという一つの例にすぎないのだが、この時は、空軍と我々との関係が相当に気まずいものになりそうだった」

現地で決定を下す者に火山の振舞いを予測して伝えるのは、一喜一憂の繰り返しである。一般に、火山は休眠状態から一直線に壊滅状態へと発展するものではない。バックグラウンドレベルまで後退することはめったにないにしても、活発化しては後退するという二つのプロセスを繰り返す。ところが、人は物事が直線的に進展することを好むものだ。このようにぎくしゃくした動きは、現地の市長や大佐はおろか、火山学者にとっても順応しにくいパターンである。特に、活発化のエピソードには、どれ一つとっても大噴火に発展する可能性があるから難しい。そして、鎮静化すればそのまま完全な休眠に入っていく可能性もあるのである。このような活発化と鎮静化を繰り返すサイクルを、地質学者は擬人化して「火山がからかっている」と言う。しかし、これは全体の緊張感を高め、個人のストレスや危機感を強くし、睡眠をいよいよ難しくする振舞いなのである。

エド・ウルフは語る。「物事を正しく発表しようとすると、途方もなく大きな不安が伴うものです。ピナツボ山では、火山が私たちをからかうだけで、脅すふりはしても、結局何もしないのではないかという不安が多分にありました。空軍に大げさに言いすぎて信用を失う心配があったのです。これが問題の核心でした。分かっているのは、それがきわめて危険な火山で、相当に不安定な状態が続いているが、『来週には噴火する』と言いきれないことです。今は、空軍は私たちの言うとおりにしていますが、何も起きなければ大変なことになるでしょう。このために、チームは大きなプレッシャーを感じていました」

地質学者は「噴火」だけでなく、「噴火しないこと」も正しく予知しなければならないと感じていた。目標は、状況を適切に把握して伝えることである。

ウルフは言う。「不必要に大きな社会的混乱を招くのは、人命を失うのと同様に避けなければならないというのが私たちの精神的文化です。そこで、的確に標的を射止めようとします。間違った警報を出して無駄に終わる集団避難を招くようなことは避けたいが、人命を失いたくはありません。そのために、相当の神経を使って、信用の獲得とそれに基づく発表、そしてこの発表に従って行動しなければならない人々の理解を得ようと努力するのです。これは、どの火山対策においても言えることでしょう」

ユアトはこの沈鬱な状況にあって不思議に一人だけご機嫌だったが、彼は、ハーローにレベル4を宣言したのは正しかったと言った。「気にするなよ」と。ハーローはベッドに倒れ込み、顔を枕で覆った。

ハーローの気分は地震記録計の動きに直結していたが、ユアトの気持ちも同様に彼の機械、つまり傾斜計と連動していた。傾斜計の記録は、ピナツボ山では溶岩が地表まで来ていると告げている。ユアトは夜のミーティングでそれを説明したが、誰も容易に信じようとしなかった。その日の豪雨で測定器が揺れたか、コンクリートが歪んだか、その他もろもろの誘因があったのだろうと。

傾斜計ほど当てにならない測定器はなく、これにうんざりした地質学者が、傾斜計の黄金律なるものを発明したほどである。その1、傾斜計を使用すべからず。その2、使用するなら、信用すべからず。その3、信用するなら、公表すべからず。その4、公表するなら、その論文の最初の執筆者になるべからず。アンディ・ロックハートに言わせると、傾斜計は役に立つが、「情報が多すぎるだけさ」ということなのだ。

傾斜計にはいくつか問題がある。まず感度がよすぎることで、傾斜をマイクロラジアンの単位で測定することができる。一マイクロラジアンとは、長さ九六〇メートルの固い棒の先端に一〇セント硬貨を挿しこんだ場合にできる角度である。また、傾斜計は設置されてから安定するまでに長い時間を要する。セメントに埋めるのだが、セメントが落ち着くまでに数週間かかることもある。この期間の測定値は信用できない。その上、測定値は電子ノイズの影響を受けることもあり、太陽の熱や雨によっても影響される。ユアトでさえ、このようなノイズには敏感になっている。

ユアトは言う。「火山に関してやっていることは、大部分が目の子勘定にすぎません。人生における決断であれ、噴火予知であれ、人は一つのパラメータだけに頼りたくはありません。同じ方向を指し示す多数のパラメータを探すものです」

ユアトは、傾斜計の数値から判断すると溶岩が地表に流出したと述べて、一つのパラメータを提供したのである。彼のデータは地震データにぴったり合っていた。ユアトの推測によると、山体が膨張して、そのために傾斜変化や地震活動度が上昇した。そして溶岩が、恐らく水蒸気の柱を高く噴き上げるという形で地表を突き破った。この溶岩の噴出によって山体内の圧力は減少し、傾斜変化も地震活動度も急落したのである。彼は、同様の現象をセントヘレンズ山で見てきた。ピナツボ山が溶岩を地表に押し出したというのがユアトの確信する見解である。

その夜遅く、ユアトはカスケード火山観測所から来るトム・マレーを迎えにマニラに行かなければならなかった。出発前に着替えを二着とシャワー用具をナップザックに詰めながら、火山はいつ噴火しても不思議ではないと考えた。その時自分はメリーランドストリートにいないかもしれないと。

翌朝の午前四時三〇分、メリーランドストリートのアパートに電話のベルが鳴り響いた。ハワイの太平洋司令部が混乱していた。「大どじを踏んだ。ステューダーを始め、クラーク基地の空軍はレベル4の宣言を知らなかった。彼らは、米軍上層部からそれを知らされた。2つ星の少将が4つ星の大将から知らされたとなると、ただではすまされまい」ホブリットはその日のノートにこう記した。ホブリットはハーローをたたき起こして「グライムに我々がレベル4になったことを知らせたのか」と聞いた。ハーローはふらふらしながら、多分はっきり知らせなかったと思うと答えた。再び電話が鳴り、ロックハートが受話器を取ると、太平洋司令部からの再度の問い合わせで、地質調査所がレベル4なのかはっきり知りたいと言う。ホブリットは五分後に返事をするからとロックハートに伝えてもらった。

「よし、レベル4だ。決めたからには引っ込めようがない。へまの責任はとらなければ。空軍の威信と、それに我々と空軍の信頼関係がこれにかかっているのだ」

ロックハートはこの言葉をハワイに伝え、それからハーローを振り向いて言った。「こいつぁ謹慎処分ものだぞ」

午前六時三〇分、ホブリットは、ユアトが主張する溶岩を探すために夜明けのパトロールに飛んだが、山頂は雲に覆われていた。そこで、BUGZ地震計地点に飛んで電池を交換した。彼らが作業をしていると、三人の若いフィリピン人がそばをうろついている。危険区域だから去るようにと注意したが、あまり気にしていないようである。午前八時少し前にヘリコプターはBUGZを飛び立って、もう一度山頂の北側を通過した。噴気孔は火山の北面に彫られた深い渓谷の底に並んでいる。その渓谷も噴気孔も火山灰の雲でよく見えない。ところが、ほんの一瞬谷が晴れたすきに、ホブリットは噴気孔から少し離れたところにドームを認めた。ユアトは正しかった。谷の東側の壁から灰色の醜い大きな岩塊が突き出している。ホブリットは、これが幻影でないことを確かめようと、パイロットに頼んで上空を数回通過した。それは溶岩ドームだったのである。

メリーランドストリートに戻るとすぐに、レストンの地質調査所本部にいるニューホールに電話をした。溶岩ドームの出現は、二つの正反対の現象のどちらかを意味する。一方の論者は、ドームが現れたらマグマのガス抜きは終わったのだから安心してよいと言う。爆発力のある火山を爆発させるエネルギーは消耗してしまったと。マグマに含まれるガスが少なければ、大噴火は起こりそうにない。火山は、結局のところガスで駆動するマシーンである。ガスがなければ爆発もない。目撃された溶岩塊のガス濃度は低いに違いない。溶岩は、押し出されたのではなく、泡のように浮き上がって地表に出現したのだろう。

他方の説明によると、ドームの溶岩は、地表付近でガス抜きされたばかりである。それは、ガス濃度の高い上昇するマグマの先端であり、したがって爆発しやすい。ニューホールとホブリットは、ピナツボ山の歴史を考えて、後者の方が正しい解釈だろうと判断した。しかも、セントヘレンズ山のドーム形成の場合とは反対の動きを見せる地震活動度が、その有力な裏づけになる。ピナツボ山は相変わらず岩石を砕こうとしているのだ。

ニューホールはホブリットに、その新しい岩石のサンプルを採れないものかと聞いた。つまり、水蒸気を噴出し、時には火山灰を八〇〇メートルも噴き上げる噴気孔の居並ぶ渓谷に飛んで行けということだ。ホブリットは、噴気孔に引き返してもその危険に値するほどの価値はないだろうと答えた。確かに、サンプルがあれば、ガス濃度も含めたマグマの組成が分かり、それは、火山が爆発する確率を教えてくれる貴重なデータになる。しかし、現時点で水蒸気を噴出する谷に入るのは、あまりにも危険である。ピナツボ山の歴史からこの山の潜在爆発力を知ってしまった彼らが噴火の規模を知る方法は、待つことだけである。

かつて火山噴火が一生に一度しか経験できない出来事だった時代には、このような状況に置かれた地質学者は、ホブリットも含めて、谷に突進する危険を選んだことだろう。しかし、このような火山カウボーイの時代は幕を引こうとしている。ある意味で、科学者はあまりにも多くの噴火を目撃し、あまりにも多くの友人を失ってきた。確かに、今でも彼らは爆発的噴火に魅せられている。と言っても、今ではこの獣の力を熟知し、それを尊重してある距離を置いている。そうするのは、彼らにとって危険を冒す賭けに対する期待値が小さくなったからでもある。一生に一度しかない噴火なら、その期待値は一〇〇パーセントである。だが、より多くの噴火に立ち会えるなら、それは小さくなる。したがって、ホブリットが谷に飛ぶことを辞退したのは、新しい時代の夜明けを知らせる鐘の音と言えるだろう。今や火山カウボーイには、家族もあれば返済しなければならないローンもある。そして、将来、爆発寸前の火山に出会えるチャンスも多数あるのである。

とはいえ、ホブリットやVDAPメンバーの仕事には危険がつきものだ。活発化した火山の火口周辺を嗅ぎ回るのは、決して安全な仕事ではない。雲仙岳における死は、火山学者にとって無視することのできない現実である。

危険は相変わらず存在する。慎重にリスクを考えるときもあれば、わずかの睡眠と情報の下で決断することもある。最良の決断と思われたものが、将来、データによって覆される場合もある。また、人命救助に必要な情報が得られるなら、危険区域に居座ることもあるだろう。ルイス山はもう一つの教訓である。彼らは、森林消火降下隊員のように、未知のリスクに飛び込んで危険な仕事を遂行する火山部隊になるかもしれない。なぜなら、一つにはそれが社会正義であり、一つには彼らが噴火というビッグショーを愛しているからである。

専門的には、地表の溶岩がピナツボ山の噴火を意味している。それは大した噴火ではないが、それでも地質学者たちは大喜びだった。「溶岩ドームが我々を嘲笑の的から救い出してくれた」とホブリットはノートに記している。

正午頃、ステューダー少将とグライム大佐がその日の悪いニュースを聞いてPVOにやってきた。ハーローは言った。北西の雲の地震が消え去り、火口の下の地震が浅くなった。これは、溶岩が地表に近付いたと解釈される。北西の雲ではマグマは上昇していない。ただ、地震活動度は低下しているので、地質調査所はレベル4の低い部分にあると。少将は言った。これからは空軍も地質調査所と同じスケールを利用したいので、空軍はレベル3にしよう。妊婦を始めとする弱い人々の避難を開始しようと。

ステューダー少将は、朝の情報行き違いの事件を遺憾に思うと述べた。「我々がへまをしたのです」とホブリットが言うと、少将はニヤッと笑った。ホブリットは、これからは曖昧な言葉ではなくはっきりした態度で情報を伝えますと約束した。ステューダーはホブリットを見て、ホブリットの勘が避難すべき時を告げるとき、基地を撤退しようと言った。ホブリットは、自分の勘は、火山の一つの活動が壊滅的現象に発展するかどうかを感知できるほど精密ではありませんと答えた。ステューダーは、彼の勘を信用すると言った。

二人が観測所を去るとき、ステューダーは、この件の最高責任は自分にあるのだから、いつでも直接電話をするように、遠慮することはないと言い足した。グライムは、これまでに科学者が遠慮したことがあったかなと皮肉を言った。

将校たちが立ち去るとすぐ、フィリピン軍の軍用車の一隊がメリーランドストリートのアパート前に停まった。フィリピン軍の将官が数名車から降りると、一行についてきたフィリピン人記者の一群がたちまち彼らを取り囲んだ。カメラに囲まれて、ハーローたちは状況に関する質問を受けた。

セントヘレンズ山の場合とは違って、今回の地質調査所の科学者は報道機関の手の届かないところで仕事をしていた。クラーク空軍基地を囲む塀によって報道関係者から守られていたのである。これは、彼らにとってやりやすい状況だった。そして、クリス・ニューホールはこれを願っていた。というのは、外国においてはその国の地質学者が代弁者になるべきであると考えていたからだ。現地の社会と関係が深いのは彼らであり、事件後、現地に残って災害の評価や説明をするのも彼らだからである。

また、大部分の地質学者にとって報道関係者は煩わしい存在だったので、この状態は好ましかった。意思決定者に火山の危険性を理解させるのは、科学者の仕事である。彼らから見ると、ジャーナリストは情報に乏しく、「地質学者」と印刷された名刺を持つ者なら誰であれ、その意見に左右されやすい。レポーターは、些細なことと重要なことの区別がつかないらしく、その結果、公衆を過度の不安や危険なひとりよがりに陥らせることも多い。

フィリピン軍将校と報道関係者が去った後、ハーローとホブリットは、彼らが使用を許可されている隣の家に行って静かに昼食を取ろうとした。二人が食卓に座るとすぐ、アル・ブライアント中佐が補佐官と一緒に現れた。ブライアントはキャンプ・オードンルの演習区域を管理しているが、そこは、何百万ドルもの電子機器が集中している場所である。ブライアントは彼の部隊が安全かどうかを知りたかった。ホブリットの計算によると、オードンルは山頂から三〇キロメートル離れているので比較的安全だが、泥流に襲われる可能性はある。どれくらいの危険性がありますか、とブライアントは聞いた。泥流に関しては比較的長期間の警報を出さなければならないが、間違った警報も含まれるだろう。噴火が切迫すれば、より確実な警告を出せるだろうが、難しいことだ。ホブリットはこう説明した。

「くそっ、火山のおかげでもうお手上げだ。兵士は殺されるし、基地は労働ストライキのために閉鎖、周辺の丘陵地帯じゃ改革が進行中というときに、今度は火山が噴火するときた」ブライアントは嘆いた。

「経験豊かな人生でいいじゃないですか」とホブリットが言い、二人は笑った。

その晩の地震記録計は、北西の雲が再び活発化したことを知らせていた。ホブリットは眠れなかった。電話が鳴りつづけ、記録ドラム室からは人々の話し声がし、彼の頭脳もめまぐるしく回っていた。翌朝起きて洗濯を済ませると、記録ドラムを調べて地震活動が上昇していることを知った。

六月九日午前六時、ホブリットがフライトラインにいるときユアトから電話が入り、今噴火があり、その後マグマの移動を示す長周期の地震と火山性微動が続いているという。ホブリットを乗せたヘリコプターは、離陸から約一〇分後に山頂の上を飛んでいた。大量の火山灰がドームの付近から立ち昇っているが、ドーム自体は雲に隠れて見えない。山体に大きな変化はなかった。

火山の北西部と北面の上空を飛んでみたが、火砕流は見えず、ひたすら大量の火山灰に覆われ、その多くは風で北西に運ばれていく。火山灰は地震の「北西の雲」に近い低地に漂い、風が吹くと、まるで大地から立ち昇っているように見える。本当にそこから噴出しているのだとしたら、地下の巨大なマグマ塊のもう一方の端からもマグマが地表に到達したことになる。

これは、ひょっとするとカルデラをつくる大噴火の初期段階を目撃しているのかもしれないとホブリットは考えた。マグマ塊の大きさに関する彼の予測が正しければ、噴火はセントヘレンズ山の一〇〜一〇〇倍になり、膨大な量の物質を大地から放出するだろう。ホブリットは、そんな巨大噴火の典型的なプロセスを想像した。火山が垂直噴火によって大量の物質を噴出すると、それまではマグマだまりだった空間が部分的に空っぽになる。中味の抜けた空間の上部はマグマの支えを失って陥没する。こうなると、火口を中心とする半径数キロメートルの円周の裂け目から高温のガスや灰が立ち昇る。

ピナツボ山でカルデラが形成されるとしたら、アンヘレス市もクラーク基地も一掃するほど大規模な火砕流が発生するだろう。

しかし、ホブリットは間もなく、火山灰は山頂から運ばれてきて地面に降下し、地表で風に巻き上げられていることに気づいた。とは言ってもこの風で、ピナツボ山のカルデラをつくる噴火の可能性まで吹き飛ばされたわけではない。

ヘリコプターはクラーク基地に戻ったが、滑走路付近に降りるのではなく、基地の中央で本部の建物に近いパレード広場に着陸した。空軍の警備隊員が走ってきてヘリコプター内に青いバケットシートをしつらえると、すぐにそこがステューダー少将の座席になった。グライム大佐がその隣に座る。ステューダーは、地質学者が心配していることを自分の目で確かめたかったのだ。ものの五分もしないうちに、ヘリコプターは引き返して北西の雲と山頂の間を飛んでいた。そこは、最大のマグマの先端が今世紀になって初めて地表に接近したとホブリットが信じる場所の近くである。

「何てすごい灰だ」少将は谷から立ち昇る火山灰の雲を見て言った。

「それほどでもありません。あそこを見てください」とホブリット。

ヘリコプターから見ると、ピナツボ山の脅威を容易に理解することができる。火山とその周辺の地形は、どこか唐傘に似ている。傘の中央の突起がピナツボ山の小さな頂上で、そこから周辺の土地が緩やかに傾斜して、何十キロも四方へ伸びていく。ホブリットは、この緩やかな傾斜地は、何百万トンもの火砕流や火山灰によって形成されたものだと説明した。目をすぼめて見れば、唐傘の中心から伸びる土地は、すべて厚さ何百メートルにも及ぶ火山岩屑《がんせつ》であることがよく分かるでしょう。このような堆積物が何世紀間も雨に侵食されて、そこに険しい峡谷が刻まれました。中には三〇〇メートルもある深い谷もあります。このような渓谷の深さは、ピナツボ山の噴火の大きさを表しています。それらはぎょっとするほど深く、そして、それがピナツボ山の噴火の大きさなのです。

「ところで、少将、あの谷を見てください」ホブリットは言った。

上から見ると、ホブリットが指さす渓谷は火山砕屑物の床に深く彫り込まれたV字形の窪みで、山頂から真東に大きく傾斜しながら伸びていく。それは、ピナツボ山の火砕流が現在クラーク基地のある場所まで噴火のたびに到達していた跡である。

「あの傾斜路のように伸びていく帯が見えますか。あなたの基地がその先端にあることが分かりますか」少将のヘルメットの中でホブリットの声がこう質問する。

ステューダーは、ヘリコプターの奥からじっと地上を見つめていた。頷きながら傾斜路を目でたどっていた。そして最後にグライムを振り向いて言った。「明日だ。明日決行だ。君は英雄になれるよ。子供たちは学校を休めるのだから」

ＰＶＯに戻ったホブリットは、ＰＨＩＶＯＬＣＳがレベル5になったと知らされた。[7] 火山の西側で観測していたＰＨＩＶＯＬＣＳの科学者が、火砕流らしきものを見たと言うのだ。避難区域の半径は二〇キロメートルに拡大され、避難者の数は約二万五〇〇〇人に膨らんだ。[8]

今や警告段階は錯綜していた。フィリピン政府はレベル5で、地質調査所はレベル4、空軍は公式にはいまだにレベル3である。要するにこれは、地質調査所が発表する最も可能性の高い予測に対して、決定の責任を持つ二つのグループがそれぞれの目的に適った解釈をするからである。空軍がレベル4を宣言すれば、それは撤退の時であり、彼らにとっては「世界の終わり」である。基地を見捨てることに関しては、かなり強力な抵抗がある。一方、ＰＨＩＶＯＬＣＳの主要な関心事は時間的ゆとりを持って住民を避難させることであり、プノンバヤンにとって、その遂行には相当の時間が必要だ。VDAPチームから見ると、PHIVOLCSの解釈は過大であり、空軍のそれは過小評価である。どちらも危険なことに変わりはない。PHIVOLCSがレベル5を宣言してから火山がすぐに噴火しなければ、住民は早晩にも危険区域に戻ることになる。こうなると、二度目の避難勧告を無視する者も出てくるだろう。空軍の場合は、基地に隊員がいる間にピナツボ山に不意を突かれる恐れがある。基地は火山性堆積物の上にあるのだから、悲惨な結果になるだろう。

その晩VDAPチームはピザハットからピザを取り寄せるという贅沢をした。アメリカのニューホールから、基地が撤退すると聞いて安心したという電話があった。

一九九一年六月一〇日午前六時、軍のテレビやラジオが避難命令を放送した。住民はすでに準備を整えていた。ここ数日間、基地の新聞やテレビを通して、所持品や避難先など避難計画の詳細が知らされていたのだ。三日分の生活用品を所持すること。基地に残る九六〇名の警備隊員が家屋を見回り、防犯に当たるだろう。その他、調理人、技師、通信士、重機操縦士が数百名基地に残ることになる。

クラーク基地の道路は瞬く間に人で一杯になった。事前の計画に従って、一区画ずつから自動車、トラック、バスが丘を下って滑走路に整列する。そこからは先導車に導かれて周囲のスラム街を抜け、国道を数時間走ってスービックベイの米国海軍施設に向かうのである。避難命令の発表からたった六時間後の正午には、一万四五〇〇名の人々がクラーク基地を去り、一二〇〇名を残すだけとなった。

ステューダー少将の避難命令はワシントンから強い批判を浴びせられた。『ニューヨーク・タイムズ』紙や『ワシントン・ポスト』紙の記事は、アンヘレス市の市長がアメリカ人の「過剰反応」は「混乱の元になる」と述べたと報じている。

地質学者が活発化した火山に駆けつけるときは、商売道具のほかに急きょ入手できる関連論文をかき集めて持参するのが彼らの習わしである。そこで、ホブリットはその持ち込まれた論文の山をあさって噴煙柱の崩壊について調べはじめた。

噴煙柱の崩壊は火砕サージというものを発生させるが、これは、太平洋上核実験で最初に確認された現象である。一九四六年七月、米軍は、海軍艦隊に及ぼす核爆発の威力を試そうとビキニ環礁の水中で核実験を実施した。この爆発では、主に水滴とガスから成る核の雲柱が立ち昇り、雲柱は崩壊してハリケーンの速度で基部から四方に飛び散り、船舶を沈没させた。一九六二年のセダン核実験では、ネバダ州の砂漠の地下二〇〇メートルで爆発させたが、その時も同様の雲柱の崩壊とサージが発生した。これらの実験によって、サージは水上でも陸上でも突進することが分かった。

ハワイ火山観測所（HVO）の元所員であったジム・ムーアの記録によると、一九六五年のフィリピンにおける噴火で有名な火砕サージが発生した。九月二八日の早朝、マニラから五五キロメートル南にあるタール山周辺の住民は、地震にたたき起こされた。見ると、タール山が白熱した溶岩を噴水のように噴き出して輝いている。タール山は火口付近に割れ目をつくり、そこに水がしみ込んで溶岩に混入した。こうしてビキニ環礁級の大爆発が発生し、高温のガスと岩石片のサージがハリケーンの速度で四方に飛び散り、樹木をなぎ倒し、樹皮を剥ぎ取っていった。この噴火の死者は約二〇〇人である[10]。

噴火が大きければ、つまり、VDAPチームがピナツボ山の過去から予測する程度の規模である場合は、見事な噴煙柱が出現するだろう。山体内の圧力の開放によって、火口からは途方もない勢いで物質が噴出する。ちょうどコーラのビンの口を親指で押さえて振り、それから親指を離すようなものだ。とはいえ、噴煙を上昇させる力は火山灰の雲の熱的効果にもある。つまり、高温の空気は上昇するのである。

微小な粒子は何ヶ月間も大気中に滞留するが、その晩のホブリットの関心は、ラミントン火山の例のように、大きな粒子が高温のガスや火山灰の濃密な雲となって落下する現象である。噴煙柱の基部に落下した砕屑物は、火砕流や火砕サージとなって大地を四方に疾走していく。ホブリットは深夜にようやく文献を読み終わり、睡眠薬を二錠飲んで眠りに落ちた。

翌日の夜明けのパトロールにホブリットとロックハートがヘリコプターに乗り込むと、パイロットは、基地に残った軍人がスービックに逃れた家族から聞かされた話をしてくれた。それはよいニュースではない。スービックの施設では、クラーク基地の避難民が到着する前から、すでに八〇〇〇人分のベッドが不足していた。そこに一万四五〇〇人の人間が流れ込んで、基地のすべての資源を最大限に利用している。家具も何もない空き家のアパートに数百名が収容され、他は将校や下士官のクラブ、体育館、教室、教会、廊下で仮寝をした。スービックの家庭に受け入れられた者も数百人はいる。屋根のある場所はすべて避難民で満ちているが、それでもまだ数千名があぶれている。

大勢の人が、太平洋の太陽に照りつけられて何時間も野外に放置された状態にある。自動車の下に穴を掘って、その日陰に潜り込む男たちもいる。自動車内に残された数千の人々は、夜盗賊に襲われる危険も抱えている。ペットの問題が浮上してきた。ペットを車内に残しておくことはできず、かと言って、基地内に野放しにすることも許されない。海軍は動物たちの安楽死を勧めている。

このような緊迫した状況は、時間がたつほど深刻化していくだろう。数日もすれば台風シーズンの到来で、フィリピンは強風と豪雨に叩きのめされるだろう。ヘリコプターのパイロットはＶＤＡＰチームに、この撤退が不要に終わったら、帰還した家族の怒りをどう処理するつもりですか、と言った。プロペラが回りはじめてヘリコプターは離陸したが、チームは、自分たちの助言的警告に従わせることがどういうものか、その意味をずっしりと重く受け止めていた。

ピナツボ山が噴火に向かっていることは確かだが、この撤退をもたらした火山活動の活発化が直接噴火に結びつくとは限らない。最悪のシナリオでは、最終的な大爆発は数週間も発生しないこともある。その間に、ピナツボ山は徐々に活動をやわらげ、突然活発化し、また静かになるというプロセスを繰り返すだろう。

避難民にとって辛い状況は、地質学者にとっても辛いことである。一年余り後で、PVOの科学者が、観測科学を率直に評価する事後報告を書いたが、その中で次のように述べている。「PVOの小さなチームにとって、それはストレスの多い時期だった。火山の心配だけでなく、自分たちを含めて周辺住民の安全も考えなければならない。予知が外れた場合の深刻な結果や、予測どおりに噴火しない場合に、二度目の避難ができるかについても心配しなければならない。神経は張り詰め、睡眠は困難で、私たちは肉体的にも精神的にも限界に来ていた」

地質学者は基地の撤退を望んだ。ピナツボ山が急速に噴火に発展していると感じて、基地内外の住民が安全な距離に移動することを願った。今は、大半の住人が安全な距離にいる。これでアルメロの悲劇は繰り返されないだろう。

しかしこれは、ユアトの当てにならない傾斜計、地震活動度を解読するハーローの直感、ニューホールの変動する二酸化イオウの数値、そして、急速に不安定度を増すことに関するホブリットの早合点に基づくものである。このように不確実な科学によって、米国の海外最大の軍事基地が撤退してし

皮肉な映画広告、「ポンペイ最後の日」。（写真：リック・ホブリット）

まった。基地の外では何十万というフィリピン人が生活を乱されて、生計の危機に瀕している。

「今までは誰も気にしてくれなかった。ところが気にしてくれるようになると、今度は『これはロングバレー・マンモスレースクだろうか。どうしようもないほど惨めな結果になるのだろか』と心配になる。自分に、ああすべきだったこうすべきだったと言いたくなる。皆そうだった。調査委員会の前に引きずり出されて、損害の大きい避難や、それがフィリピン経済や空軍に与えた影響についてとやかく言われる可能性がきわめて高いように思われてくる。そして、こうした考えが突然頭の中でぐるぐる回りはじめるのだ」ハーローはこう述懐している。

基地はほとんど空っぽになった。暗くなると街灯の明かりはついたが、パレード広場を歩き回る家族の姿はない。ピザハットやバスキンロビンズも閉まっている。将校クラブのバーに人影はない。クラブの外の広告看板には、六月一四日金曜日上演予定の映画が朱色の文字で書かれている。「ポンペイ最後の日」。このテーマの人パーティーが今まさに始まろうとしている。

第12章　噴火

アメリカの平均的中産階級が集まる町のように見えたクラーク基地は、一転して戒厳令下の町に様変わりした。町角に自転車で走り回る子供の姿はなく、駐車場はどこも空っぽである。人気のない商店は閉ざされ、子供の声も芝刈り機の音も、そして音楽やテレビの音も聞こえてこない。通りには数百メートル置きに、自動小銃を手にした完全武装の警備隊員が立っている。

基地が撤退したので、VDAPチームも、いよいよ火山からある程度の距離を置くべきときが来た。バックアップ施設のダウ総合館に測定器を移動させるのである。ダウは、クラーク基地内では火山から最も遠いところにあり、滑走路よりさらに遠く、基地の東側の塀に寄り添うように建っている。それでもまだ、火山には近すぎる距離である。

エド・ウルフは次のように述懐する。「ダウは、本当はいるべき場所ではありませんでした。他の場合なら、もっと遠くに移動していたでしょう。しかし、私たちにとって空軍の支援は重要でしたから、ダウにまさる場所はなかったのです。そんなわけで、火山に近くて危険の可能性があると考えられる区域に留まりました。火砕流に巻き込まれる心配はないと確信していた者などいなかったでしょう」

ダウは、ピナツボ山からはメリーランドストリートよりたった五キロメートル遠いだけだが、それでも最低限の安全性は提供してくれる。計算によると、時速三五〇キロの火砕流がメリーランドストリートのPVOに到達するには約三分を要し、ダウを呑みこむにはさらに一分を要するだろう。

こうして、小型コンピュータや地震記録計の一式はメリーランドストリートから運び出された。ただ、VDAPチームは、ダウで眠れない夜を過ごすよりもメリーランドストリートで寝た方がましだと考えて、夜中の観測用として地震記録計を一つだけアパートに残しておいた。こうしてダウ総合館で二四時間態勢の観測が始まったのである。

ダウ総合館を利用するのは地質学者だけではない。空軍も使用する。いくつかの部屋が少将や将校、空軍作戦本部の隊員の寝所となり、地質学者には小さなスペースが割り当てられただけである。飛行機の格納庫の宿直室には、基地を略奪者から守るために残された空軍の警備隊員が寝泊りする。

皆が睡眠不足のために疲労困憊しているときに、デイブ・ハーローだけは不思議なほど元気だった。彼の体内でベトナム戦争時代に身につけた生存術が蘇ったのだろう。戦場では、情勢が緊迫すると歩兵は二時間交代で勤務することが多い。そのために、ハーローはどんな時でも仮眠できる技術を身につけた。彼はきちんとした睡眠を取らなくても、仮眠さえ取れば三、四週間は夜中のパトロールでも平気でやっていける。ハーローが枕で顔を覆って倒れているときは、将校に対する説明や測定器の不調のことで悩んでいるのだろうと同僚たちは同情していたが、実際は居眠りをしていたのだ。ただ、それを誰にも言わなかった。「子供じみていて恥ずかしくて言えなかった」とハーローは後で述べている。

基地の撤退によって、最初にクラーク基地に設置した地震計、つまりCABと命名された観測地点が復活することになった。設置当初に電源を入れたときは、それがあまりにも水槽に近すぎるために、トイレの水を流すたびに、その震動が地震計に記録される恐れがあった。ところが基地が撤退すると、水の吸い上げや流出がほとんどなくなってしまった。そこで、アンディ・ロックハートはひどい鼻炎に悩まされながら、少しでも多くのデータを収集しようとCABの電池を交換し、この観測地点を地震計網の一つに復活させたのである。

CABの復活はハーローをことのほか喜ばせた。空軍は、基地を撤退するときにバンカーヒルの監視兵も撤退させた。彼らが立ち去るとすぐ、一台のトラックがでこぼこ道をガタゴトと走ってきて、このハイテクの地にあるものを、発電機も含めて洗いざらい盗み去っていった。発電機がなければ、三つの地震計の信号を中継する装置も機能しない。地震の回数や強度の測定は残りの地震計だけでも測定できるが、位置や深さは決定できない。この損失は、ハーローがそれまでにピナツボ山で被った苦い経験、つまり、ベトナム時代の不快な記憶の復活からぶざまな説明に至るまでのどんな経験よりも、彼をひどくくじけさせた。これはチームが視力を失うようなものだ。地震計のネットワークが完璧なら、後の研究に大量のデータを提供してくれるだろうに。ハーローは痛嘆した。貴重な噴火を観測できる機会はそうざらにあるものではない。その機会に恵まれた地質学者は、データの最後の一滴まで搾り取り、できる限り充実した観測をしたいと切望するものなのだ。

六月一〇日の基地撤退以後、火山が鳴りをひそめたこともあって、チームの緊張とフラストレーションは増大した。六月一二日午前三時三〇分、アンディ・ロックハートは目覚めてよろよろとトイレに行き、ついでにメリーランドストリートのたった一つの記録ドラムを調べてみようと部屋に入った。なんと！　活動が活発化している！　アンディは全員をたたき起こしてダウに電話をし、その夜の当直が活発化の信号を見なかったかと確認した。当直は、たった今それを観測したところだと答える。誰もが脱兎のごとく階下に駆け下り、車に飛び乗ると、ダウめがけて丘を転げるように突っ走った。バックミラーを覗くと、ピナツボ山上に走る稲妻が見える。噴火だろうか。ダウでは、レーダーのオペレーターが、正常とは思えない積乱雲がスクリーン上に見えると報告する。雲頂の高度は一万一五〇〇メートルであると。地質学者たちは、ダウがいよいよ危険になったらどうするかについて相談した。空軍には、さらに東に行ったところの農業大学に避難場所がある。では、火山の東側のこの場所に火山灰が到達する可能性はどうだろう。現在の卓越風は西向きだが、毎年この時期になると西から東に変化する。

日の出の時刻になると、ピナツボ山の吐き出す火山灰は四五〇〇メートルに達し、レーダーの信号はますます強力になった。地震活動度は、三三回の激しい揺れが繰り返された後で低下したが、今は再び上昇している。

ホブリットとロックハートは午前六時三〇分にフライトラインに到着して、ヘリコプターでピナツボ山へ向かった。ところがこの時もまた、ヘリコプターはパレード広場に途中着陸してステューダー少将を搭乗させた。彼らが火山上空に到達したのは午前七時頃である。上昇するとすぐに、噴火によって火山の東面、すなわちクラーク基地に対面した地域に大量の火山灰がぶちまけられたことが分かった。

ヘリコプターは、山頂の少し東側に設置した地震計、ＵＢＯの様子を見ようと飛んでいった。六月一一日午後一〇時に地震が発生して以来、ＵＢＯからの送信は途絶えている。今、ＵＢＯを設置した地熱探査掘削地点の近くを飛んでみると、全地域が火山灰に厚く覆われている。火山灰は、高いところにある火口から吹き流されてきたようには見えない。UBOの近くのどこかに口が開けて、その地域一帯に火山灰が噴出されたようである。ヘリコプターが高度二〇〇メートルまで接近すると、スキャナーにUBOの信号がキャッチされた。UBO自体は機能しているのだが、その信号がクラーク基地に届かないのだ。恐らく、地震計とアンテナをつなぐケーブルが高温の火山灰によって融けてしまったのだろう。リックとアンディは着陸して、ケーブルを修理できるかどうかヘリコプター内で話し合ったが、結局着陸は断念した。地上にいる間に火山灰が噴出されたら、一巻の終わりである。

風に吹かれるヘリコプター内で懐かしい臭いを嗅ぎ取ったホブリットは、ピナツボ山がさらに危険な存在になったことを悟った。それは植物の焼ける臭いであり、セントヘレンズ山で初めて知った臭いである。彼はステューダーを振り向いて、火山が最初の火砕流を放出したと言った。火砕流が通ったマラウノット川の一点を指さすと、そこには大石など高温の砕屑物が水蒸気を上げて転がっている。ヘリコプターがクラーク基地に戻ると、ホブリット、マレー、ロックハートは一部の地震計について修復の可能性を話し合った。その結果、UBOは危険すぎるが、PPOは復活させようということになった。

午前八時五〇分、ホブリットは、メリーランドストリートの記録ドラム室の電話でプノンバヤンと話していた。火砕流を始め、今朝のフライトで気づいたその他の現象について説明しながら、ふと窓辺に置いたドラムに目をやり、それからピナツボ山を見た。

「行かなきゃ!」彼はこう言うと受話器をガシャンと置き、階下のアンディに叫んだ。

「行くぞっ!」

ロックハートは語る。「その時アパートのドアを開けて外にでたが、ホブリットに後ろから追い越さ

1991年6月12日のピナツボ山大噴火。クラーク空軍基地から見る。

れた。私は、ピナツボ山から巨大な雲が立ち昇るのを見て、思わず「ちくしょう!」とつぶやいた。飛ぶように側を通り過ぎていったホブリットの後を追って、トラックに飛び乗った。正直言って、失禁しそうなくらい恐ろしかった。よく晴れた空に巨大なものが、これまでに見たこともない巨大な物体が、凄まじい速さで上昇していく。そいつが上昇する距離は、多分こちらに向かって拡散してくる距離に等しいのだろう。どんな速度にせよ、とにかく生きた心地がしない。ホブリットは驚くほど冷静だった」

「私たちは滑走路の近くにある指令区域に行った。そこには管制塔がある。ホブリットは『中に入って奴らに噴火を知らせてくる』と言う。私は内心、一刻も早くダウ総合館へ行きたいと思っていたので、気が進まなかったが、キリスト教的精神にもとるのも嫌なので車を止めた。ホブリットはさっと中に入るとすぐ出てきて、みんな知っていたと言う。建物の中にいるとはいえ、この事件を知らない者がいるだろうか。ホブリットが立ち止まってカメラをつかみ、写真を撮ろうとするので、私は待ちきれなくなって叫んだ。『ホブリット、早く逃げようぜ!』ホブリットの最高のシャッターチャンスが台無しになったことは確かだ。ダウ総合館にたどり着くと、ようやくホッとした。その時の私にとって、五キロメートルという距離には大きな意味があった。背後に五キロメートルの空間、つまり、ピナツボ山との間に広がる飛行場の空間が見えるのは安心させられるものだ。その時の噴煙はまっすぐ上昇していて、横方向には噴射していない。猛スピードで垂直に立ち昇る、実に見事な噴煙だった」

ホブリットとロックハートがダウ総合館の前にブレーキ音を響かせて車を止めると、ハーローが小躍りしている。デイブの噴火踊りというところだ。彼は有頂天になっていた。俺たちは噴火を正しく予知した。たとえ他に何も起きなくても、とにかくよい仕事をした。調査委員会に呼び出されて公衆の面前で恥をかかされることもない。ハーローの悪夢は噴火とともに吹き飛んだのだ。

本部の窓から噴火を目撃した空軍の将校は、皆その威力に「ぞっとした」。ジェット機のパイロットは、それが上昇するスピードに畏怖の念を抱いた。世界最速の戦闘機のF‐15が一分間に一八〇〇メートルも突進したら、パイロットは重力の作用で体が硬直してしまうだろう。ところが、ピナツボ山の噴煙はたった五秒でその高度に到達して、さらに上昇しつづける。F‐15が重力に抗して力走し、一万二〇〇〇メートルに達するころには、たとえ出力を全開しても上昇速度は毎分一八〇〇メートルから四五〇メートルに低下してしまう。ところが、ピナツボ山の噴煙は三〇秒強で一万二〇〇〇メートルに到達して、それ以後も減速しない。パイロットたちは、一万五〇〇〇メートルを一気に昇った噴煙を呆然と見つめていたが、ある者が言った。「あんなスピードで上昇できたら、俺たちにかなう敵なしってところだ」高度一万九〇〇〇メートルあたりで、高温の噴煙は上層大気と対流圏の間の冷たい大気層にぶち当たり、そこで拡散して循環する雲の塊となった。クラーク基地の将校たちは、自然の威力をまざまざと見せつけられた。上空に腕を広げた噴煙の下で、それまでの不信はことごとく消え失せてしまった。核爆発のキノコ雲にそっくりの雲が、音もなく拡散していった。

ハーローがダウ総合館に入ると、噴火から三八分後の地震活動度は、四月以降最低の数値に低下していたのが分かった。これは、この噴火が主要な出来事であったことを示しているのだろう。しかし、地震のエネルギーは上昇しているので、さらなる噴火が予想される。

噴火がクライマックスを迎えようとしている大事なときに、測定器の問題が深刻化していた。地震計ネットワークの相当の部分が失われただけでなく、コスペックまで姿を消してしまった。警告段階がレベル5に突入してからというもの、フィリピン空軍はきわめて協力的になった。プノンバヤンはこの好機を利用しようと考え、コスペックを訓練用飛行機に搭載してくれるようフィリピン空軍に依頼した。六月一二日の早朝、セスナ172型の小型飛行機がクラーク空軍基地の滑走路に着陸した。PHIVOLCSの科学者が、飛行機の荷物室に測定器を突っ込んで縛りつけ、コスペックの探知部を突き出させて上空にまっすぐ向けた。そして、飛行機が離陸前の滑走をしているちょうどその時に大噴火が起きたのである。噴火があと一〇分遅かったら、機上の地質学者やパイロットは噴煙の一部になりはてていただろう。彼らは、噴き上がる噴煙を見たとき、クラーク基地より安全な場所がほかにあると考えてそのまま離陸し、火山とは反対方向の安全なマニラを目指して測定器を載せたまま一目散に逃げ去ってしまった。コスペックをピナツボ山に取り戻すには数週間かかるだろう。

フィリピンのコリー・アキノ大統領がマニラからヘリコプターで視察に訪れ、PHIVOLCSから説明を聞き、報道機関の前に姿を現した。ステュー・ダー少将は基地の人員の縮小を決定し、警備や支援に残された隊員の六〇〇名を避難させ、六〇〇名を残留させた。

昼頃、ダウの科学者の間に新たな心配事が持ち上がった。午前中の観測記録では、再噴火の兆候はまったく発見されなかった。地震計にもユアトの傾斜計にもほとんど変化はない。それが上昇しはじめたのである！　これは、ホブリットがずっと心配してきたことだ。セントヘレンズ山の苦い経験が彼の脳裏を離れなかった。

今回は、まず二週間以内に噴火するという警告が出され、次に二四時間以内という警告が発された。これは、セントヘレンズ山時代に比べたら相当に大きな進歩である。この警告のおかげで何百もの死体が火山の周辺に転がるという惨劇は免れ、噴火の瞬間に何十万の人々が逃げ惑うというパニックもなかった。総額一〇億ドルの機器類は安全な場所に移されている。それでも、もっと正確な予知をしたいというのが火山学者魂というものだ。

火山噴火には独自のスタイルがあり、ピナツボ山については、今まさにそれを学んでいる最中である。地質学者にとって唯一はっきりしているのは、この山がおとなしく引き下がるタイプでないということだ。活動の趨勢を表す線は、小刻みに揺れながらも全体として急上昇している。ピナツボ山が変化するときは、いつでも悪い方向に進んできた。したがって、この火山が次に企んでいるのは恐らく超弩級の噴火で、しかもその時はすぐにやってくるだろう。こうした認識は地質学者を緊張させ、ハーローを仮眠に追いやった。

午後六時頃、火山に近い地震計が急激に震動しはじめた。ユアトの傾斜計も急速な山体膨張を示している。ホブリットがレーダーセンターに電話をすると、ピナツボ山上に巨大な積乱雲が見えるが、噴火ではないと言う。

「しっかり見張ってくれ。記録ドラムが激しく鳴っている」ホブリットは言った。

地震活動が激化しはじめた。重要なのは、長周期の震動が二時間ほど上昇しつづけて、午後一一時にピナツボ山が再噴火したことだ。レーダーオペレーターは、噴煙が一五秒間で一気に二万四〇〇〇メートルも上昇して、監視スコープから飛び出してしまったのに度肝を抜かれた。ホブリットたちは一斉に戸外に飛び出したが、全天に走る稲妻以外に何も見えなかった。

ホブリットは六月一三日午前五時三〇分に目覚めて、潜在ドームが形成されているのではないかと考えた。高レベルの地震活動度とSO_2値の急落があれば、それを意味する。この考えをある同僚にぶつけてみたが、賛同は得られなかった。火口が開けて火山灰と溶岩を噴出したのだから、圧力は開放されているはずだと言う。確かにそうだが、垂直噴火の後に潜在ドームから横なぐりの爆風を放出したベズイミアニ火山の例もある、とホブリットは反論した。そこで、それを確かめるために現場に行って見てみようと決心した。現場の大地が、まるで枕の中から拳が飛び出しそうな状態に見えたら、それはよくない兆候だ。ホブリットがフライトラインに向けてダウを出ると、長周期の地震が記録ドラムに特徴のある署名を記していた[2]。

フライトラインに行ったホブリットは、ヘリコプターのパイロットに説明した。ピナツボ山の地下に溶岩ドームがつくられている心配がある。それが本当なら、きわめて危険な噴火になるだろう。それを確かめるには、火口周辺の大地の変形具合を知る必要がある。そのためには、行って目で確かめるしか方法はない。潜在ドームが形成されているとしたら巨大な噴火になるだろう。飛行中にそれが起きたら焼け死ぬことになる。

ホブリットが危険について話している最中にグライム大佐がやってきて、パイロットの休息時間について尋ねだした。ヘリコプターの隊員はたった三時間半の非番をとっただけである。グライムは次の隊員が十分に休息をとっただろうから、離陸は午前一〇時になると言った。ホブリットは承知して、フィールドノートにこう書きつけた。「期待を持つこと（待つこと）もよい決断だ」

そのとおりだった。ピナツボ山は午前八時四一分に三度目の咆哮をあげ、それは二四時間続いたのである。先の二回の噴火と同様に、これも一気に二万四〇〇〇メートル噴き上がり、そこで噴煙の登頂部が平らになって、再び基地の上空を覆った。それは、昨日の噴煙よりもさらによく核のキノコ雲に似ていた。

「あなたの基地のすぐ外で原子爆弾が爆発したらどう思いますか」ユアトはステューダー少将に聞いた。

「嬉しくないね」とステューダーは言った。

ステューダーは、部下やその家族に必要品を取りに戻らせても大丈夫か知りたいと思った。彼らには三日後には帰還できるからと言って、その分の荷物を持たせて避難させた。ところが、今では少なくとも二週間は戻れそうにない。衣服も取り換えたいだろうし、彼らの人生にかけがえのない物を取りに戻りたいだろう。ホプリットは、セントヘレンズ山噴火の五月一八日に帰還しようとしていたスピリット湖周辺の別荘地住人のことを思い出した。ピナツボ山の地震記録計によると、噴火の前に長周期の特徴ある地震が常に二時間ほど続いている。これがピナツボ山の噴火パターンだとしたら、安全な時間帯が二時間は与えられているということだ。地質学者からこれを知らされたステューダーは、警報のサイレンが鳴ったら五分後にはフライトラインに戻ることを条件に、避難民を一区画ずつ順番に一時帰還させることにした。

間もなくバスに満載された第一団が到着し、人々が各自の住居に降ろされると、その家の前には目印に赤い三角錐が置かれた。最後の乗客が降ろされたそのときに、ピナツボ山が煙を吐き出した。サイレンは鳴らなかったが、バスは目印を置いた家の前に次々と停車して、人々を拾い上げながら一目散に丘を下っていった。

ステューダーはホプリットに、作戦本部を撤退させて基地を放棄するようペンタゴンから圧力を受けているが、自分は放棄したくないと話した。ホプリットは、ワシントンにこう言ってやるといいでしょうとステューダーに助言した。「今はまだ、基地を放棄するときではない。そんな遠方にいてここの状況の指図ができるのか」と地質学者が言っていると。

ダウ総合館内の避難生活は、次第に現実離れしたものになってきた。アンディが野外で巨大なクモの屍骸を見つけ、それを包んでダウに持ち帰った。クモの包みをチーズボールの筒状のホール箱にそっと入れて蓋をし、近くの机の上に置いて知らん顔をした。そのうちにハーローが入ってきて、チーズボールの箱を開け、中を覗き込んだが、また蓋をして机に戻した。誰かを脅かしてやろうと待ち構えていたアンディは当てが外れた。立ち去るハーローの後ろ姿を見ながら「デイブの方が一枚上手だ」と思った。

ダウには、空軍将校の頭髪をこぎれいに刈り込むフィリピン人の散髪屋もいた。廊下には、カエルやアリが這い回っている。基地の住民が退避して以来売店はこじ開けられて、一年分のチーズボールが取り放題になってしまったので、どの住人の指先もオレンジ色に染まっている。チーズボールをむしゃむしゃ食べていると、不安が和らぐようである。食事は、レトルト食品の詰め合わせから選べる。高カロリーの食品がいろいろに詰め合わされて、茶色いプラスチックの袋に入っている。どの食品もけっこういける味である。時には、タバスコの小ビンなどちょっとした付録が入っていることもある。ホブリットは袋からゼリージャムのパックをつまみ出すと、それを掲げてVDAPチームに言ったものだ。「ポケットにゼリージャムを入れておこうぜ。運が悪けりゃ俺たちは噴火でトーストになるんだから」

夕食時には、噴火の賭け金集めが始まった。予想される噴火の時間帯を一五分間だけ選んでそれに一ドル賭けるのだ。その時間帯にピナツボ山が大噴火したら、大当たりになる。どの地質学者も、次のビッグショーは数時間以内に始まると考えていた。ホブリットは、午後一〇時三〇分から一〇時四五分までを選んだ。翌朝、六月一四日の五時三〇分、ホブリットは目覚めたが、誰も賭けに勝った者はいなかった。そこで、二回目の賭け金集めが始まった。一晩中火山活動を監視していたユアトは、ピナツボ山がきわめて不安定だと言う。ハーローの直感は「今日こそ来るぞ」と告げている。そこで、ホブリットは午前七時一五分から七時三〇分の時間帯を選んで、ヘリコプター管制所に車を走らせた。ピナツボ山が噴火するまでは離陸するつもりはない。噴火が切迫しているときに飛ぶのはきわめて危険である。しかし、噴火したらすぐに飛び立ってしっかり観測したいのだ。彼が賭けた午前七時三〇分までの時間帯は何事もなく過ぎていった。

基地では、誰もが最大噴火の到来を今か今かと待ち構えていた。燃料トラックは格納庫に移され、空軍の戦闘写真家はカメラにフィルムを入れて待機する。ホブリットがダウに電話をすると、地震の総エネルギーはこれまでで最大であり、平均マグニチュードも最大だと言う。そこで、もう一度賭けが行われた。皆、噴火までそう長くはないと思った。

「そいつはもう爆発していいはずなのにしないのだから、みんな気が気ではなかった。切迫した記録がひたすら増大し、どでかいことが起きる寸前まで行っていたのだ」ユアトは語る。

基地の気象係官から、台風接近中という情報がダウの戦士たちに伝えられた。それは、風速毎秒四五メートル以上の強風で襲ってくるだろう。気象予報によると、台風ユンヤは今夜襲来する。避難民は今や、噴火寸前の火山と接近する台風の両方に脅かされていた。

ホブリットの潜在ドーム形成に関する不安は、再び高まってきた。セントヘレンズ山で学んだ教訓は揺るぎがたいものだ。セントヘレンズ山では、よもや横なぐりの爆風が発生しようとは誰も予想しなかった。火山の形状が違うとはいえ、セントヘレンズ山は彼に、火山という巨人は科学者の意表をつく何かを秘めていると痛切に教えてくれたのである。

ホブリットが特に心配したのは、噴煙柱の崩壊とベースサージを伴ったラミントン型噴火の可能性である。このような噴火を起こす条件はまだ十分に解明されていないが、恐らく潜在ドームに関係するのだろう。潜在ドームは、地表下の浅い部分に蓄積されたマグマ塊である。このマグマは強大な圧力を受けている。上部の岩石の重さによる圧力とマグマが下から入り込んでくる圧力、さらに、このマグマ内のガスが分離して上昇しようとする圧力である。もちろん、この圧力は噴火によって開放されるが、その開放のされ方が問題である。マグマが狭い火道を上昇する場合は、圧力は徐々に開放されることになり、その結果、垂直方向の典型的な噴煙が噴き上げられる。ところが、広い火道が一挙に開口すると、マグマ塊の全物質が一回の超弩級噴出で吐き出され、その結果、火山灰の噴煙はあるところまで上昇すると、崩壊する。崩落した雲は、大地を蹴って火砕サージとなり、全方向に高速で疾走する。

潜在ドームが形成されているとしたら、大規模な山体変形が観測されるはずである。ホブリットが火山を近距離から観測して、すでに数日たっている。そこで彼は、ステューダー少将に山頂を観測したいと告げた。噴火は三回起きているのに、その間まったく観測していないのだから、山体は相当変形しているにちがいない。これは危険なことだ。しかし、台風の接近を考えると、今が山頂を見られる最後のチャンスかもしれない。ステューダーはフライトを認めたが、自分が同行する場合に限ると述べた。彼は、部下を自分でも尻込みしたくなるような危険に追いやりたくなかったのだ。

午後一二時八分、一行は空中にいた。サコビア川の上を飛び、火山北東面の火口列の端を通った。地面に新しい割れ目は発見されない。ヘリコプターは、溶岩ドームを観測できるところまで火口に近付いた。ドーム周辺は灰色一色である。ドームの中心からは、火山灰のかすかな煙が立ち昇り、雲に届いている。ドームは、今や大きな牛糞のような形に成長し、サコビア川渓谷を越えて拡大している。

しかし、今のところ火口周辺の区域に著しい変形の兆候は発見されなかった。これは、ホブリットをいくぶん安堵させた。ヘリコプターが基地に着陸したのは午後一二時三八分である。

ハーローとマレーは離着陸帯にいた。ハーローは、初めてクラーク基地に到着した当時のようにいらいらしていた。盗人が発電機をトラックに載せて持ち去ったので、三つの地震計が機能しなくなった。残りの三つの地震計だけでは、地震の位置を突き止めることができない。これは彼には耐えられないことだ。今ここにいて、まさに世紀の大噴火を目前にして、一秒毎に火山からデータが発信されてくるというのに、それをキャッチできないなんて。

ハーローは、今すぐ飛んでいって急場しのぎのシステムを設置し、クラーク基地に信号を送信できるようにしたかった。ホブリットがその朝危険なフライトを敢行したのは、潜在ドームの形成が確認されたら、ダウもアンヘレス市も避難しなければならないからだ。これは、ある意味で人命を守るための努力である。ところがハーローは、ダウと観測装置の連絡を回復するために危険地帯に着陸したいと言う。これは、人命救助だけでなく科学的探求も目指す冒険である。デイブ・ジョンストンが火山の脅威を知りながらコールドウォーターⅡの丘に留まったのも、そして、クラフト夫妻やハリー・グリッケンが雲仙岳の調査で命を落としたのもこのためだ。噴火は、火山学者に与えられる唯一の実験の機会であり、この生き物が目覚めてもめったに得られるチャンスではない。だから、このチャンスに最大限の情報を獲得しなければ不幸である。それは、科学の殉教者の信念を裏切ることになる。

「データの損失にすっかり打ちのめされていた」とハーローは語る。「地震の位置をしっかり突き止められない。その意味は大きいのに。それは、最初の垂直噴火から始まっていくつかの噴火を経由しながら、この火山というシステムがどうやって一大噴火に発展していくかを教えてくれるのに」

「そのうち、火山活動にちょっとした途切れが見えたので、私は『おい、みんな、行って修理しようぜ』と言った。これにはかなりの抵抗があった。危険は目に見えている。そいつは噴火寸前だから、そんなところで仕事をしていたらどうなるか、火を見るよりも明らかだ」

「俺は行くぞ」とハーローは言った。風は勢いを増し、積乱雲が近付いてくる。午後一時九分、ピナツボ山は再び噴出したが、大したことはなかった。噴煙がかすみはじめると、「行くとしたら噴火直後、つまり今しかない」とホブリットが言った。

計画は、地震計からの信号をクラーク空軍基地で一番高い地点、つまり管制塔に向け直すことである。これは、上空からの観測よりさらに危険な仕事だ。ヘリコプターを降下させて地上をうろつき回るのだから、きわめて無用心な態勢になる。噴火のペースは速くなり、すでに火砕流がいくつか発生している。修復隊は、地上で大噴火に遭遇することも、空中で火山灰に呑まれることもあるだろう。いずれにしても全員が黒焦げになるのは間違いない。

ハーロー、マレー、ホブリット、ステューダー少将、パイロット、戦闘写真家から成る修復隊は、午後二時前に離陸した。彼らは、ダウと常に無線連絡を取りつづける。火口からは相変わらず大量の火山灰が吐き出されているが、地震活動度は噴火直後の例にもれず急落した。山上の積乱雲に火山灰が混入して、視界が辛うじてきく程度だ。一行が接近すると、ヘリコプターは風に押し流され、雲間には稲妻が走った。ホブリットは、生まれて初めて雲のない天空で閃く稲妻を目撃した。着陸すると、パイロットはヘリコプターのプロペラを回したまま待機する。マレーとハーローが、送信アンテナの向きを変えるために飛び出した。ステューダーはクラーク基地と無線を取りつづけ、地震活動度の上昇や再噴火の予兆に関する報告に耳を傾ける。ホブリットは、今にも巨大化しそうな噴煙柱をじっと観察する。火山の熱か、接近する台風か、それともその両方のためか、風はますます強くなってきた。雷鳴が山頂から渓谷を通って轟きつづける。

アンディ・ロックハートが、地震計の信号を受信できないと無線で知らせてきた。ハーローとマレーは再度アンテナの向きを調整し、新しい電池を入れた。それでもうまくいかない。火口の上の積乱雲はぐんぐん成長する。ホブリットは、噴煙柱が太くなってきたようだと言う。午後二時三五分、一行はついに諦めて離陸した。

ヘリコプターが飛び立つと数分後に、ピナツボ山は大量の火山灰を地面すれすれにどっと吐き出した。

風向きが変わり、火山灰はクラーク基地の方角に流れていく。ヘリコプターはクラーク基地に戻ることができず、燃料も尽きてきた。そこで一行は軍隊の前哨基地に降下し、車を見つけてクラーク基地に走った。基地に到着するころには雨がどしゃ降りになり、ダウ総合館の中では、地震記録計の針が激しく揺れていた。

基地の北塀の外側を流れる川にラハールが突進してくるという報告が、ホブリットのもとに入った。ホブリットとPHIVOLCSの二名の地質学者が車で現場に急行したが、到着する前から、泥流の大石がぶつかり合う轟音が聞こえてくる。空気がまたもやセントヘレンズ山の臭いを運んできた。火砕流が上流の植物を焼き尽くした臭いだ。

午後一〇時、ホブリットは相変わらず保冷室のように寒いダウ総合館の一室で、寝袋に潜り込んで丸くなって眠った。午後一一時四〇分、明かりがついて誰かが叫ぶ。「大噴火だ！ 火砕流がクラーク基地に来るぞ！」

ホブリットは、寝ぼけまなこで作戦本部に転げ込んだ。基地を撤退して農業大学に移動しようという話が出ている。アンデレッグ大佐が、ピナツボ山のこの状態はそう長く続かないだろうとホブリットに言う。ハーローは単に、コンピュータで観測される地震の放出エネルギーの総量を指摘する。それは、ステューダー少将が退避命令を出したときの五倍になっていた。

管制塔から、火砕流が基地の一歩手前で止まったという報告が入った。ホブリットは自分の目で確認しようと、閃《ひらめ》く稲妻の中を管制塔まで車を走らせた。

管制塔では、キュクロプスという装置を使って火砕流を監視していた。それは、戦闘機から取り外した赤外線望遠鏡である。この装置は管制塔の一番上に取りつけられ、空軍警備隊員が、夜間、クラーク基地の塀を乗り越えて侵入する盗人を監視するために利用された。ところが、夜間の火山は赤外線で観測できると知った地質学者が、そのキュクロプスを、クラーク基地に襲いかかる火砕流を監視する任務に抜擢したのである。管制塔とダウの間にはホットラインが敷かれ、キュクロプスには火山活動の事象を収録するためのビデオカセットレコーダが取りつけられた。

ホブリットがビデオテープを再生すると、映し出された画面の方角が違っている。キュクロプスは作動すると回転するために、その映像も回転してしまうのだ。それでも、数本の細長い高温の帯が確認された。この原因はなんだろう、と彼は不思議に思った。

ビデオテープをダウに持ち帰り、繰り返し上映してみた。地質学者の全員が画面に釘づけになり、まるでスローモーションのテニスの試合を観戦しているように、時々一斉に一方向を向く。ホブリットは、他の者が寝床に入った後もしばらくビデオに見入っていた。午前四時四五分、彼もついに諦めて寝床に潜り込んだ。

眠っている間も、地震計は持続する長周期の震動を記録しつづけている。流動性のあるマグマとそのガスがピナツボ山の真下で移動しているのだ。

一時間弱の睡眠を取ると、ホブリットは再び作戦本部に行った。彼の見解によると、ビデオの映像は、頂上が分裂しかかっているところだ。彼はそう言うと、テープをビデオデッキに入れた。「ここに見えるのは割れ目で、火山の東面がジッパーのように裂けていくところです」

昨日、地震計の通信トラブルを修復しようとしているとき、火山灰の基部が広くなっていることに気づいた、とホブリットは言う。恐らく、多数の火口が開口しているのだろう。頂上のドームが大崩落して壊滅的噴火に発展する可能性もある。

これは間違っているかもしれない、とホブリットはつけ加えた。無数のストレスの下で疲れきっていると。

「確かに。しかし、あなたはかなり常識的でしたよ」とグライム大佐が口をはさむ。地質学者のエド・ウルフは、ホブリットの理論は一つの解釈にすぎないと言った。しかし、それを確信しているホブリットは言い返す。「事実を直視したがらないために起きた悲劇の例は歴史上にいくらでもある。その一つになってほしくないんだ」

彼はもう一度山体を詳しく観測したいと思った。時刻はそろそろ午前六時。じきに、フライトできる視界が得られるだろう。グライム大佐が同行すると言う。パイロットが火山に近付きすぎないよう安全を確保するのが彼の務めだと。

午前五時五五分、台風の接近で雲が重く垂れ込めた空に、再び噴煙が噴き上がった。火山は、連続的に発生する壊滅的噴火に突入したようである。汚れた灰色の噴煙が巨大噴水のように立ち昇るが、高度はそれほど高くなく、煙柱は崩れて山腹に落下する。これはラミントン型噴火だ。ピナツボ山から噴き出す火山灰の雲は、あらゆる方角に広がっていく。火山灰の壁は、あっという間に山頂から五キロメートルも伸びてしまった。[3] 山頂からうねるように四方に進出する火山灰の雲は、冷たい空気を取り込んで加熱し、膨張する。それと同時に、大きめの岩石は雲から抜け落ちていく。この二つのプロセスによって、火山灰の雲は一層軽く浮かびやすくなる。昨日、修復隊はアエタ族が避難するところを見かけた。そうしていなければ彼らは死んでいただろう。フリーマン大佐が広角レンズのカメラを取り上げた。ところが二〇キロメートルも離れているというのに、噴煙の壁はフレーム内に収まらない。[4] 噴煙の幅は、端から端まで約一二キロメートルもある。西側の地平線全体に火山灰の雲が渦巻き、それを縁取るように、赤やオレンジ色の稲光が雲の先端で閃いている。

「基地を撤退すべきでしょうか」アンデレッグが聞く。

「そうすべきですね」ホブリットはこう答えると、今では火山全体を包んでいるように見える灰かぐらや火砕流が、基地に届きはしないか確かめようと戸外に飛び出した。ダウの保冷室のような室温環境から熱帯の高温多湿の戸外に出ると、カメラのレンズが水蒸気で曇ってしまう。彼は、火山灰の雲が基地の手前で止まるだろうと判断し、アンデレッグに親指を立ててみせた。案の定、渦巻く雲は、それ自体の対流に乗ってじきに上昇しはじめたのである。「これで奴は垂直噴火になるというわけです」ホブリットはアンデレッグに言った。

ハーローは、地震エネルギーの総量が今回は下降するどころか増大していることに気づいた。

空軍は、地質学者も一緒に避難すべきだと主張する。ホブリットは、退避命令が自分たちにも適用されようとは予想もしなかった。

1991年6月15日午前5時55分の噴火の際に、ピナツボ山を背景に立つリック・ホブリット、ディック・アンデレッグ、アンディ・ロックハート、デイブ・ハーロー。

最後にクラーク基地を発つのは地質学者と上級将校である。正門を通り抜けようとすると、ホブリットは今にも泣き出しそうになった。地質学者は去るべきではない。基地が火砕流に襲われたわけではない。測定器はまだ機能している。一行が前もって打ち合わせた場所に到着すると、地質学者は口々にダウに帰りたいと言った。空軍も態度を軟化させてきたが、それなら自分たちも戻ると主張した。「そこにはなすべき重要な仕事がある、学ぶべきことがあると純粋に感じたのです」とウルフは思い出して語る。

地質学者の一団と八八名の空軍警備隊員、それに一二名の将校たちは、略奪者がダウに入り込む前に基地に戻った。

地質学者がダウの再生にいそしんでいる間に、アンデレッグ大佐は、退避のときに残してきた大切な物を取りに家に戻ることにした。彼の家は、基地中央のパレード広場を通り過ぎて丘を登ったところにある。パレード広場の西端を車で通り過ぎると、警備隊長が火山灰の雲に追われて、部下をザ・ヒルから引き上げさせている声が聞こえた。アンデレッグが車を停めると、たちまち暗闇が行く手を遮った。街灯が自動的に点灯したが、数秒後には闇がさらに濃くなり、街灯の明かりは黒雲に吸い込まれて、まるで消灯したように掻き消えてしまった。アンデレッグは車をUターンさせてダウに向かった。丘を下りながらバックミラーを覗くと、そこには暗黒以外に何も見えない。滑走路に到着するころには、車のボンネットの先端までしか視界がきかなくなった。ヘッドライトの光も十数センチ先を照らし出せるだけである。彼は車を減速させてそろそろと進み、ダウ総合館にぶち当たって停止した。

午前一〇時三〇分頃、PIEの記録が不鮮明になり、ネグロンもBUGZも同様になった。数日前にアンディが復活させたばかりの基地内の地震計、CABは、火山から一番遠い位置にあるために火山灰の影響が最も小さいが、それが高周波微動を示している。

ピナツボ山は午前一〇時二八分と午前一一時四二分、それに午後一二時五二分に噴火したが、噴火の三〇分後には決まって完全な暗闇に襲われた。

ロックハートは語る。「これは大噴火で一番意外なことだった。〝真っ暗だ〟とか〝夜みたいだ〟という話は耳にしていたが、大げさな表現としか思っていなかった。この種の話の常として自然にそうなるのだと。基本的には、噴煙は傘のように広がって地平線に伸びていくのだから、真上を見上げれば夜のようでも、地平線を見れば、火山灰の雲の向こう側から光が漏れてくるはずである。ところが違うのだ。驚いたことに、嵐の晩のように真っ暗闇で、地平線なぞ見えない。雨天や曇天の夜と同じく、星の光も地面に反射する光もない真っ暗闇だった」

六月一二日以降の噴火には共通して、この火山に特有の振舞いが見られた。ユアトが最初に確認した溶岩ドームは六月一二日の噴火で吹き飛んだが、噴煙から崩落した物質が火口に降り積もって出口をふさぎ、噴出を停止させた。そして、再びドームが成長して火口を詰める栓になったが、それもまた吹き飛ばされた。こうして、噴火のたびに新しい栓がつくられるのだが、それが火口を詰める効果は、回を重ねるにつれて弱くなっていく。形成された栓が固化して、ガスを含んだマグマの上昇を抑えられるほど厚い蓋になるには、十分な時間が必要である。ところが、それが次第に足りなくなっていき、さらに、たび重なる噴火のために、地表に続く火道はガスを含んだマグマを大量に上昇させられるほど大きく開いてしまった。

ユンヤ台風は、火山灰と軽石の雲を突いて接近中である。戸外に出るとたちまち雨でずぶ濡れになる。いや、雨だけではない。泥塊や軽石のかけらが混じって、最初はペレット大のものがじきに小石大になり、ついにはゴルフボール大になって降り注いでくる。この大きさの軽石を二五キロメートルも投げ飛ばす火山の威力は、恐るべきものである。

ダウ総合館の外にいる人々に聞こえるのは、ひっきりなしに建物を打ちつける軽石の音と、クラーク基地の側を機関車のように暴走する泥流の地響きばかりだ。

ピナツボ山は、午後一時一六分に再び火を噴き上げた。噴火と噴火の合間でも、火山灰と台風の雲に遮られてダウから火山を観測することはできない。台風は、今や強風と横殴りの泥雨をこの地方に叩きつけてくる。

ダウの住人は皆測定器の周りに集まっていた。一時一六分の噴火後にＢＵＧＺからの信号が途絶えた。多分、観測地点が火砕流に襲われたのだろう。しかし、ＢＵＧＺは山頂の南西側に設置されているので、この火砕流を恐れることはない。地形から言って、それは西方に流れていくはずである。

約一〇分後に、BUGZの信号がスクリーン上に戻ってきた。こいつは不思議だ、とロックハートが言った。測定器がだめになったのではなく、電波が届かなかったのだ。これは、電波を結ぶ見通し線の一部に火砕流が通過して、信号が途絶えたと考えられる。となると、この途絶えた信号を利用して、火山とダウ総合館の間で進行している現象を推測できるかもしれない。つまり、何も見えずにここに座っているのではなく、火砕流が襲来するかどうかを知る方法が一つ手に入ったということだ。

アンディたちはコンピュータスクリーンに釘づけになって、地震活動を監視する。ロックハートは、UBOを復活させられなかった自分に腹立たしさを感じていた。UBOは頂上のちょうど東側にある。これが、一時的にでも恒久的にでも復活していれば、外で進行している自然の破壊行為を逐一知らせてくれただろうに。

次の噴火は午後一時四二分で、これまでで最大である。ついに、ガスを充満させたマグマが地表に顔を出した。幅五キロメートルもある超加圧状態の溶岩の湖が、幅一〇〇メートルもある火口を通って噴出してきた。いよいよ噴火の暴走が始まったのである。

火山の喉もとでは、噴き出される溶岩に含まれる気泡が膨張する。噴煙柱から落下する物質の一部は軽くて気泡の多い岩石で、その硬さは発泡スチロールくらいだ。時には、火山の喉もとで膨張した気泡が爆裂し、軽石を粉砕することもある。そこには弾けた気泡の遺物、つまり火山灰が残される。マグマはそれ自体を吹き飛ばして粉々にする。

観測地点の地震計の記録が次々と消えていく。PIEの信号が消えた。火砕流が、基地と火山を隔てる最後の天然の障壁を跳び越えたのだ。そいつは、残りの一三キロメートルを基地に向かって突進してくる。

もはや逃げ出す道はない。ダウの真裏に出口はない。飛び出して自動車に飛び乗り、塀沿いに走って門から逃げ出すには時間がない。PIEを襲った火砕流の勢いが強力であれば、四分足らずで基地は呑みこまれるだろう。もう手遅れだ。

皆とっさに窓から飛び出して、建物の裏側に身を寄せた。彼らと火山の間に立ちはだかるいくつかの壁が、あるいは守ってくれるかもしれない。そして待った。食料品の箱を積んだ荷台に囲まれてじっと立ちすくんでいたアンディ・ロックハートが、やにわにポップコーンの袋をつかむと食べはじめた。これに驚いたPHIVOLCSの地質学者が言う。「何でこんな時にそんなものが食えるんだ」「映画館じゃ、いつもこんなシーンで食ってたのさ」と答える。

ホブリットは戸口に行って待った。ステューダー少将とグライム大佐もそれに加わった。彼らは滑走路に並ぶ街灯の赤い光を凝視していた。見えるものといえば、数百メートル先のこの光の列だけである。この光が消えたら大変なことになる、とホブリットは考えた。三人は光を見つめながら佇んでいた。それ以外は完全に暗黒の世界。巨礫を転がしながら川を驀進するラハールの音が、地下鉄のようにごろごろと鳴り響いてくる。

数分後、火砕流の脅威は去った。彼らの知らないことだったが、火砕流は、ザ・ヒルの一番高い場所にある塀まで到達したのだった。

人々は再び作戦本部にふらふらと戻っていった。もう一度避難について話し合う。リックの考えでは、逃げ道はラハールに断たれたろうから、留まる方が安全だ。他の者は、とにかくここから逃げ出そうと言う。ピナツボ山はプリニー式噴火をした。それは暗くて目には見えないが、途方もなく巨大な噴煙柱を噴き上げているに違いない。そいつが崩落すれば、さらなる火砕流が発生して基地に到達することもある。また、ある者は言う。四月二日以来、この火山は悪化の一途をたどってきた。次の噴火は今よりさらに悪くなるに違いない。火砕流が基地を呑みこむこともある。ピンポン玉大の軽石が降りつづいている。この大きさの物体をこんなに遠くまで投げつける火山のエネルギーは途方もないものだ。今世紀最大の威力を持つ噴火に違いない。科学の観点からすると、今でも機能している測定器はCABのたった一台だけだ。それは、五〇分間跳びはねていた。今となってはどんな観測も諦められるだろう。たとえ戸外の真っ黒な闇が薄れても、台風のために見通しがきかないのだから、目で見る観測も不可能である。完全撤退のときは来た。

「地震計のネットワークが破壊されてしまったので、私たちにできることは何もなかった。観測の道具を失った今、踏みとどまって得るものは何もない。そこで立ち去ることになった」ウルフは述べる。

各人が自分のバックパックをつかみ、論文を詰め込み、いくらか冷静な者は、ソーダや食料の入ったケースを抱えて車に駆け込んだ。ホブリットが大使館のステーションワゴンに乗り込むと、運転手が十字を切っている。そこで、行く先を知っているかと聞くと、知らないと答えるので、車を降りて別の自動車を探した。

将校の車は隊列を組んでのろのろと進んでいく。前の車を見失わないためには、一メートル以内の距離を維持しなければならない。ユアトは、「くそ！　くそ！」と連発しながらトラックのハンドルを握りしめる。道路には避難民を満載した牛車、ジープニー、バス、トラックがひしめき、中には乗物にぶら下がって振り落とされる者もいる。地質学者たちもこの避難民の波に呑みこまれていった。

一寸先も見えない暗闇に襲われた小プリニウスが、路上で押し倒されるのを恐れて母親を連れて道路脇にしゃがみ込んだときも、こんな状況だったのだろう。

　自動車の窓ガラスには泥がこびりつき、ワイパー液はたちまち枯渇してしまった。ホブリットは、セブンアップのジュース缶を開けると窓から身を乗り出してガラスに振りかけた。どの車の乗員も同様のことをしている。ホブリットは、空になったソーダ缶の一つに、髪の毛やシャツのポケットにたまった火山灰をサンプルとして収集した。所々に、通り過ぎる自動車やトラックの窓ガラスにバケツで水をかけてくれる人々がいた。見えるのは前の車の赤い尾灯だけ。それがついていくべき車であることを願うばかりだ。濁った雨と軽石で窓ガラスは汚れ、傷ついていく。女性の一団が、吹きつける風や火山灰を傘で防ぎながら進もうとしている。ヘッドライトの明かりの中に動物が迷い込んでは出ていく。時々閃く光は緑色の稲妻で、これは、米国中西部でトルネードを伴う雷雨の前に発生する不気味な閃光に似ている。「火山灰の雲に襲われるのではないかと、閃光が走るたびに後ろを振り向いた」とユアトは言う。そして、また真っ暗になる。

　ユアトは語る。「まるでスローモーションの行軍のようだった。夢の中で速く走れないときのように。多分、時速三〇キロくらいで進んでいたのだろう。一三〇キロは出したかったが、見えないのだからスピードを出すことはできない。それに、道路はひどく混んでいた」

　ピナツボ山の噴煙は今や上空三万五〇〇〇メートルに達し、差し渡し四八〇キロメートルの傘を大きく広げていた。

　クラーク基地から一三キロメートルあたりで隊列は停止した。ジープや水牛の群のために交通が渋滞している。自動車の無線電話で大使館と連絡をとると、ピナツボ山の地震でマニラも揺れているという。降りしきる軽石が車の金属の屋根をバンバンと打ちつけ、中にいると、まるで雹のブリザードに襲われたようだ。上空には雷鳴が轟き、背後では暴走する地下鉄のような轟音が鳴り響く。一人の婦人がアンデレッグの車に近寄り、赤ん坊を差し出して、どうかこの子を連れて行ってくれと懇願する。アンデレッグは農業大学の方角を指さして「そっちに行けば大丈夫だ」と言った。

スービック基地の状況もよくなかった。地震が基地を揺り動かし、台風は火山灰の雲を海軍施設に吹きつける。スービックもクラーク基地と同様に大気に火山灰が充満し、空が暗転した。雷が連続的に鳴り響き、緑、青、赤の閃光が上空で炸裂する。電気も水道も止まり、木々は引きちぎられ、高校の校舎の屋根が湿った火山灰の重みできしみはじめた。倒壊しそうな建物から脱出する命令が発されたが、空軍軍曹の九歳の娘とそのフィリピン人の友人が逃げ遅れて死亡した[5]。

ピナツボ山周辺の建物は、何千キロという湿った火山灰の重みでギーギーときしみ、絶え間ない地震の波に揺すられて今にも潰れそうである。建物の倒壊は数百人もの命を奪った。

隊列の流れが止まると、デイブ・ハーローは携帯電話を使ってマニラの米国大使館を再度呼び出した。彼らの報告によると、マニラは相変わらず強震に揺れ動いている。これは明らかによいことではない。火山から九五キロメートルも離れたところで地震を感じるのは異常である。これは大変なことだ。これまでは、基地にいてもめったに地震は体感されなかった。予想できる理由はわずかしかない。これほど大きな地震の原因は、多分一つしかないだろう。火山が膨大な量の物質を地下から吐き出すと、屋根になっていた岩石の相当の部分が空のマグマだまりに陥没していく。つまり、カルデラが形成されているのだろう。

クラーク基地を出てから三時間後に、地質学者と空軍のキャラバンはやっとのことで一五キロメートルを移動して、アラヤット山麓のパンパンガ農業大学に到着した。空軍は二階の教室に司令部を設けた。ルソン島中部の学校はどこも同じだが、この大学にも電力がないので、司令室を照らすのは蛍光棒の緑色の光である。ホブリットは到着すると、マニラでは相変わらず地震が続いていると聞かされた。ここでも大地が揺れているのだから、聞かなくても分かっている。彼らがフィリピンに来てから経験した最大の地震である。

農業大学に到着すると、空軍の者たちは皆、火山がまるで長さ五キロメートルほどの線に沿って、火山灰を噴き上げているように見えたと言った。ホブリットはこの言葉に衝撃を受けた。火山灰が一列に並ぶ噴気孔から噴出しているのであれば、カルデラをつくる大噴火が進行中という可能性もある。強震が続くのはそのためかもしれない。彼は、PHIVOLCSの地質学者にその考えを伝え、危険区域を三〇キロメートルまで拡張するようにと勧めた。

カルデラをつくる噴火の危険は、大火砕流にある。これは、上部の岩石がマグマだまりに陥没するときにできる環状の割れ目から飛び出すのだ。まるでふいごから噴出するように火砕流が流出する。陥没する岩石は直径五~一〇キロメートル、いや、それ以上はあるだろう。

ホブリットは、カルデラをつくる噴火の火砕流が到達する距離を調べようと、持ってきた出版物を読みあさった。暗闇に座って、マグライトを口にくわえて、その明かりで『火山活動の遷移』を読む。最終的に、今いる場所は火砕流に襲われる危険がないということになった。危険なのは、火山から五五キロメートルまでである（実際は、その場所はピナツボ山から三五キロメートルの地点にあった）。

彼は火口湖の記述に目を通した。六八〇〇〇年以上前に、セントヘレンズ山に非常によく似た現在のオレゴン州南西部の火山が、猛烈な勢いで噴火をした。大量の物質の放出によって形成されたカルデラには、何千年の歳月を経て水がたまり、火口湖が誕生した。このカルデラが形成される際に発生した火砕流は、六〇キロメートルの距離に及んだ。

今となって地質学者にできるのは、待つことだけである。測定器はもう手元にない。たとえ、その場所がピナツボ山から三五キロメートルの距離にあると分かっても、完全に停滞して一歩も進めない道路の状況を考えると、これ以上先に進むことはできない。

彼らは二階の空いた教室を選び、三週間前にマーフィ大佐が準備しておいた寝袋を見つけて取り出すと床に寝転んだ。床に横たわると、どっと発生する地震が体感される。フランク・ペレが真鍮の棒を歯にくわえて感じ取ったように、彼らも二回ほど襲来した地震の波を感じ取った。

ガクンという強い揺れが建物を襲い、全員が外に飛び出した。空軍隊員は、多くの者が昨年の七・八の地震の際に現場周辺にいて、多数の建物が倒壊するのを目撃している。地質学者の一人が建物の構造的強度を評価したところ、問題はなさそうだ。ありがたいことに、屋根がトタン板でできているので重くない。多分、地震には耐えられるだろう。そこで、VDAPチームは教室に戻ると横になり、深い眠りに落ちていった。全員が泥にまみれて、ぼろ切れのようになって疲れきっている。今は眠ることが仕事だ。

戸外では、バーのホステスたちが仕事を求めて軍隊の車を渡り歩く。退避についてきた散髪屋が仮の店を開き、上級将校が順番を待って並んでいる。

ピナツボ山噴火の暴走は九時間も続いた。

地質学者が熟睡している間に、ピナツボ山ではカルデラが形成されたが、火砕流はアンヘレス市を襲うほど強大ではなかった。この噴火は二〇世紀で二番目の大噴火になったが、驚いたことに、噴火やそれに関連する火砕流で直接死亡した人はわずかしかいない。適切なときに警報が出されたにもか

上空から見た、ピナツボ山噴火後のクラーク空軍基地。噴火のテフラの重みで、体育館その他の建物が崩壊した。（写真：ウィリー・スコット）

かわらず数百名の死者が出たのは、建物が地震で緩み、濡れた火山灰や軽石の重さで潰れたからである。スービックベイの南に位置する、ピナツボ山から三〇キロメートル離れたクビ岬海軍航空基地でも、雨を含んだ火山灰が駐機中のダグラス機、DC‐10の尾翼に降り積もり、その重みで飛行機が上を向いてしまった。

翌日、空軍はクラーク基地に帰還した。実際は本当に撤退したわけではない。クラーク基地に戻る途中、将校の第一団を喜んで迎えたのは、空軍の警備隊員である。避難行進の際、交通整理のために配置された警備隊員は、立ち退きの許可を与えられなかった。彼らは持ち場を離れることなく、噴火の間じゅう交通整理の任務を遂行したのである。

塀の内部に入ると、基地の司令官と将校の一行は、その光景に思わず涙しそうになった。彼らのアメリカの一片が無惨に打ち壊されてしまった。何もかもが、厚さ一五～二〇センチの押し固められた火山灰に覆われている。退避寸前まで警備隊員の居住場所だったジェット機格納庫はぺしゃんこである。食料庫や体育館も押し潰された。高く林立していたアカシアの大木は、倒れて山積みになっている。泥流が少なくとも一回は基地を襲ったようだ。破壊された建物は全部で約一〇〇戸、基地が被った被害は約三億ドルである[8]。基地用地の借用権に関する交渉は未解決だったが、一九九一年七月一七日に正式な決定が下され、アメリカ合衆国はクラーク基地を放棄することになった。

基地の外側では、レモン大の軽石が西塀のすぐそばで発見された。火砕流が、ザ・ヒルに四〇〇メートルほど侵入したことも分かった。太平洋で注目を集めていた模擬戦争地帯、丸木を組んでつくった模型が立ち並んでいたクローバレーは、大部分が火砕流に埋もれてしまった。場所によっては、火砕流堆積物の厚さが一八〇メートルに及ぶところもある[9]。ピナツボの山頂はどこかに吹き飛んでしまった。そこには幅約二・五キロメートルのカルデラが誕生していた[10]。

ピナツボ山に脅かされた人々は一〇〇万人以上である[11]。八万人以上の人々が危険区域から避難した[12]。死を免れた人は恐らく二万人に上るだろう[13]。死亡したのは二〇〇人少々だが、そのほとんどは潰れた屋根の下敷きになった[14]。火砕流や泥流の犠牲者は数十名である[15]。言い換えるなら、危険にさらされた人々の〇・二五パーセント以下が、噴火の間に命を落としたことになる。この点で、ピナツボ山はルイス山の悲劇とは違っている。観測作戦に一五〇万ドルの費用がかかったとはいえ、そのために、最低でも三億七五〇〇万ドルの損失が免れた。多分、それ以上の節約になったはずである。

ホブリットの計算によると、ピナツボ山は約五立方キロメートルのマグマを噴出した[16]。これは、セントヘレンズ山の一〇倍であり、二〇世紀で二番目に大きな噴火である。しかし、それもピナツボ山にとっては、相変わらず控え目な噴出の一つにすぎないのだ。

噴火後の数ヶ月、いや数年というもの、フィリピンの片隅にあるこの地方は、雨季のたびに繰り返し残忍な仕打ちを受けることになる。過去何十万年間もそうであったように、火山灰や火砕流の堆積物の上に嵐が襲来するだろう。雨は、岩屑《がんせつ》と混合して瞬く間に巨大なラハールに成長し、丘を下り、農場を横切り、時には農村にも襲いかかる。毎年のように発生する泥流のために、何百人もの人々が命を落とすことになるだろう。

ニューホールは事後調査報告において、VDAPチームがピナツボ山で遭遇した問題を詳細に分析し、現地のUS AIDプログラムの責任者を始めとして懐疑論者を手厳しく批判した。

「不信感のために我々の仕事は難航した」と彼は書いている。適切な対応が得られないために、まず、地質調査所チームのフィリピン行きが遅延した。US AIDの資金は現地到着後数日以内で底をついた。資金不足のために、コスペックの測定に飛行機をチャーターすることができなかった。空軍の上級将校のために、ヘリコプターの利用時間は制限された。しかし、何と言ってもニューホールの最も辛らつな批判の矛先は、彼らの公式の「招待者」であるUS AIDに向けられた。

「我々の名目上の〝招待者〟であるUS AIDの現地長官が不信感を持っていたために、公人を説得する仕事は困難をきわめた。要するに、(米国政府)内部における不信感が危うく多数の人命を奪うところだったのである[17]」

今回は幸運も一枚かんでいる。最初の地震発生から一週間以内に全面的噴火へと突進する火山もあるが、ピナツボ山の場合はまるまる二ヶ月の猶予を与えてくれた。それでも、地質学者にとって十分な時間とは言えないが、持ち運びのできる観測所を配備し、観測を通して火山の感触をつかみ、危険にさらされた人々の信頼を勝ち取るだけのゆとりはあった。

航空会社の損失は大きかった。民間機はピナツボ山の火山灰に数回遭遇した。リウジャラビア航空の747型機は、噴火中に火山灰警報を無視してマニラ空港に着陸し、何百万ドルもに及ぶ損傷を被った。東南アジア一帯を飛行中の747型機は火山灰を吸い込んで、エンジントラブルを起こしている。四基のエンジンが故障して一〇〇〇メートル以上も落下した飛行機もいくつかあったが、どれも墜落寸前でエンジンを再始動させることができた。地上にあった二十数機の飛行機も噴火によって破損し、ほかにも一六機が空中で火山灰に遭遇している。火山灰に突入した各飛行機の損害を合計すると、一億ドル以上になる。ニューホールが開催の準備をしていた航空機・火山灰学会には、もっと多数の者が出席すべきだったろう。

ピナツボ山は、森林火災の降下隊のような働きをする地質学者がいかに重要であるかを、どの火山よりも強烈に印象づけてくれた。ピナツボ山噴火こそ、火山噴火対策の機動チームが真に活動を開始したことを示すものである。それは、南北アメリカ大陸の外にでる扉も開放した。ピナツボ山は、VDAPがラテンアメリカ以外で取り組んだ火山の第一号であり、外の世界に手を差し伸べるようになった最初のケースである。また、VDAPチームはピナツボ山から多くのことを学んだ。彼らはこの経験を生かして、持ち運びのできる気象レーダーを手に入れた。これで、暗闇や嵐に襲われて視界がゼロになる問題は解消されるだろう。

将来のチームには、リック・ホブリット、アンディ・ロックハート、ジョン・ユアトがたびたび参加して、パプアニューギニアからカリブ海の諸島に至るまでの危険な火山において重要な指導を行うことだろう。

以前のHVO三銃士は、地質調査所において目覚ましいキャリアを積んでいった。ドン・スワンソンはハワイ火山観測所の所長に昇進し、一九九〇年代末には、かつてクランデルやマリノーがカスケード山脈で行ったような層位学的分析をハワイの火山に実施していた。

ピナツボ山後の数年間に、地質調査所の火山プログラムにおいて、ミートボールとコーンヘッドの文化的隔壁はますます強化されていった。地質調査所内で昇進に考慮されるのは出版物であって、人命救助ではない。口ではきれいごとを言っても、実情は現在でもほとんど変わっていない。その上、大部分がHVOの卒業生から成る地質調査所の管理部は、専門的な噴火対策チームを維持するために、地質学者を代わるがわるHVOで勤務させるべきであると主張する。とは言っても実際は、ピナツボ山チームとして働いたHVO卒業生は、CVO所長のエド・ウルフ一人だけだったのだ。

そんなわけで、爆発的火山の経験を最も多く積んだ地震学者のデイブ・ハーローは辞職した。一三年間同じ号俸に甘んじてきたミートボールの王様は、ついに地質調査所を去ることになった。ピナツボ山がそれを簡単に決意させてくれた、と彼は後年に語っている。ベトナムから帰還してほぼ二五年間というもの、この元海兵隊員は、当時を快く思い出すことはできなかった。殺戮を目の当たりにしてうつろな気持ちで帰還してからというもの、やり場のない怒りと情容赦ない罪悪感に苛まれてきたのである。フィリピンでの生活は、水田の広がる風景や軍隊の指揮系統に至るまでが、彼にベトナムでの記憶を呼び戻すものとなり、その辛い記憶は、噴火の危機に直面したストレスによって増幅された。ところが、ピナツボ山がそれを好ましい方向に向けてくれたのである。

メンローパークの家に帰ったハーローは、自分の気持ちの変化に気づいて驚いた。テレビでベトナムの番組を見たとき、いつもならこのテーマに触れると決まってこみ上げてくる鬱憤が感じられなかったのである。

「ベトナム時代から引きずってきた暗い感情が少しばかり清算されたような気がしました。多数の人命救助に貢献し、実際に良いことをしたという快さが混じっていたのです」と彼は言う。

地質調査所を退職したハーローは、メンローパークの路上で非行に走るティーンエイジャーを相手に仕事をしている。

フィールドノート
一九九一年八月　ベズイミアニ火山

オレゴン州ポートランドに降り立ったホブリットは、ピナツボ山フィールドノートの最後にこう書きつけた。「これで終わった」もちろん、そんなことはない。ノーム・バンクスのアイデア、つまり、火山学者から成る噴火対策機動チームが携帯用火山観測所を持って世界中のどこにでも駆けつけるという構想は、見事に成功した。したがって、ロックハート、ユアト、ニューホール、ホブリット、そして他の多くの科学者は、毎年のように噴火寸前の火山に飛びつづけることになるだろう。

ホブリットが彼の本拠地であるカスケード火山観測所のオフィスに帰還した直後は、もう二度と外国には行きたくないという気持ちだった。ところが、例によって友人のダン・ミラーが別の計画を立てていた。彼はソ連と協力して、セントへレンズ山に酷似した火山、ベズイミアニにアメリカの科学者として初めて公式に訪問しようというのだ。セントへレンズ山は一九八〇年五月一八日に大噴火したが、その少し前に、ベズイミアニ山噴火に関する一九五九年の論文が討議されたことがある。論文は、噴火の数年後にソ連の科学者によって著されたものである。この一九五六年の噴火は、横なぐりの爆風を特徴としていた。一九八〇年の時点では、セントへレンズ山で調査していた地質学者の中に、この爆風に関する研究論文を重要視する者はいなかった。横なぐりの爆風などほとんど耳にしない現象である。しかも当時、ソ連の科学者の論文は、一つだけの場合は取り上げられないことが多い。ところが、それが間違っていたのだ。ミラーは、日本の国際学会で出会ったソ連の科学者を通してベズイミアニ火山を訪問する手はずを整えた。ホブリットはたびたび参加を説得されながら渋っていたが、結局、彼にとってミラーの影響はあまりにも大きかった。そこで、ピナツボ山噴火から数ヶ月後に、二人の地質学者は、別の噴火、つまり今度はカムチャッカ半島の火山に向かったのである。

彼らはベズイミアニ山にテントを張って三週間過ごした。この火山は気味が悪いほどセントヘレンズ山に似ていた。前面には岩屑《がんせつ》なだれが広がり、馬蹄形のクレーターの一端から傾斜路が伸びている。ただ、クレーター内部で成長している溶岩ドームは、クレーターに開いた傷口をほとんど埋め尽くし、定期的に噴火を繰り返しながら依然として成長しつづけている。ホブリットとミラーは、火山学の宝庫になろうとしている外国の火山で、ここでも長時間の調査を行った。

ベズイミアニ火山の溶岩流跡でテントを張った生活は原始的なものだったが、ダン・ミラーはどんな条件でも快適に過ごせる方法を心得ていた。

彼は、VDAPの大型トランクの一つに珍しい食料をどっさり詰め込んできた。その中にはカキの燻製、サラミソーセージ、二枚貝の燻製、チーズ、ナッツなどの缶詰や、あらゆる種類のキャンディーその他の食料があり、どれも、当時のソ連の科学者には手に入らないものばかりである。ほかに、ミラーがラム酒のビンを二本とホブリットがラム酒とテキーラを一本ずつ持参したが、アルコールの段になるとソ連の科学者も負けてはいなかった。彼らは、二〇本のウォッカとビール一箱を集めてきたのである。このような食品や飲み物は、夕闇が降りてその日の仕事が終わった後に、ちょっとした前菜を楽しむ時間を与えてくれる。ロシアの伝統的な作法にしたがって、アルコールを飲む前に各人が乾杯の挨拶をする。もちろん、ソ連の科学者のスピーチは堂に入ったもので、含蓄のある長くて感動的なものが多かった。

「聞き手の感涙をさそうスピーチもありました。彼らは心を込めて話をするのです」とミラーは述べる。

たとえば、ある女性地震学者は子供を家に残して三週間アメリカ人の食事の世話をする仕事を引き受けた。彼女は英語を話せなかったが、他の者がフィールドワークに出ている間に露英辞書を使って一語一語を英語に翻訳し、まる一日かけてスピーチの準備をした。したがって片言の英語で挨拶したが、言わんとしていることはよく分かった。彼女は、アメリカ人の食事の世話をするために子供たちを家に置いてくるのは嫌だったと言う。ところが、それだけの価値はあった。新しい友人は、彼女が何年も経験したことのない有意義なものを与えてくれた。今はそれを喜んでいる。

彼らは、火花が蛍のように飛び交うキャンプファイヤーを囲んでウォッカ入りのブリキのコップを高く掲げた。科学者たちは時々スピーチを止めて、溶岩ドームから流れ落ちる高温の光り輝く岩屑なだれを見つめる。二つのグループの文化的相違はいつしか消失して、そこには火山への情熱を分かち合う一つのグループが存在した。

最初、二人のアメリカ人科学者にとって、スライド映写機を使わないスピーチは苦手だった。ところが、酔いが回って打ち解けてくると、ロシア式のスピーチにも慣れてきた。今では、ミラーやホブリットが何を話したのか正確に覚えている者はいない。内容の詳細など大して重要ではない。ベズイミアニ山から流れ出す溶岩を背景に、そして、ピナツボ、ルイス、セントヘレンズ、プレー、クラカタウ、ベスビオの火山を背景に、寂しいカムチャッカ半島の真中で火山性砕屑物の原野に座ってキャンプファイヤーを囲んだ科学者の小団は、ハリー・グリッケン、クラフト夫妻、デイブ・ジョンストンに、そして、自分たち科学者全員に対してブリキのコップで祝杯をあげたのである。

用語解説

火口　火山性物質が噴出される開口部。

火砕流　高温のガスや火山灰等の混合物が、高速で斜面を流下する現象。流下速度は秒速一〇〇メートルを超えることもある。

火山灰　火山の爆発的噴火で生成される細粒の砕屑物。

軽石　爆発的噴火の際に噴出される発泡スチロールのような多孔質の岩石。

カルデラ　火山の大地が地下のマグマだまりに陥没して形成される巨大な凹地。

断層　地殻が断裂した部分。

泥流　泥土や岩屑等が、降雨・融雪などに起因する大量の水によって流下する現象。流下速度は時速数十キロに及ぶこともある。

マグマ　地下の溶けた岩石。地表の溶けた岩石である溶岩と区別して用いる。

マグマだまり　火山の地下に溶けた岩石が溜まった部分。

溶岩　地表に流出した溶けた岩石。地下の溶けた岩石であるマグマと区別して用いる。

横なぐりの爆風　地上を高速で進む、高温のガスや砕屑物から成る熱風。

ラハール　火山性泥流。

謝辞

『タイム』誌というメディアで充実した二〇年余りを過ごした私は、ふと自分だけの本を著してみたいと考えるようになった。本書の完成には二年を要したが、その頃になると、ノンフィクション物語はどんなものでも著者だけの作品ではないと悟った。私のインタビューに時間を割き、書庫を開けて論文、雑誌記事、覚え書きなどを探し出し、本書の完成のために忌憚のない意見を聞かせてくださった方々に心から感謝したい。

また、恩師、トム・ジョンソン、アルバート・ロー、ジャネット・リチャードソンに深く感謝する。

私の出版エージェント、クリス・ダールは、本書の企画が二十数回もの拒絶に会ったにもかかわらず、決して信念を曲げようとしなかった。セントマーチンズ社のルース・ケイビンは、初めて自分の本を出版しようとする者にとって申し分のない編集者である。仕事には厳しいが、私の戯言にも耳を傾けてくれる寛大で有能な編集者だ。執筆した本を緻密な編集によって洗練してくださったのは、原稿整理編集者のスティーブン・ボールトである。

ディック・アンデレッグ、ハル・ボナウィッツ、スタンリー・W・クラウド、ロッキー・クランデル、ボブ・デッカー、マレー・ガート、グラント・ヘイケン、リック・ホブリット、デイヴィッド・ノラン、ジョン・パワー、ミリアム・ラブキン、ジェームズ・ステイシー、ドン・スワンソン、バリー・ボイト、その他多くの方々から、本書を熟読した後の率直な批評をいただいた。本書がより正確で読みやすいドキュメンタリーになったのは、このような方々のおかげである。ダン・ミラーは本書が訂正されるたびに目を通し、写真や地図を集め、私が彼の目を通して噴火を見られるようにとセントヘレンズ山にまで同行してくださった。

ホブリット、ミラーを始めとする多くの方たちが、フィールドノート、雑誌記事、書簡、公文書をコピーするために、長時間コピー機の前に立ってくださり、ダン・ミラーの母親バージニアからは、彼女の息子と火山に関する新聞の切り抜き記事を提供していただいた。本書のためにわざわざデータを揃えてくださったバリー・ボイトにお礼を言いたい。また、『ロングビュー・デイリー・ニュース』紙の新聞記者、スティパンコースキーや、新聞ライブラリーを閲覧させてくださった編集者のおかげで、ワシントン州南西部の文化や政治がよりよく理解できるようになった。

本書で述べた時代に火山学に重要な貢献をした多数の人々については、ここで十分に語ることができなかった。執筆にあたって、人物に関しては最小限に留めようと決心したからである。私より優れた著者が、きっと彼らに値する賛辞を提供してくれるだろう。たとえば、レイ・ウィルコックス（それに家族）は一九四〇年代末にパリクティン山噴火に取り組み、個々の噴火の火山灰を指紋のように識別する方法を確立した。ディック・ジャンダは、科学者としても管理者としても非凡な才能を発揮し、五月一八日の大噴火以後のセントヘレンズ山、ルイス山やリダウト山、その他の場においても目覚ましい働きをして、ＶＤＡＰを危機から救った。彼がガンで急逝しなければ、さらに多くの発見が地質学にもたらされたことだろう。トム・カサデヴァルはガス化学のすぐれた研究者であり、火山灰がジェット旅客機に及ぼす危険を明らかにした。ノーム・バンクスはVDAPの前身であるプログラムのビジョンを持ち、その実現に努力した。彼のビジョンと決断力があったからこそ、世界中の火山噴火に対応するVDAPが存在するのである。ここに言及していない多数の人々も含めてこのような方々が、私に多くの時間と貴重な品々を提供してくださったことに心から感謝を捧げたい。

また、ハリー・グリッケンとデイブ・ジョンストンの家族や友人に深謝する。特に、デイブの親友クリス・カールソンは実に多くの思い出話をしてくださった。このような人々から取材するのは気が引けたが、結局はいつでも実り多い会見になった。長時間のインタビューの後でジョンストン夫人が言った言葉には感動させられた。「デイブが一緒にいるようだったわ」私もそう感じていた。

ボールダー、コロラド大学のハザード・センター・ライブラリーのデイブ・モートン、そして、本書のために写真を集めてくださったカスケード火山観測所のデイブ・ヴィプレヒットを始め、多くの方々にお礼を言いたい。

本書で、火山学の最もドラマチックな部分について、それに関わる人々の物語を織り込みながら忠実に語れたことを願っている。

惜しみないアドバイスと特別な友情を与えてくださったクリス・オグデン。常に私の高い規範である長年の友人でかつての同僚、そして私たちの結婚式の付添人でもあったロバート・ビュデリ。D・G・ランチ・グループ、ジェフ・バーンバウン、デッド・ギャプ、スタンリー・ケイン、マイク・ライリの友情と支援に感謝したい。ウェンディ・キングとブライアン・ドイルの変わらぬ声援、ドン・コリンズとジェームズ・コウバーンの技術的な支援と励まし、そして、記者にとって最高の上司である『タイム』誌のワシントン編集局長、マイケル・ダフィの支援に謝意を表する。

とりわけ、最高の友人であり妻であるクリスチンに感謝したい。結婚当初から素晴らしい人だったが、年毎に多くの喜びや悲しみを重ねて、以前にも増して魅力ある女性になった。私は幸運な男である。クリスチン幸せをありがとう。

訳者あとがき

本書は、火山噴火を予知するために危険な現場で奮闘する火山学者たちの物語である。彼らは火山を愛し、噴火に小躍りし、火山灰の降り注ぐ環境で嬉々として作業する。一人ひとりが純粋な研究心に燃える一匹狼でありながら、ひとたび火山が活動しだすと協力してデータを統合し、謎めいた動きをする火山を追い詰めていく。緊迫した現場では不眠不休の観測が行われ、種々の見解が提出され、討議される。時には、意見の衝突が泥試合のような様相を呈することもある。彼らにとって何よりも大切なのは活動中の火山を観測することだ。そのためにはどんな危険も厭わない。セントヘレンズの噴火で調査中の火山学者が命を落としたのも、ピナツボ山の噴火時に彼らが最後まで観測所に留まったのもこのためである。

活発化した火山で調査する地質学者にとって最大の関心事は、本当に噴火するのか、するとしたらそれはいつかということである。不安定な火山は活発と不活発を繰り返しながら発展し、ときには終息することもある。噴火の予知には住民の安全がかかっているが、予知が外れた場合の地域に与える経済的損失も大きい。火山の活動にはそれぞれ個性があるので、その動きを完全に予知することはできない。セントヘレンズ山の噴火では、噴火の切迫を予知しながら、その日時や大きさ、それに横なぐりの爆風の発生までは予測できなかった。

とはいえ、いつ噴火するか分からない活火山で働く地質学者たちの弛《たゆ》まぬ努力は着実に成果をあげてきた。きわめて正確な予知ができるようになり、現場の火山学は大きく進歩した。ピナツボ山の噴火はセントヘレンズ山の何倍も強力だったにもかかわらず、その規模の割に失われた人命が少なかったのは、セントヘレンズ山の経験が生かされたからである。

著者はマサチューセッツ工科大学の特別研究員だったこともある『タイム』誌の特派員で、この本の出版で「自分の本を一冊出してみたい」という長年の願望を実現した。完成までに二年を要したと言われるが、それだけによく調べてあり、多くの火山学者にインタビューし、貴重な資料や文献などを提供してもらっている。彼の文体には人間味のある力強さがあり、各所にちりばめられたユーモアには思わず笑わされてしまう。

ピナツボ山噴火で火砕流が接近し、観測所の窓から間一髪で飛び出した科学者は、手元にあった袋入りポップコーンをむしゃむしゃ食べはじめた。「なんでこんな時にそんなもの食えるんだ?」と言う同僚に「映画館じゃ、いつもこんなシーンで食ってたのさ」と答える。また、セントヘレンズの北面が膨張して大噴火の切迫が予測されるときに、山体変形の正確なデータが一向に得られないことに苛立った対策本部長のマリノーが、会議の席上でこともあろうにハワイ火山観測所(HVO)のチームを怒鳴りつけてしまう。HVOの科学者といえば火山学の世界では一目置かれる存在である。そこで、仲直りにと仲間からプレゼントされたTシャツには「山だってぶっ飛ぶことがある」と書かれていた。

この本を火山学者が読んだら至るところに頷けるくだりがあり、痛快に思われるだろう。また、大噴火の描写には迫力があり、悲惨な被害状況の説明には臨場感が溢れている。不安定な火山に振り回されてへとへとになりながら、それでもしぶとく喰らいつく火山学者の心意気には笑いと涙を誘われる。

日本では近年有珠山や三宅島が相次いで噴火した。有珠山の場合は北海道大学の岡田教授が噴火の予知に成功して脚光を浴びたが、三宅島の噴火から全島避難に至るまでの過程では、井田予知連会長が「事前の予測は一〇〇パーセントできるとは限らない」と歯切れの悪い発言をしなければならなかった。日本の火山予知連絡会が発足したのは一九七三年のことで、一九五五年以来の桜島南岳の噴火が一九七二年秋から激化したために、噴火予知に対する社会的要望が高まったからだそうだ。

日本列島は太平洋プレートやフィリピン海プレートが沈み込む部分に誕生した島弧であり、したがって地震や火山の多い地域である。このような地域では少しでも正確な予知が望まれるところだろうが、実際問題として、たとえばある町が一ヶ月以内に噴火災害を被る可能性は二〇パーセントと予測されたとしたら、その地元行政は避難勧告を出すべきかどうか悩むに違いない。八〇パーセントは外れる可能性もあるのである。たとえ避難勧告が出されても、実際に避難する人はどれくらいいるだろうか。予測を信じても、すぐには生活を変えられないのが人間の性というものだろう。また、人口の多い都市で、住民が一斉に移動するとなったら大混乱が生じかねない。

本書でも、火山噴火によって人命に及ぼされる被害の大きさは、科学者の予知技術だけでなく、住民の意識のあり方にも左右されると述べている。火山学者が詳細な調査や観測に基づいてより正確な予測をすること、地元行政が諸事に惑わされることなく適切な時に適切な行動を開始すること、住民が火山災害の恐ろしさを十分に認識して勧告に従うこと、この三つの要素が揃って初めて火山噴火のような自然の大災害が最小に食い止められるのであると。しかし、この三拍子が揃うまでには、報道機関もからんで、どれだけ多くの行き違いや困難や苦渋が生じることだろう。本書は、実在の科学者を何名かにしぼって登場させ、この問題についても興味深く語っている。

翻訳にあたっては、いろいろな方々にお世話になった。火山や天体の写真家として知られ、サイエンスライターとして地球惑星科学の普及活動にも活躍されている白尾元理氏は、出来上がった翻訳文に全部目を通してくださり貴重なご指摘やご助言を与えてくださった。英文の解釈に関しては、義兄で豪州クィーンズランド大学の元教授、ピーター・デイヴィッドソン氏から国際電話を通して多くの助力をいただいた。本書が出版に漕ぎつけるまでには、地人書館の永山幸男氏から一方ならないお世話をいただいた。

原書 *Volcano Cowboys* に出会ってあまりの面白さに是非とも邦訳したいという想いに駆られたが、その願いがかなって本書が完成したのはすべてこのような方々のお力添えのおかげと、ここに深く感謝を申し上げる。最後に、原書を紹介してくれ、翻訳にあたって絶えず支援してくれた、火山における防災の研究に取り組む息子、隆雄に心からありがとうと言いたい。

二〇〇三年一月

山越幸江

3. Fisher, Heiken, and Hulen, *Volcanoes*, 98.
4. Newhall and Punongbayan, *Fire and Mud*, 91.
5. Anderegg, *Pacific Jewel*.
6. Newhall and Punongbayan, *Fire and Mud*, 91.
7. Newhall and Punongbayan, *Fire and Mud*, 91.
8. Edward W. Wolfe, "The 1991 Eruptinos of Mount Pinatubo, Philippines," *Earthquakes & Volcanoes*(USGS) 23, no. 1,(1992): 18.
9. Fisher, Heiken, and Hulen, *Volcanoes*, 69-70.
10. Ibid., 71.

第12章 噴火

1. Anderegg, *Pacific Jewel*.
2. Newhall and Punongbayan, *Fire and Mud*, 11.
3. Wolfe, "The 1991 Eruptions," 20.
4. Anderegg, *Pacific Jewel*.
5. Anderegg, *Pacific Jewel*.
6. この情報は後で間違いであることが分かった。
7. Newhall and Punongbayan, *Fire and Mud*, 1080.
8. Peter Grier, "Last Days at Clark," *Air Force Magazine*(Air Force Association), February 1992, 56.
9. USGS fact sheet 115-97.
10. Anderegg, *Pacific Jewel*.
11. Newhall and Punongbayan, *Fire and Mud*, 1.
12. Richard Kerr, "A Job Well Done at Pinatubo Volcano," *Science*, August 2, 1991, 314.
13. Newhall and Punongbayan, *Fire and Mud*, 67.
14. Ibid., 15.
15. Ibid., 81.
16. Ibid., 1.
17. Newhall and Punongbayan, "Final Report of Collaboration," 17.

5. Associated Press, "Chronology of Nevado del Ruiz Eruption," November 18, 1985.
6. Treaster, "15,000 Feared Dead," 1.
7. Associated Press, "20,000 Feared Dead."
8. Treaster, "15,000 Feared Dead," 1.
9. ボイトの論文は、1987年にペンシルベニア州が出版。翌年、USGS内部で回覧された。
10. Voight, "The 1985 Nevado del Ruiz Volcano Catastrophe," 380.
11. Jon Krakauer, "Geologists Worry about the Dangers of Living under the Volcano," *Smithsonian*, July 1996, 34.
12. Crandell, Mullineaux, and Miller, "Volcanic-Hazard Studies," 205.
13. Krakauer, "Geologists Worry about the Dangers," 39.
14. National Research Council, *Mount Rainier, Active Cascade Volcano*(Washington, D. C.: National Academy Press, 1994), 3.
15. Krakauer, "Geologists Worry abut the Dangers," 36.

フィールドノート 1989年12月15日 アラスカ州のリダウト山噴火

1. Thomas J. Casadevall, "The 1989-1990 Eruption of Redoubt Volcano, Alaska: Impacts on Aircraft Operations," *Journal of Volcanology and Geothermal Research* (1994): 301-16.

第10章 鍛えあげられた決断力

1. Christopher Newhall and Raymundo Punongbayan, *Fire and Mud: Eruptions and Lahars of Mount Pinatubo, Philippines*(Philippine Institute of Volcanology and Seismology and University of Washington Press, 1996), 1.
2. Ibid., 191.
3. Ibid., 3.
4. Ibid.
5. Alberto Garcia-Saba, "The Hand of God?" *Time*, July 1, 1991.
6. Richard Anderegg, *Pacific Jewel*(USAF, 2000).
7. Newhall and Punongbayan, *Fire and Mud*, 75.
8. Anderegg, *Pacific Jewel.*
9. Ibid.
10. Ibid.
11. C. G. Newhall and R. S. Punongbayan, "Final Report of Collaboration," VDAP administrative report, July 1997, 17.

第11章 君は英雄になれる

1. 実際は、ガレラス山の小噴火でも、火口で調査中の火山学者が6名死亡した。
2. Newhall and Punongbayan, *Fire and Mud*, 73.

15. Charles Petit, "Scary View: Mommoth Lakes Eruption by Late 1984," *San Francisco Chronicle*, October 18, 1983,5.
16. Hill, "Science, Geologic Hazards, and the Public," 401.
17. Spangle and Associates, "Living with a Volcanic Threat," 13.
18. Ibid., 9.
19. Hill, "Science, Geologic Hazards, and the Public," 402.
20. George Alexander, "Volcanic Hazard Downgraded at Mammoth--At Least on Paper," *Los Angeles Times*, January 7, 1985, 3.
21. ジェームズ・ワット内務長官の秘書官に宛てられたマーチン・ドゥービンの手紙。1982年11月3日付。
22. William Oscar Johnson, "A Man and His Mountain," *Sports Illustrated*, February 25, 1985, 70.
23. Hill, "Science, Geologic Hazards, and the Public," 404.

第8章 生きた火山の動物園

1. G. A. M. Taylor, *The 1951 Eruption of Mount Lamington, Papua*, BMR(Bureau of Mineral Resources, Geology, and Geophysics) Bulletin no. 38(Australian Government Publishing Service, first edition 1958; second edition 1983).
2. I. Suryo and M. C. G. Clarke,"The Occurrence and Mitigation of Volcanic Hazards in Indonesia as Exemplified at the Mount Merapi, Mount Kelut, and Mount Galunggung Volcanoes," Q. J. Eng. Geol. 18(London, 1985): 79.
3. Ibid., 80.
4. Ibid., 81.
5. Maurice Krafft, *Volcanoes: Fire from the Earth* (Harry N. Abrams Publishers, 1993), 117.
6. Robert Decker and Barbara Decker, *Volcanoes*, 3rd ed.(W. H. Freeman and Company, 1997), 290.
7. Fisher, Heiken, and Hulen, *Volcanoes*, 167.
8. Decker and Decker, *Volcanoes*, 290.
9. Suryo and Clarke, "Occurrence and Mitigation of Volcanic Hazards," 85.
10. Ibid., 83.

第9章 アルメロの悲劇とその後

1. Barry Voight, "The 1985 Nevado del Ruiz Volcano Catastrophe: Anatomy and Retrospection," *Journal of Volcanology and Geothermal Research* 44(1990): 349-86.
2. Associated Press, "20,000 Feared Dead in Mud Slide," November 15, 1985.
3. Joseph Treaster, "15,000 Feared Dead in Colombia," *New York Times*, November 15, 1985, 1.
4. Associated Press, "20,000 Feared Dead."

13. USGS paper 1249, p. 99.
14. Ibid., 97.
15. Ibid., 104.
16. Ibid., 106.
17. ロバート・デッカーの話による
18. Don Swanson, quoted in the *Journal of Volcanology and Geothermal Research* 66 (1995): xii.
19. Carson, *Mount St. Helens*, 71.
20. D. A. Swanson et al., "Predicting Eruptions at Mount St. Helens," *Science*, September 30, 1983, 1369.
21. Ibid., 1373.

第7章 マンモスレークスの苦い経験

1. William Spangle and Associates, Inc., "Living with a Volcanic Threat: Response to Volcanic Hazards, Long Valley, California"(Consolidated Publications, Inc., 1987), 9.
2. Associated Press, "Area to be Notified of Possible Volcanic Activity," May 25, 1980.
3. David Hill, "Science, Geologic Hazards, and the Public in a Large, Restless Caldera," *Seismological Research Letters*, September/October 1998, 401.
4. John Carey, "The Earth Rocks and Rolls," *Newsweek*, January 24, 1983, 71.
5. 1976年に修正され、「地震、火山噴火、地滑り、泥流、その他の地質学的大災害に関して災害警報を出すこと」がUSGS所長に義務づけられた。USGS所長は、「州政府や地方自治体に専門的援助を提供し、効果的な災害警報が適時に出されるよう保証しなければならない」
6. United Press International, regional news, June 11, 1982, A.M. cycle.
7. Survey scientist Robert Cockerham, quoted by UPI in "Scientists Say Eruption Could Trap Residents," July 8, 1982.
8. 不動産業者、ビル・テイラーの話によると、1978年～1981年に高騰したマンモス市不動産市場が下落しはじめたのは、潜在的購買者がそれを人為的価格暴騰市場と見なすようになったからである（Mammoth Times, August 11, 1988）。地質調査所の警告は、市場の下落が進行しているときに出された。
9. Sandra Blakeslee, "Volcano Warning Brings Economic Woe to Coast Resort Area," August 12, 1984, 20, *New York Times*
10. Spangle and Associates, "Living with a Volcanic Threat," 9.
11. Hill, "Science, Geologic Hazards, and the Public," 403.
12. John Nobel Wilford, "In Sierra Nevada, Ominous Tremors Could Mean Another Mount St. Helens," *New York Times*, July 20, 1982, 17.
13. Resolution 82-121, Mono Country, July 13, 1982.
14. Carey, "Earth Rocks and Rolls," 71.

37. Ibid., 460.
38. Ibid., 463.
39. Ibid., 462.
40. Ibid., 479.
41. Ibid., 470.
42. Ibid.
43. Ibid.
44. Ibid.
45. USGS paper 1249, p. 64.
46. Ibid., 61.
47. USGS paper 1250, p. 482.
48. ibid., 480.
49. USGS paper 1249, p. 65.
50. Ibid., 66.
51. Pringle, *Roadside Geology*, 32.
52. Ibid.
53. Fisher, Heiken, and Hulen, *Volcanoes*, 118.
54. Pringle, *Roadside Geology*, 33.
55. USGS paper 1250, p. 488.
56. USGS paper 1249, p. 60.
57. USGS paper 1250, p. 488.
58. 1980年6月13日、上院商務委員会の聴聞会においてなされたD.マリノーの陳述

第6章 活火山という実験室——大噴火後のセントヘレンズ山

1. Rob Carson, *Mount St. Helens: The Eruption and Recovery*(Sasquatch Books, 1990), 56.
2. USGS paper 1249, p. 103.
3. Ibid., 76.
4. Ibid., 110.
5. Ibid., 66-99.
6. Carson, *Mount St. Helens*, 53.
7. USGS paper 1249, p. 90.
8. Ibid., 77.
9. Ibid., 78.
10. Ibid.,09.
11. Carson, *Mount St. Helens*, 74.
12. Yoshiaki Ida and Barry Voight, quoting Swanson, "Introduction: Models of Magmatic Processes and Volcanic Eruptions," *Journal of Volcanology and Geothermal Research* 66(1995): x.

3. Ibid.
4. USGS paper 1249, p. 45.
5. Ibid., 47.
6. U.S. Forest Service, "Reflections--St. Helens 10 Year Later," 4.
7. USGS paper 1250, p. 131.
8. Ibid., 344.
9. これは、現地のアマチュア無線家によって録音され、噴火の数週間後にそのコピーがダン・ミラーに提供された。
10. J. Moore and C. Rice, *Chronology and Character of the May 18, 1980, Explosive Eruptions of Mount St. Helens*(National Academy of Sciences), 133.
11. USGS paper 1250, p.2.
12. Pringle, P. *Roadside Geology of Mount St. Helens National Volcanic Monument and Vicinity*, Washington Department of Natural Resources, 1993. 31.
13. 林野部のポスター「西面全景—滑り落ちる北西部」
14. USGS paper 1250, p.393.
15. USGS paper 1249, p.56.
16. USGS paper 1250, p. 351.
17. USGS目撃者報告、フランシスコ・バレンズエラの話、5月22日にクーガー避難センターで記録
18. Kran Kilpatrick, quoted in U.S. Forest Service, "On the Mountain's Brink," 31.
19. USFS, "On the Mountain's Brink," 31.
20. Pringle, *Roadside Geology*, 31.
21. USGS paper 1250, p.395.
22. USFS, "On the Mountain's Brink," 36.
23. USGS, paper 1249, p. 59.
24. USGS、生存者のインタビュー:　1980年7月2日、リチャード・B.ウエイトによるジョージフ・マテ機長のインタビュー
25. R. Decker and B. Decker, *Scientific American*, March 1981, 84.
26. USGS paper 1249, p. 56.
27. USGS paper 1250, p. 809.
28. Ibid., 347.
29. USGS paper 1249, p. 45.
30. Pringle, *Roadside Geology*, 31.
31. USGS paper 1250, p. 449.
32. Ibid., 450.
33. Ibid.
34. Ibid., 470.
35. USGS paper 1249, p. 63.
36. USGS paper 1250, p. 483.

フィールドノート1980年5月17日 ミンディ・ブラグマン
1. Fisher, Heiken, and Hulen, *Volcanoes*, 26.
2. USGS paper 1249, p. 42.
3. Ibid.
4. Saarinen and Sell, *Warning and Response*, 188.
5. USFS, "On the Mountain's Brink," 28.
6. "Hawaii Volcanologists Help Keep Tabs on St. Helens," *Honolulu Sunday Star-Bulletin & Advertiser*, May 18, 1980.

第5章　スワンソン
1. USGS paper 1250, 9. 809.
2. USGS paper 1249, p. 56.
3. USGS paper 1250, p. 809.
4. USFS, "On the Mountain's Brink," 37.
5. USGS paper 1249, p. 60.
6. USGS paper 1250, p. 809.
7. Ibid., 492.
8. Ibid., 809.
9. Ibid., 492.
10. H. Glicken and M. Brugman, " Eyewitness Report of Harry Glicken," 手記、インタビュー、USGS回報より
11. USGS paper 1250, p. 580.
12. USGS paper 1249, p. 59.
13. USGS paper 1250, p. 580.
14. ibid., 331.
15. S. Wagner, "Ray Asks Disaster Status for Washington," *The Oregonian*, May 21, 1980, 1.
16. USGS paper 1250, p. 672.
17. Ibid., 667.
18. Ibid., 715.
19. USFS, *On the Mountain's Brink*, 36.
20. USGS paper 1249, p. 69.
21. フィッツジェラルドは地質学博士号を取得するための研究をしていた。彼の研究は友人たちによって完成され、死後に学位が授与された。

フィールドノート 1980年5月18日 噴火の目撃者
1. USGS paper 1250, p. 53.
2. Ibid, 349.

2. R. Kerr, "Mount St. Helens," 1446.
3. *USGS Monthly Report*, March-April 1980, 5.
4. Ibid., 7.
5. USGS paper 1249, p. 22.
6. Fisher, Heiken, and Hulen, *Volcanoes*, 48.
7. USGS professional paper 1250, "The 1980 Eruptions of Mount St. Helens, Washington"(1981), 190.
8. Saarinen and Sell, *Warning and Response*, 44.
9. *USGS Monthly Report*, March-April 1980, 12.
10. *Northwest Magazine*, NW25, July 13, 1980.
11. S. Hobart, "Volcanologist Doesn't Expect Lava Eruption," *Portland Oregonian*, April 6, 1980.
12. U.S. Department of Interior, Geological Survey, National Center press release, "USGS Director to Observe Mount St. Helens Volcano," April 9, 1980.

第4章 膨らんだ
1. ホブリットの手記、1980年4月14日午後12時27分
2. Fisher, Heiken, and Hulen, *Volcanoes*, 279.
3. "Scientists Find St. Helens a Typical Volcano," *Gazette-Times*(Corvallis, Oreg.), April 17, 1980, 15.
4. ホブリットのEメールとポラロイド写真
5. *USGS Monthly Report*, March-April 1980, 3.
6. USGS paper 1250, p. 154.
7. *USGS Monthly Report*, March-April 1980, 13.
8. "Bulge Newest Hazard at Mount St. Helens Volcano" USGS火山情報、1980年4月30日発表
9. USGS paper 1249, p. 37.
10. "Ray Further Restricts Peak Access," *Seattle Times*, May 1, 1980, B9.
11. "Quakes Don't Scare Residents of St. Helens Area," Associated Press/*Gazette-Times* (Corvallis, Oreg.), April 14, 1980, 14.
12. USGS paper 1249, p. 35.
13. Ibid., 37.
14. Ibid.
15. "Life with Volcano Problematic," *Portland Oregonian*, April 13, 1980.
16. "Some Expect Lava; Others Not So Sure," *Sunday Columbian*, May 11, 1980, 1.
17. USGS paper 1249, p. 38.
18. *Times* staff,"Unlock the Gate and Step Aside--St. Helens'Cabin Owners to Defy Roadblock," *Seattle Times*, May 17, 1980, 1.
19. Saarinen and Sell, *Warning and Response*, 72.

December 3-4, 1981(California Department of Conservation, Division of Mines and Geology), iii-74.
9. J. Sorensen, "Emergency Response to Mount St. Helens' Eruption: March 20 to April 10, 1980"(Energy Division, Oak Ridge National Laboratory), 71.
10. D. Crandell, D. Mullineaux, C. Miller, "Volcanic-Hazard Studies in the Cascade Range of the Western United States," in *Volcanic Activity and Human Ecology* (Academic Press, 1979), 195.
11. J. Sorensen, "Emergency Response," 22.
12. USGS professional paper 1249, "The Volcanic Eruptions of 1980 at Mount St. Helens: The First 100 Days," 18.
13. *The Fire Below Us: Remembering Mount St. Helens.* グローバル・ネット・プロダクションによる記録映画
14. Tape 1, side 1.
15. "Volcanic and Seismic Activity at Mount St. Helens," *USGS Monthly Report*, March-April 1980,2.
16. "Report of Geologists' Flight," USGS memorandum, March 27, 1980.
17. Richard Fiske, "Volcanologists, Journalists, and the Concerned Public," in *Explosive Volcanism: Inception, Evolution and Hazards*(National Academy of Press, 1984), 170.
18. R. Kerr, "Mount St. Helens: An Unpredictable Foe," *Science Magazine*, June 27, 1980, 1448.
19. Blue Book, C2.
20. Saarinen and Sell, *Warning and Response*, 34.
21. D. Crandell, "This Is My Life"(unpublished autobiography), 94.
22. Saarinen and Sell, *Warning and Response*, 50.
23. USFS, "On the Mountain's Brink," 15.
24. Saarinen and Sell, *Warning and Response*, 187.
25. USFS, "On the Mountain's Brink," 17.
26. USGS paper 1249, p. 23.
27. Greene, Perry, and Lindell, *The March 1980 Eruptions of Mt. St. Helens: Citizen Preceptions of Volcano Threat*(Battele Human Affairs Center), 49.
28. Rob Haesler, "People Cool Near Volcano," *San Francisco Chronicle*, March 29,1980,1.
29. John O'Ryan, "I'm Not Leaving Until the Mountain Has Blown," *Seattle Post-Intelligencer*, March 27, 1980, A6.
30. United Press International, March 28, 1980.

第3章 三銃士

1. "Volcano Boils, Scientists Puzzle," *Merced*(Calif.) *Sun-Star*, March 29, 1980, 10.

文　献

はじめに

1. Richard Fisher, Grant Heiken, and Jeffrey Hulen, *Volcanoes: Crucibles of Change* (Princeton, N.J.: Princeton University Press, 1997), 93.
2. キラウエア山には爆発的大噴火の歴史がある。1924年の噴火では死者が1名、1790年の爆発的噴火では最低80名から恐らく数百名の死者が出た。しかし、セントヘレンズ山で働いた地質調査所の科学者が、キラウエア山やマウナロア山で経験したハワイの噴火は、ゆっくりと溶岩を噴出するタイプである。ドン・スワンソンの話による。

第1章 1979年夏 ホブリットとフローティング・アイランド

1. R. I. Tilling, "History and Major Accomplishments of the Volcanic Hazards Program"(November 1989, unpublished).
2. Fisher, Heiken, and Hulen, *Volcanoes*, 131.
3. R. Crandell and D. Mullineaux, *Environmental Geology*, vol. 1(New York: Springer-Verlag, 1975) 23.
4. Blue Book, C2.
5. Robert Tilling, "Volcanic Hazards and Their Mitigation: Progress and Problems," *Reviews of Geophysics*, May 2, 1989.

第2章 信じられない

1. Steve Malone, "Preliminary Seismic Response Log."
2. T. Saarinen and J. Sell, *Warning and Response to the Mount St. Helens Eruption* (State University of New York Press, 1985), 40.
3. P.Sheets and D. Grayson, *Volcanic Activity and Human Ecology*(Academic Press, 1979), 225. 著者によると、この地方の経済は、噴火騒動が始まる前から衰退していた証拠がある。しかし当時は、衰退の原因は閉鎖にあるとされた。
4. D. Frank, M. Meier, and D. Swanson, "Assessment of Increased Thermal Activity at Mount Baker, Washington, March 1975-1976," USGS paper 1022-A.
5. 地球化学地球物理学部門の部長、ボブ・ティリングに宛てられた、ボブ・クリスチャンセンの覚え書き。1980年2月25日付。
6. U.S. Forest Service, "On the Mountain's Brink: A Forest Service History of the 1980 Mount St. Helens Volcanic Emergency," 13.
7. *Oregon Statesman* newspaper, March 27, 1980.
8. Jerry Brown, "Role of the U.S. Forest Service at Mount St. Helens," Special Publication 63, proceedings of a workshop on volcanic hazards in California,

【や　行】

【ら　行】

【欧　文】

【ま　行】

【た　行】

【わ　行】

事　項

【あ　行】

【か　行】

162
フィッツパトリック, ジュリー　Julie Fitzpatrick 225
プノンバヤン, ライ　Ray Punongbayan 285-287,289,290,300,311,322,331,343,349,350,362,373,376
ブライアント, アル　Lt. Col. Al Bryant 358
ブラグマン, ミンディ　Mindy Brugman 143,144-147
ブラックバーン, レイド　Reid Blackburn 148,157
プラット, ニコラス　Nicholas Platt 323
プラトン　Plato 11
フランク, デイブ　Dave Frank 61
ブラントリー, スティーブ　Steve Brantley 275,276
フリーマン, ブルース　Col. Bruce Freeman 292,301,389
プリニウス（大）　Pliny the Elder 11
プリニウス（小）　Pliny the Younger 12, 395
フリン, ギャリー　Gary Flynn 232
ベイリ, ロイ　Roy Bailey 222,223,225,229
ペック, ダラス　Dallas Peck 49
ペレ, フランク　Frank Perret 13,399
ボイト, バリー　Barry Voight 109-111, 120,127,138,209,260 262
ポスト, オースチン　Austin Post 60
ホブリット, リック　Rick Hoblitt 21-30,36,39,40,56,59,60,65,68-71,134-136,157,159,182,191,195,196,208,224,237-248,328,333-344,346-350,353-361,363,364,372,373,375,378-390,,394-396,398,401,407,408
ホルコム, ロビン　Robin Holcomb 212

【ま　行】
マーシャル・セルジオ　Sergio Marcial 331
マーチン, ジェラルド　Gerald Martin 148, 168
マーフィ　Col. John Murphy 169,312,324, 346
マクロード, ノーム　Norm MacLeod 206-208
マッフラー, パトリック　Patrick Muffler 219,234
マリノー, ドナル　Donal Mallineaux 30-36,41-43,49-58,60-66,94,105-107,109, 111,115,116,125,135,136,144,178,180, 207,224,230
マリンコニコ, ローレンス　Lawrence Malinconico 94
マレー, トム　Tom Murray 216,353,373, 384-386
マローン, スティーブ　Steve Malone 42-48,50,58,90,94,181,193,194,198-200, 205
ミラー, ダン　Dan Miller 27-29,36,58, 65,71,124,134-136,148,149,154,155, 182,187-191,219,220,222-225,227-230,234,267,341,343,407-409
ミラー, トム　Tom Miller 279,328
ムーア, ジム　Jim Moore 82-84,88,110, 116,118,143,159,160,163,193,263,363
メナード, ビル　Bill Menard 106,109

【や　行】
ヤンギスト・ヴァン　Van Youngquist 53, 55,89
ユアト, ジョン　John Ewert 216,217,276, 328,330,331,336,340,345,346,350,352-354,359,379,381,382,395,396

【ら　行】
ライアル, アラン　Alan Ryall 220-223,234
ライデッカー, アル　Al Leydecker 230
ラビン, エリアス　Elias Ravin 115
ララ, ドー　Doug Lalla 113,114
リー, ウィリー　Willie Lee 266
リップマン, ピート　Pete Lipman 82,88,

Thomas Augustus Jaggar 77,78
ジャンダ, ディック　Dick Janda 267,328
ジュリジン, ダン Dan Dzurisin 82,115,184,199,233,237
ジョージ, ブライアント Bryant George 324,334
ジョンストン, アリス　Alice Johnston 182
ジョンストン, デイブ Dave Johnston 58-60,80,91,93,94,104,112-115,126,141-143,145-149,152,153,157,167,171,177,182,183,207
ジョンストン, トム Tom Johnston 183
ステューダー, ウィリアム　Maj. Gen. William A. Studer 318,323,325,326,343,348,349,356,357,360,361,372,377,379,380,383,385,394
ステンカンプ, ポール Paul Stenkamp 66,132
ストイバー, リチャード　Richard Stoiber 92,93,194
ストッフェル, キース　Keith Stoffel 165,168
ストッフェル, ドロシー　Dorothy Stoffe 165,168
スパークス, スティーブ Steve Sparks 240
スワンソン, ドン Don Swanson 76,82-88,96,97,101,110,136,141-143,153-156,159-161,163,197,202,203,205,206,210,211,214,216,274,403
セネカ Seneca 11

【た　行】

タジエフ, アルーン Haroun Tazieff 102-104,106
テイラー, G. A. M. G.A.M.Taylor 10,237-239
ティリング, ロバート　Robert Tilling 38,48,49,94,100,164
ディレイ, ウィリアム William Dilley 166
デヴィル, シャルル・サン・クレア Charles Saint-Claire Deville 91,92
デシア, デイヴィッド David Dethier 193
デッカー, ロバート　Bob Decker 84,136,149,275
ドゥービン, マーチン　Martin Dubin 232
トカーツィク, ロバート　Robert Tokarczyk 130
ドボラク, ジョン　John Dvorak　202
ドリージャー, キャロリン　Carolyn Driedger 145-147
トルーマン, ハリー Harry Truman 73,97,128-130,132,137,168,178

【な　行】

ニューホール, クリス Chris Newhall 201,233,273-275,285-294,298-301,303-306,311-318,320,322-329,331,340,342,349,354,355,357,362,402
ネルソン, レス　Les Nelson 54,66,137

【は　行】

ハード, ダレル　Darrell Herd 252
パーマ, レオナール Leonard Palmer 62,187,188
ハーロー, デイヴィット Dave Harlow 95,254,266,292,293,327,328,330,331,334,335,337-338,340,341,343-347,349,350,352-354,356-358,366,370,371,375,376,381,382,384-387,389,397,404,405
パワー, ジョン　John Power 293-295,303,305-307,318,326,330,331,333
バンクス, ノーム　Norm Banks 262-265,267,275,407
ピアソン, キャシー Kathy Pearson 172
ピーターソン, ドン Don Peterson 197
ヒル, デイブ Dave Hill 235
ファインマン, リチャード　Richard Feynman 160
フィッシャー, リチャード　Richard Fisher 209
フィッツジェラルド, ジム　Jim Fitzgerald

索　引

人　名

【あ　行】

アキノ, コリー　Cory Aquino 377
アコスタ, ホアキン　Joaquin Ocosta 249,250
アリストテレス　Aristotle 11
アレクサンダー, ジョージ　George Alexander 225
アンダーソン, キャシー　Kathy Anderson 149,155,169,178
アンデレッグ, ディック　Dick Anderegg, Col. 317-319,337,348,387,389-391,397
アンブブヨグ, ジェム　Gemme Ambubuyog 331
ウィーバー, クレイグ　Craig Weaver 42,45
ウィリアムズ, スタンリー　Stanley Williams 94
ウィルコックス, レイ　Ray Wilcox 31
ウィルソン, ライオネル　Lionel Wilson 240
ウルフ, エド　Ed Wolfe 327,351,369,388,390,395,404
エンドー, エリオット　Elliot Endo 44,45,328
エンペドクレス　Empedocles 11
オカムラ, アーノルド　Arnold Okamura 96
オコナー, アラン　Allan O'Connor 227
オズモンド, エド　Ed Osmond 56,67

【か　行】

カーター, ジミー　Pres. Jimmy Carter 116,192
ガーラク, テリー　Terry Gerlach 311
カサデヴァル, トマス　Thomas Casadevall 89,93,94,104,117,182,183,191,194
キーファー, スー　Sue Keiffer 97-99,102,128,144
キーファー, ヒュー　Hugh Keiffer 97,98
クラーク, ウィリアム　William Clark 24
グライム, ジェフリー　Jeffrey Grime, Col. 312,317,319,343,345-347,349,350,356,357,360,379,388,394
グラハム, ビル　Bill Graham 231,232
クラフト, カティア　Katia Krafft 275,325,341,342
クラフト, モーリス　Maurice Krafft 275,276,325,341,342
クランデル, ロッキー　Dwight Rocky Crandell 30-36,42,46-50,58,64-66,69,99,105,109,115,122,124,126,128,133,136,138,157,178,180,192,207,224,268-271,285
クリスチャンセン, ボブ　Bob Christiansen 48,94,103,152,153
グリッケン, ハリー　Harry Glicken 134,141,146,157,158,177,197,208-213,341
クロスナー, ビル　Bill Closner 133
コーク, ロビン　Robin Cooke 115
ゴルシュコフ　Gorshkov 240

【さ　行】

サンウールス, パトリース・ド　Patrice de St. Ours 239
ジェンクス, マイケル　Michael Jencks 230
シマンスキー, ジェームズ　James Scymansky 172
ジャガー, トマス・オーガスタス

火山に魅せられた男たち

噴火予知に命がけで挑む科学者の物語

2003年 3月10日　初版第1刷 ©

著　者　ディック・トンプソン
訳　者　山越幸江
発行者　上條　宰
発行所　株式会社 **地人書館**
162-0835 東京都新宿区中町15
電話: 03-3235-4422　FAX: 03-3235-8984
e-mail: chijinshokan@nifty.com
URL: http://www.chijinshokan.co.jp
郵便振替口座: 00160-6-1532
印刷所　平河工業社
製本所　カナメブックス

Printed in Japan.
ISBN4-8052-0726-4 C3044